江西省社会科学"十二五"(2011 年）规划项目

形式语义学研究

研究

◎ 高芸 著

XINGSHI YUYI XUE YANJIU

中国社会科学出版社

图书在版编目（CIP）数据

形式语义学研究 / 高芸著. —北京：中国社会科学出版社，2013.12
ISBN 978 - 7 - 5161 - 4620 - 0

Ⅰ. ①形…　Ⅱ. ①高…　Ⅲ. ①形式语义学 - 研究　Ⅳ. ①TP301. 2

中国版本图书馆 CIP 数据核字（2014）第 171608 号

出 版 人	赵剑英
责任编辑	任　明
特约编辑	李晓丽
责任校对	韩天炜
责任印制	李　建

出　　版	中国社会科学出版社
社　　址	北京鼓楼西大街甲 158 号（邮编 100720）
网　　址	http：//www. csspw. cn
	中文域名：中国社科网　　　010 - 64070619
发 行 部	010 - 84083685
门 市 部	010 - 84029450
经　　销	新华书店及其他书店

印刷装订	北京市兴怀印刷厂
版　　次	2013 年 12 月第 1 版
印　　次	2013 年 12 月第 1 次印刷

开　　本	710 × 1000　1/16
印　　张	15
插　　页	2
字　　数	263 千字
定　　价	48. 00 元

序　言

　　语义学是研究意义，特别是自然语言意义的学科。萨伊迪（Saeed）指出，语义学的基本任务是表明人们如何使用语言来交流意义。[①] 这仅仅是对语义学下了一个十分笼统的定义，是从宏观角度作出的高度概括。传统语义学始于 19 世纪初，当时的语义研究往往被包括在词汇学中，主要研究语词的意义和意义的变化，特别是着重从社会和历史的角度去探讨语词意义变化的原因和规律。此类研究一般停留在词汇层面，忽略了对句子意义的研究。语义研究发展到现代，研究范围从词义发展到句义，各种理论与学派层出不穷，其中形式化方法传统下的经典语义理论有两个重要代表：塔斯基真值语义理论和蒙太格语法。

　　在皮尔斯（Peirce）等人的影响下，莫里斯（Morris）首先明确地提出语形学、语义学和语用学三个分支。语形学研究的是语言表达式之间的关系，语义学研究的是语言表达式和表达式所指称的对象之间的关系，语用学研究的是语言表达式与语言表达式使用者之间的关系。莫里斯在区分语义学和语用学时认为，只有那些可以处理为真和假的现象才属于语义学。这便是形式语义学或真值条件语义学的核心思想。塔斯基（Tarski）最先把这一思想用于形式语言的研究，系统地给出了一个关于形式语言的语义理论。他从符合论的立场给真下定义，即：X 是真的，当且仅当 p。这一理论首先解决的什么是真语句的真这个问题。一个语句，从语形方面来说，是一个符号序列；从语义方面来说，它表达一定的意思，传达一些信息，因为有了这些意思，所以一个语句是真的或是假的。这些意思是语句的内涵，真或假是语句的外延。在形式化的方法下，使得一个语句表达式有意义，就是将真或假作为函数值赋予该语句。通过严格的技术手段，塔斯基给出了真的形式语义定义，建立了他的真值语义理论。它的建立标志着现代意义的逻辑语义学的诞生。

　　真值语义的要点是，对一个给定的形式语言，首先设立该语言可以适用

[①]　John I. Saeed, *Semantics*, Oxford：Blackwell, 1997, p. 5.

的对象世界，通常用数学方式给出，称为结构或框架。再将语言表达式与对象世界中的具体对象相联系，称为赋值，我们就得到了该语言的一个模型。赋值分为两部分：一部分是将每个语词与其所指称的对象相联系，另一部分是根据语句的语形结构，从简单句到复合句，给出简单句的真值与复合句的复合方式的语义解释，从而使每个语句得到其相应的语义真值。从这个过程我们可以看出，一旦给定一个模型就对所有语句都给出了真值。这个真值的赋予是一次完成的，不再有变化，这种语义，被称为静态语义。

塔斯基的语义理论有四个特点：它是关于形式语言的、外延的、静态的，以及限于传统语义学而不考虑语用因素。因为这些特点，一方面，它成功地用于数理逻辑的研究，另一方面，也限制了它对自然语言的语义分析和处理。

塔斯基的学生——蒙太格（Montague）发现了真值语义理论的局限性，提出了蒙太格语法。蒙太格认为，形式化方法既可用于形式语言的语义研究，又可用于自然语言的语义研究，他将语言表达式的内涵看作函数，外延看作函数的值。将外延和内涵统一处理，因为引进了表达式的内涵，这样的语义又称为内涵语义。蒙太格还将形式化的方法推广到语用学领域，将地点、时间等作为语境引入形式语义的模型中。蒙太格因为开创了全面系统地运用现代逻辑工具研究自然语言而被视为自然语言逻辑的创始人，蒙太格语法也因此而成为自然语言逻辑诞生的标志。但蒙太格语法也有很大的局限性，表现为：（一）对句子语义分析是静态的；（二）对不定摹状词的处理是不恰当的；（三）无法刻画出语篇中的指代照应关系。语法中所存在的问题使蒙太格的弟子坎普（Kamp）萌发了建立一种新的自然语言逻辑理论的想法，这就是话语表现理论。

话语表现理论是一种动态地描述自然语言意义的形式语义学理论，旨在克服蒙太格语法和其他形式语义学在处理自然语言句子时的局限。它把传统形式语义学对句子意义的分析扩大到句子系列，即语篇层面；强调语言的动态特征，通过对句子上下文的分析，揭示代词和名词的照应关系，代词的所指和无定名词短语的语义解释，以及动词和时间方面的复杂关系。传统的形式语义学是从静态的角度分析一个个单句的意义，而话语表现理论则是一步步动态地处理话语中的每一个句子，对新的句子的分析依赖于前面处理过的上下文，而新的句子反过来又更新已有的信息内容，这些信息内容又继而成为处理和理解后续句子的前提和依据。

由于坎普把话语表现理论的目标定位于揭示意义和语言形式间的关系，其关注的焦点只是如何从句法结构得到语句的语义表现形式。但在话语的解释中，人们不仅只考虑句法结构，而且还会考虑修辞结构。由于话语表现理论只关注从句法结构得到语句的语义表现形式，这就不可避免的会出现话语表现理论所忽视的盲区。话语表现理论的不足体现在四个方面：（一）不能处理命题的指涉代词；（二）无法解决语篇中的时间关系问题；（三）无法刻画自然语言中的省略现象；（四）没有涉足常识推理的现象。

进入 21 世纪，动态语义学又有了新的发展，产生了分段式话语表现理论。分段式话语表现理论是由美国逻辑学家阿歇尔（N. Asher，1993）首创，阿歇尔与拉斯卡里德斯（A. Lascarides）于 2003 年发表的著作《会话的逻辑》（*Logics of Conversation*）标志着分段式话语表现理论的初步完成。尽管分段式话语表现理论建立在话语表现理论的基础之上，但在思想上和理论上有重要的甚至是本质的改变，在技术上也有很大创新。因此，分段式话语表现理论不是话语表现理论的某一分支，而是超越话语表现理论的一种新的语义理论。分段式话语表现理论可以更好地解释和处理自然语言中的多种语言现象和难以处理的问题，如代词指涉、时序关系确定、动词短语省略、预设呈现、隐喻明晰、语词歧义消解等。该理论在国际语言学界产生了很大的影响，已成为关于研究处理自然语言的新方向和前沿领域。

分段式话语表现理论是一种将语言的线性信息和非线性信息组合分析的形式语义语用学理论。这一理论认为：语言表达的意义最小单位是话语，而不是语词；语话是通过一个个句子的陈述得来的，表现为句子添加的过程，已有的话语是新加句子的语境；而每新加一个句子，都得到一个新的话语，也形成了添加下一个句子的新的语境；话语有自己的语义结构，话的语义结构是多种类的、多层次的复杂结构；话语结构是动态的；话语结构是依靠语句间的修辞关系建立的；动态的话语结构对于系统地解释一系列语言现象起到关键作用；话语结构是判定话语是否融贯的重要依据；通过话语结构，可以范围更广地处理由语用方面提供的信息，以填补语义空缺或消除不确定因素；话语结构的建立要用到非单调推理。

分段式话语表现理论的核心概念是修辞关系，认为话语意义受制于话语自身的修辞结构，即话语语段之间或者话语序列之间的逻辑结构，包括叙述、解释、详述、对比、平行、纠正与续述，等等。修辞关系是分段式话语表现理论的核心，阿歇尔已提出二十余种语段间的修辞关系。

目前分段式话语表现理论还在向其他语言延伸和推广，如法语、德语、日语等，有关研究已得到相当程度的开展。2004 年语言学杂志 *Theoretical Linguistics* 在其第 30 卷第 2 期和第 3 期上设置专门栏目，让世界各国学者们来评论和质疑阿歇尔在话语主题和话语结构方面的最新工作，并让阿歇尔来回答这些评论和质疑。这一情况充分说明了分段式话语表现理论在目前语言学研究中所产生的影响。

尽管分段式话语表现理论是针对英语而设计的，汉语和英语之间虽然有不小的差异，但终归都是自然语言，在表义方面有许多相同或相似之处。正所谓人同此心，心同此理，人的认知心理不仅古今相通，而且中外相通，因而借用它来分析汉语语篇是有可行性基础的；汉语中的许多语义问题会在这种理论的指导下得到更妥善的解决。尤为重要的是，语言学理论的验证，特别需要研究不同类型的语言。汉语作为一种与英语不同类型的语言对语言理论研究具有重要价值。

本书对汉语复句、句群研究与分段式话语表现理论进行了对比研究，发现它们之间存在许多相同或相似之处。我国在复句、句群方面的研究尽管取得了一些成果，但是我们的研究成果并没有在国际语言学界产生应有的影响。由于缺乏一套系统的理论与方法，复句和句群研究无法以一种系统理论的形式走向世界。在话语分析、人工智能等语言应用研究领域中，复句、句群理论偶尔被提及，但很少有研究者完全以复句、句群理论为支撑进行话语分析或自然语篇处理。分段式话语表现理论尽管是针对英语而设计的，但由于修辞关系数目是一个开放集，为人们用该理论来研究英语以外的其他语言提供了便利。本书用分段式话语表现理论对汉语话语语义进行分析，为汉语形式化问题做了一些有益的思考，希望更多的汉语语义问题会得到更妥善的解决。

本书共分七章。第一章导论概述了语言逻辑、形式语义学、语义学和语用学的划界。第二章介绍了经典形式语义学理论的两个重要代表——塔斯基真值语义理论和蒙太格语法，指出了经典形式语义学理论的局限性。第三章描述了动态语义学理论——话语表现理论，从句法规则、话语表现结构的建构规则和话语表现结构的语义解释三方面讨论话语表现理论的理论框架，探讨了该理论的独特价值，并分析了其局限性。第四章从小句的微观层面和话语结构的宏观层面描述了信息内容的逻辑。我们在两个层面上引入未具体化陈述，引入变元来表示"目前未知"值的自变量位置，结果得到一种加标记的语言，我们用这种语言表达完全明确的逻辑形式的部分描述。消解未具体化陈述就是用真值代替未具体化逻辑形式中的变元。第五章论述了信息打包逻辑和话语更新，介绍了一些推论话语关系的缺省规则，主要探讨了未具体化逻辑形式和它的语用上更可取的具体化陈述之间的关系。第六章探讨了对话的话语关系，主要介绍了把疑问和请求的标记作为论元的修辞关系。第七章讨论了英汉两种语言的个性与共性，介绍了汉语复句、句群研究，并把复句、句群研究与分段式话语表现理论进行对比研究，发现了它们之间的相同或相似之处。最后用分段式话语表现理论对汉语话语进行实例分析，解决汉语中的许多语义问题，促使对汉语语义的研究与国际接轨。

目　　录

第一章 导论

第一节 语言逻辑

语言逻辑（The Logic of Language）又叫自然语言逻辑（The Logic of Natural Language），是以自然语言中的逻辑问题为研究对象的一门新兴学科。逻辑是研究推理的科学，语言逻辑就是研究自然语言中的推理问题的科学。[①] 美国当代语言学家莱柯夫（G. Lakoff）最早提出应建立自然语言逻辑，她认为"自然逻辑，一种为自然语言建立的逻辑，其目标是表达所有可以在自然语言中加以表达的概念，说明所有可以用自然语言做出的有效推理，而且结合这些对所有的自然语言进行适当的语言学描述"。[②]

语言逻辑是以自然语言为研究对象，研究自然语言的语形学、语义学和语用学。自然语言的语形学研究自然语言的语词符号相互之间的关系；自然语言的语义学研究对这些语词符号的语义解释；自然语言的语用学研究自然语言的语形、语义与语言使用者的关系，研究语言使用的环境。研究自然语言中的推理问题有两种方法：描述的方法和形式化的方法。用描述的方法形成的语言逻辑被称为描述的语言逻辑，用形式化的方法形成的语言逻辑被称为形式的语言逻辑。

陈道德把国外语言逻辑的发展分为三个阶段。（一）20 世纪初至40 年代的萌芽阶段。如弗雷格（G. Frege）的"涵义"与"指称"、索引词理论、罗素（Russell）的摹状词理论都包含有语言逻辑思想的因素。（二）20 世纪50—70 年代的形成阶段。如希勒尔（Bar - Hillel）的索引词理论、格赖斯（Grice）的会话含义理论、奥斯汀（Austin）的言语行为理论与蒙太格语法等。（三）20 世纪 80 年代以后的发展阶段。如广义量词理论、话语表现理

---

① 陈道德：《20 世纪语言逻辑的发展：世界与中国》，《哲学研究》2005 年第 11 期。

· ② George Lakoff, "Linguistics and Natural Logic", *Semantics of Natural Language*, Dordrecht: Reidel Publishing Company, 1989, p. 545.

论、情境语义学、加标演绎系统、类型逻辑语法等。

从研究方法来看，国外语言逻辑包括描述的语言逻辑和形式的语言逻辑。索引词理论、言语行为理论、会话含义理论和预设理论属于描述的语言逻辑，而以蒙太格语法为代表的逻辑语法理论和萨莫斯（F. Sommers）的 TFL 系统属于形式的语言逻辑。

陈道德把国内语言逻辑的形成与发展也分为三个时期。（一）20 世纪 50—80 年代的开创时期。周礼全是我国语言逻辑研究的开创者，在他的倡导下，一些学者埋头于这一研究，出版了一些专著。如马佩主编的《语言逻辑基础》（1987），王维贤、李先焜、陈宗明合著的《语言逻辑引论》（1989）。（二）20世纪 90 年代至 20 世纪末的形成时期。如袁野等人主编的《语言逻辑》（1990），胡泽洪的《语言逻辑与言语交际》（1991）、《语言逻辑与认识论逻辑》（1995），周礼全主编的《逻辑——正确思维和有效交际的理论》（1994），邹崇理的《逻辑、语言和蒙太格语法》（1995）、《自然语言逻辑研究》（2000），周晓林的《自然语言逻辑引论》（1999）和蔡曙山的《言语行为和语用逻辑》（2000），等等。（三）21世纪初的发展时期。如邹崇理的《逻辑、语言和信息》（2002）可以看作新的起点，为汉语的逻辑研究创出了一条新路。

从研究方法来看，国内语言逻辑也包括描述的语言逻辑和形式的语言逻辑。邹崇理和蔡曙山两位教授的语言逻辑思想属于后者，其他的学者属于前者。

夏年喜认为语言逻辑的研究呈现四种趋势：（一）形式化的趋势；（二）重视语用的趋势；（三）贴近人们对自然语言的实际理解过程的趋势；（四）多学科相互促进、相互渗透的趋势。①

第二节　形式语义学

形式语义学植根于逻辑学、语言学、哲学、数学和模型论等诸多个学科，是在逻辑框架内构建的关于自然语言的语义学。其显著特征是运用逻辑和数学的形式化方法去研究自然语言的形成规律，认为自然语言与人工语言在深层结构方面是相通的，没有实质区别，可以通过构造自然语言形式系统的方式来解决其语义问题。形式语义学的传统可追溯到弗雷格，他主张用逻辑的

---

① 夏年喜：《自然语言逻辑研究的现状与趋势》，《哲学动态》2004 年第 6 期。

方法研究语言意义。在 20 世纪 60 年代之前，大多数语言学家和逻辑学家一致认为逻辑学家为形式语言的句法和语义设置的操作手段不适合分析自然语言。语言学家认为自然语言结构与逻辑学家创造的形式语言迥然不同，所以语言学与形式语言毫不相干。语言学家还认为"心理现实性"极其重要，而逻辑学家不太关心"心理现实性"问题。逻辑学家则认为自然语言充满了含糊性、多义性和歧义性，系统性不强。

　　20 世纪 60—70 年代，蒙太格（Montague）创立了蒙太格语法，反对形式语言和自然语言之间存在重要理论区别的论点，认为自然语言和逻辑语言本质上是相同的符号系统，开创了自然语言形式语义学研究的新领域。蒙太格语法是自然语言逻辑诞生的标志，是形式语义学研究的开端。但是，蒙太格语法也表现出了很大的局限性，主要表现在两个方面：（一）它对句子语义的分析是静态的，这不符合人们对自然语言的理解；（二）尽管考虑了时间和地点两个语用因素，加入了对语境的形式化处理，但在思想上和技术上对语境的考虑不够充分和细致。

　　蒙太格语法是一种静态的语义学理论，认为"意义等价于真值条件"，这一理论不能处理动态的语义现象。为了解决这些存在的问题，荷兰逻辑学家坎普（Kamp）开创了一种动态语义学理论——话语表现理论（Discourse Representation Theory，简称 DRT）。DRT 刻画了名词短语与代词的照应关系，名词短语的量化意义和英语句子系列在时间方面的复杂性和联系性，对句子序列的语义分析采用一种渐进递增的动态方法。然而，话语的解释不仅与句法结构有关联，还与修辞结构有关联。阿歇尔（N. Asher）和拉斯卡里德斯（A. Lascarides）认为，在传统的分析句子逻辑式的基础上，还应该关注语句与语句之间的修辞关系。他们提出了一种超越 DRT 的新的语义理论——分段式话语表现理论（Segmented Discourse Representation Theory，简称 SDRT）。SDRT 是建立在 DRT 基础之上的一种动态语义理论，在 DRT 的基础上增加了新的逻辑算子。这标志着动态语义学进入了一个新的发展阶段。

第三节　语义学和语用学的划界

　　最早将符号学划分为语形、语义和语用三种类型的是美国哲学家皮尔士（C. S. Peirce），美国逻辑学家莫里斯（C. W. Morris）于 1938 年在《符号理论基础》中明确地提出了语形学、语义学和语用学三个分支。他是这样定义这三个术语的：语用学研究"符号与符号解释者之间的关系"，语义学研究"符号与符号所指对象之间的关系"，语形学研究"符号之间的形式关系"。① 后来，他又在其著作《符号、语言和行为》中，对语用学作出新的解释，将语用学的研究对象修正为"研究符号的来源、使用和效果"。②

另一位哲学家和逻辑学家卡尔纳普（R. Carnap）积极地支持莫里斯对符号学的划分。他指出："如果研究中明确涉及了说话者，或者换一个更为普遍的说法，涉及了语言的使用者，便是语用学的领域。如果我们不考虑语言的使用者而只分析表达式和它们的所指对象，就是在语义学的领域中。最后，如果我们也不考虑所指对象，而只分析表达式之间的关系，我们就处于（逻辑）语形学的领域了。"③ 尤为重要的是，卡尔纳普（1942）将符号学的研究分为纯粹的和描写的两种。纯粹研究是逻辑学的一部分，即先定义一批最重要的概念，如指称、真值或句法合适性，在此基础上构建一个人工符号系统，这种研究运用标准化的规范和定义阐明概念间的内在理性；而描写研究则是语言学的一部分，即对人类经过历史演化而形成的实际符号系统的实证研究，目标是全面描写各种实际的复杂现象。从此，对语义学和语用学的划界引起了许多语言哲学家的关注。

关于语义学和语用学二者的关系和区别，存在着三种逻辑上完全不同的观点 ④。（一）语用学是语义学的一部分，称为"语义学派"（Semanticism）。这主要是 20 世纪 60 年代后期以蒙太格为代表的学者所持的一种观点，认为句子的逻辑式可以表达各种语言意义。（二）语义学是语用学的一部分，称为"语用学派"（Pragmaticism）。这主要是 20 世纪六七十年代以维特根斯坦（Wittgenstein）、奥斯汀、塞尔（Searle）等语言哲学家为代表的思想，认为语言即使用，意义即用法。（三）语义学和语用学是互不相同又相互补充的研究领域，称为"互补派"（Complementarism）。这是一种被普遍接受的观点，它们被视为语言系统内两个不同的构成部分，有各自的研究对象与重点，但又相互补充。

语义学和语用学都是研究语言意义的学科，在两者的关系问题上，经典

---

① Charles Morris, *Foundations of the Theory of Signs*, Chicago: University of Chicago Press, 1938, p. 6.

② Charles Morris, *Signs, Language and Behavior*, New York: Prentice Hall, 1946, pp. 218—219.

③ Rudolf Carnap, *Introduction to Semantics*, Cambridge MA: MIT Press, 1942, p. 9.

④ 参见［英］杰弗里·利奇《语法、语义学和语用学的关系》，庄和诚摘译，《现代外语》1986 年第 2 期。

的看法是语义语用互补说，语义学和语用学有各自的研究领域，两者泾渭分明而又相互补充。利奇采纳了这种观点，并划分了两者的界限。他指出意义在语义学中是一种二元关系，即"X 的意义是 Y"①（X means Y），而在语用学中是一种三元关系，即"说话者 S 通过话语 X 来表达 Y 的意思"②（S means Y by X）。

一般认为，语义学研究语言的静态义，语用学研究语言的动态义。对于语义学和语用学的具体差异，主要有三种观点。

一是真值条件区别观，认为语义学研究的是句子所包含命题的真值条件，语用学则研究句子真值条件以外的那部分意义。盖士达（G. Gazdar）是语义语用互补说的积极倡导者，提出过著名的语用减法式：语用学 = 意义 - 真值条件（Pragmatics = Meaning - Truth Conditions）③，认为语用学研究那些在语义学中所不能把握的各类层面意义。盖士达的语义学指的是真值条件语义学，只需关注真值、指称和逻辑式等对象。许多语义学家认为"他们研究的是'真正的'语言意义，而语言实际使用中涉及的模糊性、歧义、含义、说话人的心理认知状态等影响意义的方面全部被扔进了'语用学的废纸篓'"。④

二是规约性区别观，规约性又称约定俗成。"不可取消性"、"可分离性"和"不可推导性"是规约性的标志，而"可取消性"、"不可分离性"和"可推导性"是非规约性的标志。格赖斯区分了两种意义：自然意义和非自然意义。非自然意义又可以分为七种：（一）衍推；（二）规约含义；（三）预设；（四）合适条件；（五）一般会话含义；（六）特殊会话含义；（七）非会话含义。运用规约性的划界标准，衍推和规约含义属于规约意义，一般会话含义、特殊会话含义和非会话含义属于非规约意义。语义学研究的是语言的规约意义，而语用学研究的是语言的非规约意义。预设和合适条件介于规约性和非规约性之间，归属难以确定。

三是语境区别观，认为语义学对语言意义的研究不依赖语境，而语用学对语言意义的理解则依赖于语境。莫里斯的符号三分说支持了这个观点：语

---

① 参见［英］杰弗里·利奇《语法、语义学和语用学的关系》，庄和诚摘译，《现代外语》1986年第 2 期。

② 同上。

③ Gerald Gazdar, *Pragmatics：Implicature, Presupposition and Logical Form*, London：Academics Press, 1979, p. 2.

④ 张韧弦：《形式语用学导论》，复旦大学出版社 2008 年版，第 6 页。

用学研究的是符号与符号解释者之间的关系，而符号解释者的解释行为必定要参照符号使用的具体语境，排除解释者的因素，就得到了符号与符号所指对象之间关系的语义学。这里的"所指"是不依赖语境的客观现实。莱坎（Lycan）也是这个观点的积极支持者，认为"语用学是研究语言在语境中的使用，以及语言解释中各个方面的语境依赖性的学问"。[①]

以真值条件、规约性和语境为标准划分语义学和语用学果真可靠吗？我们来看看以下几个例子。

（1）屋子里是黑的，他开了灯。

如果将"屋子里是黑的"和"他开了灯"所含的命题分别表达为 p 和 q，例（1）的逻辑表达式是：p∧q，在逻辑上等价于 q∧p。但把 q∧p 翻译成句子就是：

（2）他开了灯，屋子里黑的。

在真值条件语义学中，例（1）和例（2）是等值的。但实际上我们在读到例（1）时，想到的是屋子黑，所以他开灯。而读到例（2）时，想到的则是他开灯可能引起了短路，所以屋子黑了。因此在"屋子黑所以开灯"的现实世界里，p∧q 为真，而 q∧p 为假。而在"他开了灯，屋子里是黑的"这个现实世界里，q∧p 为真，而 p∧q 为假。这让真值条件语义学遭遇很大的尴尬。

我们再来看看预设。预设最显著的特征是为语句的肯定形式和否定形式共同具有。例如：

（3）要出卖你的是张三。

（4）要出卖你的不是张三。

例（3）和例（4）都预设了"有人要出卖你"。

于是我们可以用衍推给预设下个定义：

A 预设 B =（A→B）∧（¬ A→B）

根据这一定义，我们可以推出预设 B 总是为真，但实际上有些预设为假。按照斯特劳森（Strawson）的观点，当 B 为假时，A 有第三个逻辑值"非真非假"。这样一来，预设理论属于三值逻辑，除了真假值外，还有一个真值间隙：非真非假。这是属于语义学研究的范围。可是在特定的语境中，预设具有可取消性的特征。

（5）你总以为有人要出卖你，但是要出卖你的不是张三，也不是李四，

---

① William G. Lycan, *Consciousness and Experience*, Cambridge MA：MIT Press, 1995, p. 588.

更不是王五，其实谁也不想要出卖你。

例（5）不再预设"有人要出卖你"。预设的可取消性从根本上排除了预设作为衍推关系来对待的可能性，它属于语用学研究的范围。预设介于规约和非规约意义之间，归属不易确定，从而给以规约性为标准划分语义学和语用学的界限造成了困难。

（6）他这次没考全年级第一。

即使没有具体的语境，我们也能推断出"他曾经考过全年级第一"这个含义。语义学对这种非字面的意义是无能为力的，这显然属于语用学研究的内容。这说明语用学的研究意义未必一定要依赖语境，这是对语境区别观的挑战。

由此看来，以真值条件、规约性和语境为标准划分语义学和语用学的界限并非可靠。由于大量语义语用界面现象的存在，使我们无法用单纯的语义学或单纯的语用学来解决这些问题，使我们不能绝对地区分语义学和语用学。正如蔡曙山指出，"虽然语形学、语义学和语用学在研究内容和范围上不断扩充，但彼此之间并没有明确的界限。现在我们已经可以看到毗邻的两个学科之间互相融合的情形。……语义学的研究也更多地涉及语用学的内容，也有一些著作将语义学和语用学的研究结合在一起"。①

由于语义学和语用学都是研究语言意义的学科，这是很难给两者划定界面的根本原因。分段式话语表现理论尽管处理了许多语用现象，它的开创者阿歇尔却更愿意称自己的理论为语义学理论，将这种情况看做语义学在拓宽其边界。

---

① 蔡曙山：《论符号学三分法对语言哲学和语言逻辑的影响》，《北京大学学报》2006 年第 3 期。

第二章　经典形式语义学

　　形式语义学是逻辑与语言交叉研究的产物，是在逻辑框架内构建的关于自然语言的语义学。① 形式语义学根植于逻辑学、哲学、数学、语言学和模型论等好几个学科，其显著特征是运用逻辑和数学的形式化方法去研究自然语言的形成规律，认为自然语言与人工语言在深层结构方面是相通的，没有实质区别，可以通过构造自然语言形式系统的方式来解决其语义问题。形式语义学为语言的基本符号赋予语义值，把这些符号看做语言结构的要素，然后根据构成规则，从这些要素中派生出复杂表达式的语义值。每个句子的意义都是由其分句的真值条件确定的。形式语义学侧重句法和语义的对应，在给定句法规则基础上确立与句法严格对应的语义运算规则，强调意义组合性原则，其本质是一种针对句子的真值条件语义学。

　　从 19 世纪末到 20 世纪 80 年代初，在形式语义学中流行着这样一句口号——"意义等价于真值条件"，即意义就是真值条件的内容，这种语义观把语言表征与世界之间的关系看做是静态的关系。经典形式语义学是一种静态的语义学，它以句子为单位来研究意义。塔斯基真值语义理论和蒙太格语法是经典形式语义学理论的两个重要代表。

第一节　塔斯基真值语义理论

　　1933 年，波兰逻辑学家、数学家塔斯基（Tarski）发表了一篇重要的论文《形式化语言中真这个概念》，作者开宗明义地指出："本文几乎只探讨一个问题——关于真的定义。它的任务是，相对于一种给定的语言，建立一个实质上恰当的、形式上正确的关于'真语句'这个词的意义。"② "对于任何一个可接受的定义，第一个条件规定了它的可能内容的界限，第二个条件规

---

① 邹崇理、李可胜：《逻辑和语言研究的交叉互动》，《西南大学学报》2009 年第 3 期。

② Alfred Tarski, *Logic*, *Semantics*, *Metamathematics*, Oxford：Clarendon Press, 1956, p. 152.

定了它的可能形式的界限。"① 所谓真语句，就是句子的一种意义、外延。解决真语句这个词的精确定义问题，就是解决逻辑语义学中最基本的语义真概念的定义问题。塔斯基认为，哲学家们对那个古老的真概念的规定是含糊的、不严格的，甚至是否一致也令人怀疑。因此，他着眼于古典的亚里士多德的真概念。亚氏认为：

说是者为非，或说非者为是，是假的；

说是者为是，或说非者为非，是真的。

塔斯基将其用精确的符号公式表示出来，提出了著名的 T 等式：

T　X 是真的，当且仅当 p。

其中在 p 处可用任何句子代替，在 X 处代入这个语句的名称，其名称可以是引号名称，也可以是结构摹状名称。下面是 T 等式的一个经典的例子：

"雪是白的"是真的，当且仅当雪是白的。

出现在等值式左边的语句"雪是白的"带有引号，而出现在右边时则无引号。带有引号的是语句的名称，没有引号的是语句本身。

塔斯基认为 T 等式不是一个关于真语句的定义，而是真语句的部分定义。确切地说，T 等式是一个实质恰当性条件，任何"实质上恰当的"真定义都必须包含 T 等式的所有实例。T 等式确定的是"真"这个词的外延，而不是确定该词的内涵或者意义。"无论是表达式（T）本身（它并非一个语句，而只是一种语句范型），还是任何（T）型的特定例示都不是真理②的定义。我们只能说，由某个特殊句子代替 'p'，这个句子的名称代替 'X' 所获得的任何（T）型等值式，可以看作是真理的部分定义，它解释了这一个单独的句子的为真在于什么地方。在某种意义上，一般性定义应是所有这些部分定义的逻辑合取。"③

塔斯基发现，当把 T 等式应用于日常语言中，会导致语义悖论。假设符号 C 等同于语句"C 不是真的"，我们对 C 的引号名称，给出 T 等式的实例：

"C 不是真的"是真的，当且仅当 C 不是真的。

那么根据假设和 T 等式的实例，我们会得到以下悖论：

C 是真的，当且仅当 C 不是真的。

---

① ［美］苏珊·哈克：《逻辑哲学》，罗毅译，商务印书馆 2003 年版，第 123 页。

② "真理"这个词在此表示真语句、真概念的含义。

③ ［波兰］阿尔弗雷德·塔斯基：《语义性质真理概念和语义学的基础》，载 A. P. 马蒂尼奇《语言哲学》，牟博等译，商务印书馆 1998 年版，第 86 页。

塔斯基认为导致悖论的原因不是因为 T 等式的结构或内容，而是因为自然语言的语义封闭性，即语言中不仅包含了语言表达式，也包含了指称这些表达式的手段（表达式的名称），以及像"真的"这样的语义词项。要排除这种封闭性，对象语言（作为被研究和讲述对象的语言）不能在自身中讨论它的语词的意义或真假，而必须用元语言（用来研究和讲述对象语言的语言）来讨论，因而需要有语言的层次。

塔斯基提出，一个可接受的真定义必须满足两个限制条件：一是实质的恰当性，即真定义能够把 T 等式的全部实例作为后承推演出来；二是形式的正确性，即真定义应该用一种不是语义封闭的语言来表达。具体来说，塔斯基定义真概念的程序包括以下四个步骤①。

（一）规定对象语言 O 的语法结构，真谓词是相对于 O 而被定义的

我们假定一阶语言 L 作为对象语言 O，以汉语加对象语言作为元语言。一阶语言 L 包括初始符号和形成规则。

初始符号

1. 个体变元：x，y，z……；x_1，x_2……；

2. 个体常元：a，b，c……；

3. 谓词：D，E，F，G……；

4. 语句联结词：¬，∧；

5. 量词：∃；

6. 辅助符号：括号（,）。

其他真值函项和全称量词用这个严格的初始词汇表就可以定义了。

形成规则

1. 如果 F 是 n 元谓词（n≥1），t_1，…，t_n 是 n 个项，则 F（t_1，…t_n）是合式公式（这种公式称为原子公式）；

2. 如果 A 是合式公式，则¬A 也是合式公式；

3. 如果 A，B 是合式公式，则（A∧B）也是合式公式；

4. 如果 A 是合式公式，x 是个体变元，则∃xA 也是合式公式；

5. 除此之外都不是合式公式。

仅有对象语言，无法构造形式系统，无法定义对象语言自身。用以定义对象语言真概念的语句，不能是对象语言语句本身，而是更高一层次的元语言。

---

① 陈波：《逻辑哲学》，北京大学出版社 2005 年版，第 73 页。

（二）规定元语言 M 的语法结构，其中"在 O 中真"将得到定义

为了定义对象语言，必须使用"初始符号"、"形成规则"、"公式"这样的语词；为了构造形式系统，必须使用"公理"、"推导规则"、"定理"、"证明"这样的语词。这种自身不属于对象语言，但对于构造和说明形式系统必不可少的符号、语词或语句，就构成该形式系统的元语言 M。元语言 M 是一种"具有精确规定结构而未被形式化的语言"[①]，是比对象语言"实质地更丰富"[②] 的语言，是把对象语言 O 包含在内的语言，即对象语言 O 是元语言 M 的真子集。元语言 M 既包括对象语言 O、对象语言表达式的名称、更高逻辑类型的变量（元变量），又包括了自然语言。在对象语言中真的语句，只能在元语言中才能得到定义。

（三）在 M 中定义"在 O 中满足"

塔斯基是用递归的方法来定义"满足"，即先给出那些最简单的开语句被满足的条件，再给出复合开语句被满足的条件，复合开语句的满足则由原子开语句的满足来定义。即令 X，Y 是任一的对象序列，A，B 是对象语言 O 中的任一语句，x_i 表示任一对象序列 X 中的第 i 个元素。

1. 对于任一一元谓词 F，任一 i 和 X，X 满足"Fx_i"，当且仅当 x_i 是 F。

2. 对于任一二元谓词 G，任一 i 和 X，X 满足"Gx_ix_j"，当且仅当 x_i 和 x_j 之间存在 G 关系。

3. 对其他 n 元（n≥3）谓词，任一 i 和 X，可类似定义相应语句的满足。

4. 对任一序列 X 和任一语句 A，X 满足¬A，当且仅当 X 不满足 A。

5. 对任一序列 X 和任一语句 A，B，X 满足 A∧B，当且仅当 X 满足 A 并且 X 满足 B。

6. 对任一序列 X 和任一语句 A 以及任一 i，X 满足 $\exists x_i A$，当且仅当存在一个序列 Y，使得对任一 j≠i 都有 $X_i = Y_j$，并且 Y 满足 A。

塔斯基首先定义"满足"，是因为封闭的复合语句是从开语句构造出来的，而不是从原子闭语句中构造而成的。例如，$\exists x(Fx \wedge Gx)$ 是由开语句 Fx 和 Gx 通过合取和存在量化构造出来的。开语句 Fx 和 Gx 不是真的或假的，而是为对象所满足或不满足。满足是开语句与对象的 n 元有序组之间的关系。

---

① ［波兰］阿尔弗雷德·塔斯基：《语义性质真理概念和语义学的基础》，载 A. P. 马蒂尼奇《语言哲学》，牟博等译，商务印书馆 1998 年版，第 86 页。

② 同上书，第 95 页。

对象的 n 元有序组是由 n 个对象组成并带有次序关系的集合。① 例如，"x 是位于 y 和 z 之间的城市"为有序三元组 <株洲，长沙，南昌> 所满足。闭语句是不带自由变元的合式公式，是开语句的一种特例，即零元开语句，而"真"是"被满足"的一种特例。接下来，塔斯基给出了"真"的定义。

（四）在 M 中根据"在 O 中满足"定义"在 O 中真"

"真"的定义：O 中的一个闭语句为真，当且仅当它为所有的序列所满足，一个闭语句为假，当且仅当它不为任何序列所满足。

塔斯基给出了真的定义，并确认该定义实质上是恰当的，形式上是正确的。实质上是恰当的，是指该定义蕴涵了所有 T 等式，它唯一地决定了"真的"这个词项的外延。而形式上是正确的，是指该定义明确地区分了两种不同层次的语言——对象语言 O 和元语言 M，元语言是比对象语言更高阶的语言，对象语言中语句的真假只能在元语言中被定义。这样就避免了语义悖论。

真是塔斯基语义理论的最基本的概念，所以塔斯基的语义理论又称为真值语义理论。这一理论成功地用于逻辑研究，更是一种逻辑语义。塔斯基真定义的提出，标志着现代逻辑语义学的诞生。

塔斯基真值语义理论是关于形式语言的，符合组合性原则。它只考虑语句的真值，只对语言表达式赋予外延的解释。而且对真值的赋予是一次完成的，不会再有变化，所以这种语义又是静态的，它只考虑语言表达式和其所指对象之间的关系，不考虑语言使用方面的情况。塔斯基的语义理论是"关于形式语言的，外延的，静态的，以及限于传统语义学而不考虑语用因素。因为这些特点，一方面，它成功地用于数理逻辑的研究，另一方面，也限制了它对自然语言的语义分析和处理"。②

第二节　蒙太格语法

蒙太格语法（Montague Grammar，简称 MG）是美国著名的逻辑学家和哲学家理查德·蒙太格（Richard Montague）于 20 世纪 60—70 年代创立的一种用数理逻辑方法研究自然语言的形式语义学理论。它是在看到真值语义理论不足的情况下，直接面对自然语言提出的语义理论，是经典语义理论的又一

① 陈波：《逻辑哲学》，北京大学出版社 2005 年版，第 73 页。

② 毛翔、周北海：《分段式语篇表示理论 —— 基于语篇结构的自然语言语义学》（http：//ccl. pku. edu. cn/doubtfire/Course/Computational％20Linguistics/contents/Intr2SDRT. pdf)。

座里程碑。

在蒙太格以前，大多数逻辑学家和语言学家认为由逻辑学家所发展起来的形式语言的句法和语义装置不可能应用于自然语言的分析。逻辑学家认为，自然语言充满了含糊性、多义性与歧义性，不适合形式逻辑分析。而语言学家认为形式语言的构造与自然语言毫无共同之处，不可能归属于可能的人类语言的范围之内。蒙太格的成就在于他"在语言研究的历史上架设起第一座宏伟的桥梁"。① 在他的论文《普遍语法》（Universal Grammar，简称 UG）中第一句话就是："在我看来，自然语言和逻辑学家的人工语言之间，没有重要的理论差别；的确，有可能把两种语言的语形和语义综合到一个单一自然的和数学上精确的理论之中。"②《普遍语法》是构成蒙太格语法理论的广义代数框架，在此著作中，首次体现了把形式语义学应用到自然语言中去的思想。在《作为形式语言的英语》（English as a Formal Language，简称 EFL）一文中，蒙太格明确地为自然语言和形式语言的相似性而辩论，不同意自然语言和形式语言之间存在着重要的理论差异的观点。在其代表作《普通英语中量词的特定处理》（The Proper Treatment of Quantification in Ordinary English，简称 PTQ）中，蒙太格提出了一个分析部分英语语句语义的系统，定义了句法和语义，把英语短语翻译成基于内涵逻辑的、能用塔斯基的模型论来解释的逻辑表达式。这是蒙太格语法的具体运用。道蒂（Dowty）认为 PTQ "代表着蒙太格艰苦努力地把在数理逻辑中发展起来的技巧用于自然语言语义学所达到的顶峰"。③ "蒙太格语法"是一个术语，指的是建立在上述三篇论文基础上对自然语言的句法和语义进行研究的理论。主要包括三个方面：首先精确分析自然语言的句法，构建一个部分英语语句系统的句法部分；其次建构一个内涵逻辑系统，给出这个系统的语形和语义；最后建立翻译规则，通过这些规则实现人工语言和自然语言的对应，使得自然语言获得语义解释。蒙太格在形式语义学中开天辟地的工作为语言学家和逻辑学家开创了新的研究领域。

一　句法

句法由句法规则和句法运算（operations）组成。句法规则由基本的或递

---

① ［奥地利］施太格缪勒：《当代哲学主流》（下卷），王炳文、王路、燕宏远、李理等译，商务印书馆 2000 年版，第 42 页。

② Richard Montague, "Universal Grammar", *Formal Philosophy*, 1974, p. 222.

③ David R. Dowty, Robert E. W & Stanley Peters, *Introduction to Montagul Semantics*, Dordrecht: D. Reidel, 1981, p. ix.

归的分句的句法范畴构成，是自然语言中由词条形成词组短语最终形成语句的规则。句法运算是解释范畴如何形成新的词组短语的相互关联的函数。

（一）句法范畴

句法范畴基于语句表达式 t 和个体表达式 e 两个基本范畴。前者表示真值的语言单位，相当于陈述句，后者表示名词和个体变元。t 范畴不包含词项，是由通过递归规则构成的句子组成的。标志 t 表示范畴的所有成员都包含了一个真值。基本范畴 e 实际上不包括任何实体，它的使用不在于词组短语的范畴化，而在于表征语义信息。例如 t/e，其中的斜线表示函数，斜线的左侧是值域中的值，右侧是定义域中的个体，t/e 表示从实体的意义到真值的函数。

除了两个基本范畴，其他范畴都是派生的范畴，是在基本范畴的基础上使用函数方式定义的。通过基本范畴 t 和 e，能产生无限多的形如 X/Y 的范畴。其中 X 和 Y 是范畴，Y 是一个能够被用来引起 X 短语的短语。为了描述这样一个事实，同一范畴类型可以描述比句法范畴更多的东西，我们可以用增加的斜线进一步把句法范畴分开。例如，t/e 和 t//e 可以表示一个 e 短语引起一个 t 短语的两个不同的范畴。

在表 2－1 中，除了两个基本范畴，蒙太格列出了九个句法范畴。为了简单起见，蒙太格对前五个句法范畴使用了缩写。例如，TV 表示（t/e）/（t/(t/e)）。

表 2－1　　　　　　　　　　句法范畴

范畴	缩写	PTQ 系统中的名称	最接近语言学中的对应语
t	基本的	真值表达式或陈述句	句子
e	基本的	个体或实体表达式	名词短语（noun phrase）
t/e	IV	不及物动词短语	及物动词、及物动词加宾语或其他动词短语
t/IV	T	词项	名词短语（Noun phrase）
IV/T	TV	及物动词短语	及物动词
IV/IV	IAV	修饰不及物动词的副词	动词短语—副词和包含 in 和 about 的介词短语
t//e	CN	普通名词短语	名词或主格词
t/t	没有	修饰句子的副词	修饰句子的副词
IAV/T	没有	修饰副词的介词	位置格词，如介词
IV/t	没有	带从句的动词短语	带 that 从句的动词
IV/IV	没有	带不及物动词的动词短语	带动词不定式的动词

（二）句法规则

每一个非基本句法范畴都包含词汇规则和递归规则。词汇规则只说明词汇短语的范畴。为了生成一个新的语法，我们首先根据句法范畴将词汇分类。词汇成员所产生的集合被称为范畴的基本表达式。语词"片段"（fragment）指的是一种语言的一个有限子集。蒙太格语法只研究了部分有限的英语语句，没有研究所有符合语法的英语语句。

令 A 是上述任一范畴，B_A 表示范畴为 A 的基本表达式。那么对于九个句法范畴的基本表达式，可以用集合的方式逐一列举如下：

1. B_{IV} = ｛run, walk, talk, rise, change｝

2. B_T = ｛John, Mary, Bill, ninety, he_0, he_1, he_2, …｝

3. B_{TV} = ｛find, lose, eat, love, date, be, seek, conceive｝

4. B_{IAV} = ｛rapidly, slowly, voluntarily, allegedly｝

5. B_{CN} = ｛man, woman, park, fish, pen, unicorn, price, temperature｝

6. $B_{t/t}$ = ｛necessarily｝

7. $B_{IAV/T}$ = ｛in, about｝

8. $B_{IV/t}$ = ｛believe that, assert that｝

9. $B_{IV/IV}$ = ｛try to, wish to｝

每一个形如 X/Y 的句法范畴都有一个对应的递归句法规则，即：

如果 $a \in$ X/Y，$\beta \in$ Y，那么 $F_i(a, \beta) \in$ X。

大部分递归规则都是像 $F_i(a, \beta) = a\beta$ 这样简单地串联起来，但有些更加复杂一些。例如：

$F_3(a, \beta) = $ <u>假如第一个词 α 是一个及物动词短语：</u>

　　　　$a\beta$　　　　　　如果 β 不是一个变元

　　　　$ahim_i$　　　　　如果 β 是 he_i

　　　<u>假如 α 是 $\alpha_1\alpha_2$，其中 α_1 是 TV/T：</u>

　　　　$a_1\beta a_2$　　　　　如果 β 不是一个变元

　　　　$a_1 him_i a_2$　　　　如果 β 是 he_i

我们可以举些例子说明一下：

$F_3(shave, a\ fish) = shave\ a\ fish$

$F_3(seek, he_i) = seek\ him_i$

$F_3(read\ a\ large\ book, Mary) = read\ Mary\ a\ large\ book$

在这条规则中，如果 β 是 he_i，那么我们要把 he_i 转换成 him_i。$F_3(a, \beta)$ 中的下标 3 指的是它对应的范畴 B_{TV} 表达式的序号。

词汇规则和递归规则可以被用来生成基本表达式和句子。句法规则是从词汇层次开始对组成成分逐次进行组合，蒙太格语法的树形图便反映了这种组合过程，它自下而上生成句子，树形图的最上层是句子。

二　语义

在蒙太格语法中，语义表达式就是内涵逻辑式。语义部分含有一个内涵逻辑和若干翻译规则。从句子到内涵逻辑式的转变由翻译规则来完成。然后再按照内涵逻辑的模型定义给出翻译句的内涵逻辑式的真值条件，最终便得到了句子的语义解释。①

（一）内涵逻辑和类型

在模型中给语言表达式以解释，就是指把个体对象指派给个体词，对象序列的集合指派给谓词，真值指派给语句。这些个体对象、对象序列的集合和真值分别是个体词、谓词和语句的外延。内涵是指语言表达式与其所指对象之间的指称关系。由于外延指的是特定世界中的特定对象，因此，谈论内涵就要涉及"世界"或"可能世界"。我们具有关于一个表达式的内涵的知识，实际上我们就获得了一种工具，运用这种工具于某个可能世界，就可以准确地识别出该表达式在该可能世界中的外延。正是在这个意义上，我们说，语言表达式的内涵先于它的外延，并且决定着它的外延，或者说，内涵是从可能世界到外延的函数。② 外延逻辑是通过明确语言表达式的外延来分析其语义，组合性原则是它的一个主特征，即"一个语句的真值是由它组成部分的真值决定的"。但外延逻辑在对自然语言进行分析时遇到许多疑难问题，这些问题大都跟语言表达式的内涵有关。如：

任何人都知道晨星是晨星，

晨星是暮星，

所以任何人都知道晨星是暮星。

这个推理是无效的，因为这个例子提供了一种内涵语境。尽管"晨星"和"暮星"事实上指的是同一颗星——金星，但有的人可能不知道这一点。因此，从它的两个前提得不出它的结论，显然是由于"知道"这样的特殊语词的出现改变了语句，使得语句的真值不再是由它组成部分的真值决定的，而是由各种不同的语境情况所决定——如不同的可能世界，不同的说话人、说话地方和说话时间等。我们称这样的特殊语词为内涵词。在内涵语境中，外延语境的组合性原则、等值置换规则、同一性替换规则在推理中失效。

---

① 朱建平：《蒙太格语法与认知科学》，《中山大学学报》2003 年增刊。

② 陈波：《逻辑哲学》，北京大学出版社 2005 年版，第 147 页。

用外延逻辑来分析受内涵词支配的语句的语义显然是不行的，蒙太格设计了一些技术性手段同时处理含义和所指，将内涵逻辑引入了语义学。在内涵逻辑中，表达式的语境表征可能的事态。表达式的语境被称为索引（index）。索引包括了世界、说话时间、说话地点、话语环境和其他相关的可变因素，是内涵函数变域的模型。语言表达式的外延可以被定义为它的内涵。语言表达式的内涵是从索引到表达式的函项。蒙太格认为"语句的内涵是从索引到真值的函数，个体词的内涵是从索引到对象的函数，谓词的内涵则是从索引到对象序列集合的函数"。[①] 在表达式前加上符号 ˆ，表示该表达式的外延就是它的内涵。

在蒙太格的内涵逻辑系统中，每一条规则都是一种类型（type），每一个句法范畴都有一种对应的类型。把句法范畴翻译成内涵逻辑语言的规则是：

如果 $\alpha \in X/Y$，$\beta \in Y$，α，β 翻译为 α'，β'，那么 $F_i(\alpha, \beta)$ 翻译为 $\alpha'(ˆ\beta')$。

我们把句法规则中的 α，β 译成 α'，β'，$F_i(\alpha, \beta)$ 译成了 $\alpha'(ˆ\beta')$，其中变元ˆβ'指的是 β' 的内涵。

如同句法范畴，内涵逻辑的类型也是基于 t 和 e 两个基本类型。类型 t 是语句，包含了从预先确定的模型和对变元真值的指派方面定义类型 t 表达式真值的规则。类型 e 是由实体组合的。所有的类型都是通过运用内涵逻辑的规则，从基本类型 t 和 e 中，递归地产生的。表 2 - 2 列举了递归地定义新类型的规则。

表 2 - 2　　　　　　　　　　　　　语义规则

#	规则	语义规则	语义集
1	t	$D_t = \{0, 1\}$	所有真值
2	e	$D_e = A$	所有实体
3	如果 a，b 是任一类型，则 <a, b>是一个类型	$D_{<a, b>} = D_b^{D_a}$	以 D_a 为定义域，D_b 为值域的所有函数
4	如果 a 是一个类型，则 <s, a>是一个类型	$D_{<s, a>} = D_a^{W \times T}$	以可能世界、时间有序对为定义域，D_a 为值域的所有函数

A、W、T 分别表示个体、可能世界和时间的集合。D_x 表示类型 x 的表达式的可能指称的集合。<a, b>是一个类型，是以 a 为定义域，以 b 为值域的一个函数。表达式 <s, a> 是类型 a 的一个短语，它的外延等于它的内涵，即类型 <s, a> 表示相应于每一个类型 a 的内涵。变元 s 是表示可能世界和时间

① 于宇、唐晓嘉：《蒙太格 PTQ 系统的内涵逻辑》，《西南大学学报》2009 年第 1 期。

的有序对，是各时空中外延的总和，也就是内涵。

根据表 2 - 2 中的规则 4，我们可以定义上述列举的九个句法范畴中基本表达式中词汇的外延和内涵。与句法范畴 X/Y 相对应的语义类型是 $<<s,y>,x>$，即以 Y 的内涵为定义域，以 X 的外延为值域的函数。比如语句的外延可以表示为类型 $<<s,t>,t>$。语句 t 的外延是从可能世界和时间的有序对到真值的函数。$<<s,t>,t>$ 是从可能世界和时间的有序对到 t 的外延的函数。也就是说，$<<s,t>,t>$ 的内涵是以可能世界和时间的有序对为定义域，以从可能世界和时间到真值的函数为值域的函数。不及物动词短语 walk，它的语义类型是 $<<s,e>,t>$。外延是 walk 概念的集合，内涵范畴是 $<s,<<s,e>,t>>$，是一个从有序对 $<w,t>$ 到 walk 外延的函数。

（二）量化和组合性原则

形式逻辑符合组合性原则，组合性原则指的是复合表达式的意义是组成成分的意义及成分组合方式的函项。自然语言不符合组合性原则。蒙太格运用内涵逻辑来处理名词词组缺乏组合性原则的问题。

在蒙太格之前，由于量词的存在，名词词组向语言学家提出了组合性的问题。这个问题可以在比较 John talks（约翰说话）和 Every student talks（每一个学生说话）的解释中得到说明。这两个句子有相似的句法结构和类似的意义，但译成一阶谓词逻辑时，却有很大的不同（见表 2 - 3）。

表 2 - 3   **语句和它们的翻译**

语句	一阶谓词逻辑	一般量化
John talks.	talks（j）	John′（^talk′）
Every student talks.	$\forall x[\,student(x) \rightarrow talks(x)\,]$	Every student′（^talk′）

为了处理组合性问题，蒙太格从广义量词的角度分析名词词组，对广义量词进行句法运算，并借此解决量化结构的歧义表达问题，并给出了广义量词的语义解释。John 是包含 John 这个个体概念的属性的集合。在内涵逻辑中，用范畴 e 的常元 j 表示 John，John 的内涵或个体概念是 ^j。John 的一般量化是 $P′P\{^j\}$，即 $\lambda P[P(j)]$，指的是 John 的个体概念的诸属性的集合。同样地，every student 能够被看作是学生的集合的所有超集（supersets）的集合。量词词组的句法规则是：

如果 $\alpha \in P_{CN}$，那么 $F_0(a)$，$F_1(a)$，$F_2(a) \in P_T$，其中 $F_0(a) =$ every a，$F_1(a) =$ the a，$F_2(a) =$ a/an a。

在广义量词中，句法规则用同样的方式来处理带有量词 every，the，a 或 an 的名词词组。量词词组的翻译规则是：

如果 a 翻译成 a'，那么

$F_0(a)$ 翻译成 $P'[(\forall x)(a'(x) \rightarrow P\{x\})]$

$F_1(a)$ 翻译成 $P'[(\exists y)((\forall x)[a'(x) \leftrightarrow x = y] \wedge P\{y\})$

$F_2(a)$ 翻译成 $P'[(\exists x)(a'(x) \wedge P\{x\})]$

用广义量词来解释，John talks 和 Every student talks 都可用相似的方式来表征，谓语不再是 talks，如表 2 – 3 所示。因为根据广义量词规则，当一个名称短语和不及物动词短语组合成一个语句时，名称短语被用作一个函数。因为 tslks 是一个不及物动词短语，名称短语 John 和 every student 都被当作函数。John′（^talk′）表示 John 的个体概念包含一系列的属性，在这些属性中，其中有一个属性是 talking。相似地，every student′（^talk′）意味着每一个学生包含了一系列属性，在这些属性中，其中有一个属性是 talking。蒙太格借鉴罗素的简单类型论，构建了高阶类型论的内涵逻辑系统。"通过引入类型概念，可将自然语言中的个体词与个体概念、谓词与谓词概念区分为不同层次，量词也随之进行相应分层，由此可在一个逻辑系统中对自然语言的种种复杂情况进行协调处理。"[①]

为了把自然语言准确地翻译为人工语言，蒙太格引入了 λ 算子。λ 算子的使用能够准确地将带量词的语句翻译成内涵逻辑语言。通过语义方面的类型论和句法方面的 λ-表达式，蒙太格语法使自然语言语句的语义和结构形成一一对应，句法成分与语义成分之间是同态映射关系。也就是说，句法规则组合一次，相应的语义规则也组合一次，完全符合组合性原则。我们以著名的驴子句 "Every farmer owns a donkey" 为例。组成这个句子的语词有 "every"、"farmer"、"owns"、"a" 和 "donkey"。与它们分别对应的形式表达式为：$\lambda P \lambda Q \forall x(Px \rightarrow Qx)$，$\lambda x(farmer(x))$，$\lambda \Phi \lambda x \Phi[\lambda y(owns(x,y))]$，$\lambda P \lambda Q \exists x(Px \wedge Qx)$ 和 $\lambda z(donkey(z))$。采用底层元素向上一步步组合的方式，经过 λ-演算和中间化简步骤，最终得到整个句子的逻辑表达式为：$\forall x(farm(x) \rightarrow \exists y(donkey(y) \wedge owns(x,y)))$。

（三）模型论语义学

模型论语义学是基于塔斯基模型论定义的真值条件的语义学。一个短语的真值条件是在该短语语境中参数的真值。参数是由变元组成，比如语句说

---

①　于宇、唐晓嘉：《蒙太格 PTQ 系统的内涵逻辑》，《西南大学学报》2009 年第 1 期。

出的时间和可能世界，在这个可能世界中，对于一个模型，该短语是真的。在蒙太格内涵逻辑中，这些参数用类型来表示。

模型论由逻辑常项、变项和非逻辑常项三种符号组成。逻辑常项指的是传统的逻辑符号，如：→，¬，∧，∨等。变项指的是某类特定事物中任意一个符号。非逻辑常项包括全称量词∀和存在量词∃、关系符号、函数符号和个体常元符号。一阶谓词逻辑语言包括以下三个特征：

1. 能够给出这种语言的所有公式的集合的有穷的递归句法特征；

2. 根据句法，能够给出满足所有公式的有穷的递归语义特征；

3. 根据满足，能够定义真，通过这种方式，给出语句的真值条件的正确特征。

根据复合公式的组成公式，一阶谓词逻辑语言递归地定义复合公式满足的条件。语句的真值条件指的是这样的一些条件，在这些条件下语句被满足。语句在这些条件下是真的，是以使用的模型为基础。为了理解真值条件，我们必须先理解真的基本定义。真定义定义了变元和使一个表达式是真的模型之间的关系。

因为真定义是递归地定义的，所以首先必须存在基本的真。即：

基本规则：a 满足 F。

递归规则：a 满足 F∧G，当且仅当 a 满足 F 并且 a 满足 G。

我们还可以得到后承、等值、永真式、矛盾式的定义。

后承：X 是 K 中语句的后承，当且仅当 X 在 K 中每一个语句都是真的模型中都是真的。

等值：如果 X 是 Y 的后承并且 Y 是 X 的后承，那么 X 和 Y 逻辑等值。

永真式：如果对于所有的模型来说，X 是真的，那么 X 是逻辑真的。

矛盾式：如果并不存在 K 中所有的句子都是真的这样一个模型，那么 K 是矛盾的。

根据蒙太格语法，真定义对应于解释语句片段（fragment）内涵的规则。内涵逻辑和量化的讨论处理了把语句翻译成内涵逻辑形式语言的过程。在内涵逻辑中，短语的内涵基于模型理论，把意义定义为模型的函项。模型就是索引。

三　语用因素

蒙太格语法在刻画语义时已经考虑到语用因素的作用，认为一个语句的真不但依赖所在的模型，而且依赖所具有的语境因素。蒙太格希望考虑自然语言中的"我"、"你"这样的代词和"这里"、"现在"这样的副词的出现。他接受了希勒尔提出的索引表达式理论——这类表达式的意义涉及使用的地点、时间等语用因素。并将地点、时间等作为语境引入形式语义模型。语境可以看作一个可能世界，一个时刻或一个处于某一时刻的可能世界。相关的内涵是一个从可能世界集到表达式所指称的对象集合的映射，于是可以用数学的方法研究语用学了。蒙太格的形式语用观是形式语义学关于语用问题研究的延伸。

与塔斯基的真值语义理论相比，蒙太格语法取得了一些新的进展。第一，将形式语义学推广到自然语言研究领域；第二，将外延语义推广到内涵语义；第三，将传统的语义学研究推广到语用学领域。但蒙太格语法仍然是组合性的静态理论。

第三节 经典形式语义学理论的局限性

长期以来，将形式化方法运用于自然语言研究，获得相应的较为严格的组合性和可计算性的效果，一直是许多语言学家们孜孜以求的目标。[①] 蒙太格把语言学看作数学的一个分支，认为自然语言与形式语言本质上并无差别，都是相同的符号系统，都可作精确的数学描述。蒙太格语法在描写自然语言的句法与语义时采用的是一种严格的代数运算，蒙太格语法所构造的 PTQ 系统是一个用数学方法处理自然语言的典型范例。蒙太格开创了自然语言形式语义学研究的领域，蒙太格语法是自然语言逻辑诞生的标志，是形式语义学研究的开端。它"实现了现代逻辑和现代语言学的完美结合，在逻辑史上和语言学史上都是一座不可替代的丰碑"。[②] 但这一理论仍然无法处理自然语言中的许多现象。

蒙太格语法作为自然语言的意义理论主要存在两个方面的问题：（一）它对句子语义的分析是静态的，这不符合人们对自然语言的理解；（二）尽管考虑了时间和地点两个语用因素，加入了对语境的形式化处理，但在思想上和技术上对语境的考虑不够充分和细致。

我们先看第一个关于静态的问题。

---

① 熊学亮：《语言使用中的推理》，上海外语教育出版社 2007 年版，第 199 页。
② 夏年喜：《从蒙太格语法的局限性看 DRT 的理论价值》，《哲学研究》2005 年第 12 期。

蒙太格语法能解决位于一个句子内的代词解释，但却不能处理跨句间的代词指涉现象。如：

（1）A man came in. He sat down.

（一个人进来了，他坐下了。）

它的一阶谓词逻辑表达式为：

$$\exists x(man(x) \wedge come-in(x)) \wedge sat-down(x)$$

这个表达式中最后面的 x 是一个自由变元，没有受存在量词 $\exists$ 的约束。这表明，$sat-down(x)$ 中的 x 与 $\exists x(man(x) \wedge come-in(x))$ 中的 x 不同，而在自然语言的理解中，我们会将后句中的代词 he 与前句中的 a man 相联系，逻辑表达式与直观理解出现了偏差。含有自由变元的公式是不合法的，表达式中的自由变元不可能得到解释。因此我们无法解决自由变元的所指问题。

蒙太格语法从句子到逻辑公式的翻译是一步到位的，也就是说，这个合取式是不分先后，同时获得的。若再在该句子序列后增加一个小句，我们只能是把加进这一小句后所形成的新的句子序列再当做并列复合句来进行句法生成，从而得到其逻辑式，而不能简单地把新增加的小句的语义信息添加到已有的合取式中，尽管序列中的前两个句子没有丝毫的改变，显然，这样的处理过程是不符合人们理解自然语言的实际过程的。[①]

蒙太格语法对不定摹状词的处理也是不恰当的，我们以著名的驴子句为例。

（2）If John owns a donkey, he beats it.

（如果约翰有一头驴子，那么他打它。）

蒙太格语法对这一句子的处理是：

$$\exists x(donkey(x) \wedge own(John,x)) \rightarrow beat(John,x)$$

而这一语句的直观意思应为：

$$\forall x(donkey(x) \wedge own(John,x) \rightarrow beat(John,x))$$

从罗素开始，不定摹状词就被解释成具有存在意义的量词，蒙太格沿用了罗素对不定摹状词的解释。但实际上，不定摹状词本身并没有量化特征，其语义解释应随着所在语义环境的变化而变化。在一定的条件下，不定摹状词可以被解释成全称意义的量词。因而，那种把意义当作静态的真值条件的理论是不正确的，句子的意义与它潜在地改变信息状态相关，它随着上下文的变化而变化。

---

① 夏年喜：《从蒙太格语法的局限性看 DRT 的理论价值》，《哲学研究》2005 年第 12 期。

为了挽救静态语义学，伊文斯（Evans）提议把代词看成是变相的限定摹状词。在这种理解下，"it"应解释为"那头被John所拥有的驴"。但问题是如何在一开始给"beat"这个语词确定意思时就把"John"和"那头被John所拥有的驴"相联系。

关于动词短语省略的指涉问题，限定摹状词方案更是宣告失败。如：

（3）一个警官爱他梦到的女人，赛姆也是。

对"赛姆也是"可以有两种理解。第一种是"赛姆也爱这个警官梦到的女人"；第二种是"赛姆也爱自己梦到的女人"。直观上，我们通常会持第二种理解。但是根据限定摹状词方案，把"他"代之以"这个警官"后，我们可得到：

一个警官爱这个警官梦到的女人，赛姆也是。

经过处理后的句子，对"萨姆也是"似乎只有一种理解：赛姆也爱这个警官梦到的女人。这表明代词与其先行词之间存在着某种关系，将代词用限定摹状词替换后，这种关系也随之消失了。

我们再来看第二个与语用相关的语境问题。

话语表现理论的创始人汉斯·坎普（Hans Kamp）认为，除了时间、地点等因素外，语境还应该扩展到认知状态或自由选择等方面。例如：

（4）你可以拿个苹果或梨。

这是一个表述自由选择行为的许可句。它允许我们作出推断你可以拿个苹果，也允许我们推断出你可以拿个梨。但从一般关于允许、应该的模态逻辑的角度看，这不是一个有效的推理。对此坎普认为，这是一个表述行为的句子，它应该被理解成一个指令，给听话者可允许的选择。对一个以"或者"表达的允许指令，任何一个选择都是被许可的。所以，我们可以推出"你可以拿个苹果"和"你可以拿个梨"。

（5）许多问题使每一个政治家着迷。

例（5）中有"许多"和"每一个"两个量词。我们对这句话可以有两种不同的理解。理解一：有许多共同的问题，使每一个政治家着迷。在这一理解中，量词"许多"的辖域比量词"每一个"的辖域更宽泛。理解二：每一个政治家都着迷于他自己感兴趣的许多问题。在理解二中，量词"许多"的辖域嵌入"每一个"的辖域之中。存在这两种可能的理解是由句子的语义决定的，但在两种理解中选取哪一个则是由语境的因素来决定的。

除此以外，静态语义学还面临其他挑战，比如对时间关系和预设的处理。如：

（6）她笑得合不上嘴，把手缩回到肥大的袖子里，从口袋里掏出一小块馍馍，递给我。

静态语义学只能简单地表明这些连续事件都发生在过去，但是却不能说明它们在先后发生顺序上的彼此依赖关系，也不能解释"从口袋里掏出一小块馍馍"所派生出来的"她口袋里有馍馍"的预设内容。

（7）一个孩子此刻在拍他的狗。

（8）如果这个孩子有一只狗，他此刻在拍他的狗。

一个语句的预设指的是该语句成立的先决条件。例（7）预设了"这个孩子有一只狗"。例（8）是个条件句，并不要求这个孩子真有一只狗，所以没有这一预设。静态语义学不考虑语境，只能机械地看待预设。只要遇到"一个孩子此刻在拍他的狗"或"他此刻在拍他的狗"，就会认为预设了"这个孩子有一只狗"。这表明静态语义学对如何明确预设问题的解决不符合实际情况。

上述例子说明了经典语义理论的不足。为了解决这些问题，出现了动态语义学。动态语义学，是采用动态方法分析语义问题的理论的总称，是多个语句形成的语句群、语篇或语流的信息状态研究。这种状态研究，不是一次性地给出所有语言表达式的解释，而是强调其形成的过程，即根据上下文一次次地更新语篇内涵。"意义就是潜在的信息变化"成了动态语义观的核心。

语篇不仅是直观意义上完成了的语篇，而且是动态的语篇。语篇始于第一个语句，每加一个语句，都形成了一个新的语篇，直到最后结束形成最终的语篇。从语形的角度看，语篇是线性的语句串。任何的语句串都看成一个语篇，包括单一语句的"语句串"。语篇中的语句单位，以前句为语境，同时自己也是语境或为其他或为其后的语句提供语境信息，因此语句的意义或内容就成了改变语境的动态因素，新旧语境之间存在某种变换关系。

第三章　话语表现理论

话语表现理论（Discourse Representation Theory，简称 DRT）是 20 世纪 80 年代初由荷兰逻辑学家坎普开创的一种动态语义学理论。DRT 是一种关于自然语言的语义观，它的产生源于蒙太格语法及其语义观。DRT 产生的动因是试图解决驴子句前指及模型论语义学中缺乏对动词时态（tense）和时体（aspect）的处理的问题。形式语义学家将语言视为一个抽象系统，句子表现的是命题形式与命题内容。而 DRT 将意义视为一种心理现象，是人类思想的外在表现（externalization），它感兴趣的不仅是句子的真值条件，还关注听话人如何理解句子。

第一节　话语表现理论的理论框架

DRT 由"句法规则"、"话语表现结构（Discourse Representation Structure，简称 DRS）的建构规则"和"DRS 的语义解释"三部分构成。句法规则给出的是英语的句法算法，DRS 的建构规则给出的是语言形式和语义之间的转换模式，DRS 的语义解释是用真值条件模型论语义学方法对 DRS 进行解释。

一　句法规则

DRT 的句法规则主要借鉴了英国语言学家盖茨达（Gazdar）等人提出的广义短语结构语法（Generalized Phrase Structure Grammar，简称 GPSG）。与 GPSG 一样，DRT 的句法规则也废除了"转换生成语法"中的转换规则，并把名词、代词的性、数、格以及代词的照应，动词与主语在数方面的一致性等语法现象统统放到短语结构规则和词项的插入规则中，通过句法范畴的标记注释方式表现出来。[①] DRT 最基本的五条短语结构规则是：

　　1. S→NP VP

---

① 邹崇理：《话语表现理论述评》，《当代语言学》1998 年第 4 期。

2. VP→V NP

3. NP→PN

4. NP→PRO

5. NP→DET N

词项插入规则是：

6. PN→Mary, John, Bob, …

7. V→like, love, walk, likes, loves, …

8. PRO→he, him, she, her, they, …

9. DET→a, every, the, some, …

10. N→book, man, woman, books, men, …

DRT 还采用了次范畴化（sub-categorization）的方法来反映英语中主谓语必须保持数的一致的要求。所谓次范畴化方法，就是根据特征对句法范畴作进一步的分类。DRT 用 Num 表示"数"这一特征，并赋予这一特征两个值：sing 和 plur 分别表示单数值和复数值。DRT 还引入了与代词密切关联的"格"（Case）、"性"（Gender）特征。就格而言，代词有主格（nominative）和非主格（即宾格）之分，故 Case 有"+nom"和"-nom"两个值。就性（用音节 Gen 表示）而言，如果代词指的是人，就有男性（male）和女性（female）之别；如果指的不是人，就用"-hum"表示。所以 Gen 有三个取值：male、fem（female 的简写）、-hum。为了区分及物动词和不及物动词，DRT 在句法规则部分还引入"Trans"特征。Trans 有两个取值：及物动词的取值"+"和不及物动词的取值"-"。受这一特征影响的范畴只有 V。为了刻画否定句，DRT 在句法范畴中又添加了 Aux not VP'。Aux 是助动词（auxiliary verb）范畴，VP'的功能是为了保证不生成具有"Aux not Aux not VP"这种结构的符号串。由于助动词的加入，不可避免地涉及到动词的限定形式（finite form）和非限定形式。DRT 引入了"Fin"这一特征来区别限定动词和非限定动词，特征"Fin"有"+"和"-"两个值。它适合句法范畴 VP'、VP 和 V。

DRT 还引入了与关系从句有关的 Gap 特征。关系从句在主语或宾语位置上有一处空缺（gap）。"Gap = NP"表示省略了名词短语的情况，用"Gap = -"表示没有省略名词短语的情况。DRT 还引入了句法范畴 RC 和 RPRO，分别表示关系从句（relative clause）和关系代词（relative pronoun）。

二　DRS 的建构规则

DRT 认为，人类语言是人类思想的具体表现，语言本质上是一种心理现象。语言使用者如何把握语言形式到内在意义之间的关系是语义学研究的重要任务。于是，DRT 在句法部分与语义解释之间特地设计了话语的语义表现框图（Discourse Representation Structure，简称 DRS）这一中间层面，DRS 上承句法部分的语言形式，下接语言内在意义的模型论解释。

DRS 是一个有序二元组，包括一个话语所指的集合 U，U 被称为是话语表现结构的论域（universe），另外包括一个条件（condition）的集合，简称为 Con。话语表现结构可以表示为 DRS = < U, Con >。[①]

在 DRT 中，DRS 通常用方框图来表示。在一个新的话语开始时，我们打开一个空的方框，也就是说，方框内没有任何信息（见图 3 – 1）。令 K_0 为空框图。

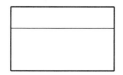

图 3 – 1

随着话语的增加，我们就要在方框内加入新的信息，并将其扩展。从 DRT 的角度来说，话语处理就是用新的信息不断填充这个初始方框的过程。

（1）Tom owns a car.

（汤姆有一辆车。）

它的 DRS 如图 3 – 2 所示：

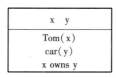

图 3 – 2

方框中横线上方的 x 和 y 是两个话语所指，分别表示 Tom 和 car，集合 {x, y} 就是该 DRS 的论域，记做 U_k = {x, y}。位于横线下方的是三个条件：Tom(x), car(y), x owns y，所以 DRS 的条件集是 {Tom(x), car(y), x owns y}，记做 Con_k = {Tom(x), car(y), x owns y}。

① 刘强：《话语表达理论介绍》，《语文学刊》2007 年第 2 期。

对句子序列 S_1，S_2，…，S_n，先分析 S_1，获得 S_1 的 DRS，记为 K_1，再在 K_1 的基础上，分析 S_2，即把 S_2 所含的语义信息加进 K_1，从而获得 K_2；……对 S_n 的分析就是把 S_n 所含的语义信息加入 K_{n-1} 中，从而得到 K_n。K_n 就是整个话语序列的 DRS。DRS 的建构基础有两个：一个是自然语句的生成树（generative tree），即句法分析的结果；另一个是一套 DRS 建构规则（Construction Rules，简称 CR）。在操作时，首先按照深度优先（depth-first）的原则遍历树结构，即先自上而下，再从左到右，如果遇到名词短语（NP）或逻辑连接节点（如 not），就应用一条相应的 DRS 建构规则，直到对整个树的处理完毕，这时树结构消失，取而代之的是 DRS 的框图结构。第一句话处理完毕后，仍旧在主 DRS 中以同样的方式处理第二句话，以此类推，直到整个话语处理完毕。[①]

对于 DRS 的建构规则，在此我们只介绍最基本的四条：无定名词短语建构规则（简称 CR. ID）、专有名词建构规则（简称 CR. PN）、代词建构规则（简称 CR. PRO）和否定词建构规则（简称 CR. NEG）。[②]

（一）CR. ID（ID 是 Indefinite Description 的缩写）和 CR. PN（PN 是 Proper Name 的缩写）

1. 在该名词短语所属的 DRS 中引入一个新的话语所指。

2. 根据触发结构（triggering configuration）表达该话语所指的状况，作为一个新的条件。

3. 用该话语所指取代 NP 以下的树结构。

（二）CR. PRO（PRO 是 Pronoun 的缩写）

1. 在该名词短语所属的 DRS 中引入一个新的话语所指。

2. 根据触发结构中代词的语法特征在可及的（accessible）论域内找到一个可作为先行词的话语所指，用等号"＝"连接这两个话语所指，作为一个新的条件。

3. 用该话语所指取代 NP 以下的树结构。

（三）CR. NEG（NEG 是 Negation 的缩写）

1. 根据否定词的触发结构（找到带 Aux 和 not 的动词短语）引入否定联结词"¬"。

2. 用"¬"取代该触发结构所在的 VP 以下的相应结构。

---

① 张韧弦：《形式语用学导论》，复旦大学出版社 2008 年版，第 72 页。

② 同上书，第 73 页。

我们通过下面的一个例子来解释 DRS 的建构过程和这些规则的运用。

（2）Tom owns a car. He doesn't like it.

（汤姆有一辆车，他不喜欢它。）

这个话语由两个句子构成。我们先看第一句，其树结构如图 3－3 所示：

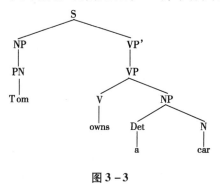

图 3－3

我们按深度优先原则遍历这棵树，从上到下，沿着左边第一个 NP 节点往下搜索到 PN，位于触发结构

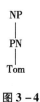

图 3－4

中，因此运用专有名词规则 CR. PN，引入话语所指 x，得到条件 Tom（x），并用 x 取代 NP 以下的树结构，如图 3－5 所示：

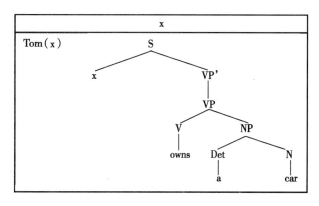

图 3－5

下面继续搜索，遇到含有 NP 的第二个触发结构，如图 3－6 所示：

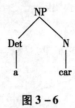

图 3－6

这是一个无定名词短语，因此运用无定名词短语建构规则，引入话语所指 y，得到条件 car（y），并用 y 取代 NP 以下的树结构，结果如图 3－7 所示：

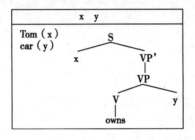

图 3－7

处理完所有的 NP 后，根据 VP 的信息将树结构消解，结果如图 3－8 所示：

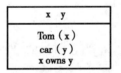

图 3－8

下面处理第二个句子，它的句法生成树如图 3－9 所示：

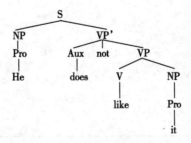

图 3－9

同样地，我们自上而下，先沿着左边第一个 NP 节点往下搜索到 Pro，运用代词建构规则，引入新的话语所指 z，这时，DRS 的消解机制开始起作用，在可及的论域中找到 x，确立 z = x，用 z 取代 NP 以下的树结构，得到树形图，如图 3 − 10 所示：

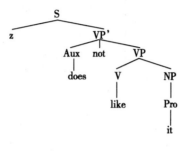

图 3 − 10

接着搜索，遇到否定词的触发结构，如图 3 − 11 所示：

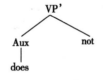

图 3 − 11

引入否定联结词，取代 VP 以下的树结构，结果如图 3 − 12 所示：

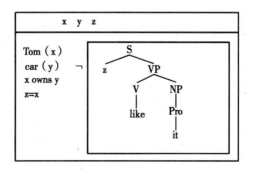

图 3 − 12

否定联结词 "¬" 的引入产生了一个子 DRS，下面的操作就是在这个子 DRS 中进行的。继续搜索，找到另一个 Pro，再次运用代词建构规则，引入 w，在可及的论域中找到 y，确立 w = y，用 w 取代 NP 以下的树结构，结果如图 3 − 13 所示：

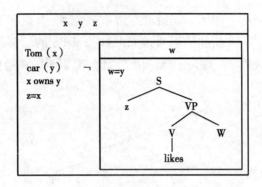

图 3 – 13

根据 VP 信息，消解树结构，最后结果如图 3 – 14 所示：

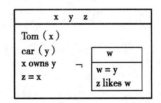

图 3 – 14

这就是例（2）的 DRS，它包含一个嵌套结构，内层的 w 与外层的 y 共指。

三　DRS 的语义解释

在 DRT 中，DRS 的语义解释是利用模型论语义学的方式。要为 DRS 构造模型论的语义解释，必须先定义 DRS 的组成要素，再构造 DRS 的模型论。DRT 的形式语言由词汇 V 与话语所指集合 R 组成。V 包括名称（相应于专名）、一元谓词（相应于通名与不及物动词）、二元谓词（相应于及物动词），等等。话语所指的集合 R 是由 x、y、u、v 等个体变项组成。于是[①]：

（一）一个在 V 与 R 范围内的 DRS K 是一个序对，由 R 的子集合 U_k 和 K 内的状况集合 Con_k 所构成；

（二）在 V、R 范围内的 DRS 条件是下列表达式之一：

1. x = y，其中 x、y 属于 R；

2. π(x)，其中 x 属于 R 并且 π 是 V 中的一个名称；

---

①　夏年喜:《DRS 与一阶谓词逻辑公式》,《哲学动态》2005 年第 11 期。

3. η(x)，其中 x 属于 R 且 η 是 V 中与通名相对应的一元谓词；

4. xζ，其中 x 属于 R 且 ζ 是 V 中与不及物动词相对应的一元谓词；

5. xξy，其中 x、y 属于 R 且 ξ 是 V 中的二元谓词；

6. ¬ K，其中 K 是 V 与 R 范围内的 DRS；

7. $K_1 \Rightarrow K_2$，其中 K_1、K_2 是 V、R 范围内的 DRS；

8. $K_1 \vee \cdots \vee K_n$，其中 n≥2，K_1，$\cdots K_n$ 是 V、R 范围内的 DRS。

关于 DRS 的模型 M = < U_M，$Name_M$，$Pred_M$ > ，这里 U_M 为论域，$Name_M$ 把 V 中名称解释成 U_M 中个体，$Pred_M$ 把 V 中谓词解释成由 U_M 中个体构成的 n 元组的集合。卡德蒙（Kadmon）认为，DRS 就像是可能世界或其模型的部分图像，如果世界或者模型的一部分可以被它正确地描述，那么这个 DRS 就为真。[①] 也就是说，这幅"图像"是嵌入（embedded）在该世界或模型中的。所以我们将一个 DRS 与世界或模型联系起来的赋值函数称为嵌入函数（embedding function）。一个 DRS K 在模型 M 中为真，当且仅当存在着一个嵌入函数，该函数能验证其中所有的条件为真。

据此，我们可以对例（1）进行语义解释。我们只需在该 DRS 所在的模型 M 中找到一个嵌入函数 f，使 x 对应 Tom，y 对应 car，而且 y 有 car 的性质，x 和 y 有 owns 的关系。于是，所有的条件得到了论证。

我们还可以定义复合 DRS（即带联结词的 DRS）的语义解释。

定义 3.1：一个内嵌函数 f 验证 ¬ K 为真，当且仅当不存在这样一个内嵌函数 f′，f′是 f 的扩展，并且验证 K 中的所有条件为真。

根据定义 3.1，我们可以对例（2）的 DRS 进行语义解释。整个例（2）的 DRS 为真，当且仅当不存在一个可以扩展 f 的内嵌函数 f′，它可以验证 w = y 和 z likes w 为真。这就是说，整个 DRS 为真，当且仅当存在一个内嵌函数 f，它验证 x 和 z 对应 Tom，运用条件 z = x 为真，y 对应 car 且 y 有 car 的性质，x 和 y 有 owns 的关系，但是不能扩展到另一个能验证 w = y，z 和 w 有 likes 关系的内嵌函数 f′。

定义 3.2：一个内嵌函数 f 验证 $K_1 \Rightarrow K_2$ 为真，当且仅当对每一个内嵌函数 f′，f′是 f 的扩展，并且验证 K_1 中所有的条件为真，那么存在 K_2 上的嵌入函数 f″，使得 f″是 f′的扩展，而且验证 K_2 中所有条件为真。

（3）If John owns a book on pragmatics then he uses it.

（如果约翰有一本关于语用方面的书，那么他使用它。）

---

① Nirit Kadmon, *Formal pragmatics*, Oxford：Blackwell Publishers, 2001, p. 327.

它的 DRS 方框图如图 3 - 15 所示：

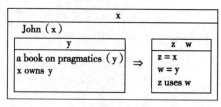

图 3 - 15

专有名词 John 在主 DRS 中引入话语所指，例（3）的 DRS 的语义解释为：找到一个嵌入函数 f，使 x 是 John，而且 f 可以扩展到 f′，f′使 y 为 a book on pragmatics，且 x owns y，并且 f′可以扩展到 f″，f″不仅满足 y 为 a book on pragmatics，x owns y，并且满足 z = x，w = y，·z uses w。

定义 3.3：一个内嵌函数 f 验证 $K_1 \lor K_2$ 为真，当且仅当对每一个内嵌函数 f′，f′是 f 的扩展，并且验证 K_1 中所有的条件为真，或者这个 f′验证 K_2 中所有的条件为真。

（4）Tom owns a bike or Mary owns a book.

（汤姆有一辆自行车或者玛丽有一本书。）

它的 DRS 方框图如图 3 - 16 所示：

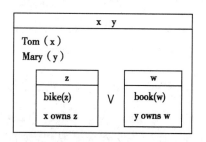

图 3 - 16

它的语义解释是：找到一个嵌入函数 f，使 x 是 Tom，y 是 Mary，而且 f 可以扩展到 f′，f′使 z 是 bike，并且满足 x owns z，或者这个 f′使得 w 是 book，并且满足 y owns w。

定义 3.4：一个内嵌函数 f 验证双重条件 $K_1 Q K_2$，当且仅当有 Q 个 f 的扩展 f′，f′验证 K_1 中所有的条件，并且在 K_2 上存在 f″，使得 f″是 f′的扩展，而且验证 K_2 中的所有条件。

其中 Q 表示广义量词，K_1 和 K_2 是 Q 涉及的两个 DRS，构成一个双重条件 $K_1 Q K_2$，K_1 被称为限制项，K_2 被称为辖域。通常用一个菱形框表示连接两个 DRS 方框的 Q。

（5）Most students are diligent.

（大部分学生是勤奋的。）

它的 DRS 如图 3 – 17 所示：

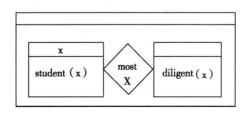

图 3 – 17

例（5）的 DRS 的语义解释是：找到一个空函数 f，f 可以扩展到 f′，f′使 x 为 student，并且大多数（most）的 f′可以扩展到 f″，f″不仅满足 x 是 student，而且满足 x 是 diligent。

DRS 在整个 DRT 理论中起着至关重要的作用。DRT 通过 DRS 来展示人们使用语言、理解语言的心理表现，企图克服模型语义学所面临的心理现实问题。DRS 的建构过程是一种动态的渐进过程，体现了语言信息的递增性。话语是一个意思连贯的整体，除了第一句外，后面每一个句子中的意义要素都要在先前的句子中有所照应，话语的接受者才能获得一致、连贯的理解。DRS 正好体现了语言信息的这种连贯性特点。

第二节　话语表现理论的价值

我们已经了解了 DRT 的总体框架，现在来看看运用 DRT 对自然语言进行语义分析的独特价值。

一　DRT 对名词短语与代词照应关系的刻画

DRT 在诞生之时，就致力于解决困扰当时句法和语义学界的三个问题：无定名词短语的语义表达、有定名词短语以及代词的语义表达、话语中的前指现象。其中的代词与无定名词间的前指，被认为是 DRT 优于先前语义理论的一个重要标志。我们以基奇（Geach）提出的名噪一时的驴子句为例。

（6）If John owns a donkey, he beats it.

（如果约翰有一头驴，那么他打它。）

根据 DRS 的构造规则，可得方框图 3 – 18：

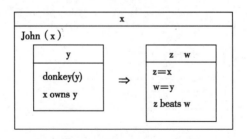

图 3 – 18

根据 DRT 中从 DRS 到一阶谓词逻辑的翻译规则，图 3 – 18 可转换成一阶谓词逻辑公式：

（7）　$\exists x[John(x) \wedge \forall y[donkey(y) \wedge own(x,y) \rightarrow \exists z \exists w[z=x \wedge w=y \wedge beats(z,w)]]]$

（7）经过一系列变形可得：

（8）　$\forall y[donkey(y) \wedge owns(John,y) \rightarrow beats(John,y)]$

（8）便是例（6）的语义分析，符合人们对例（6）的直观理解。按照传统语义学的解释，无定名词短语应翻译成存在量词的意义，即：

（9）　$\exists x[donkey(x) \wedge owns(John,x)] \rightarrow beats(John,x)$

（9）后件中的 x 不被前件中的存在量词所约束，例（6）中所要求的 "a donkey" 与 "it" 的照应关系便没有体现出来，和人们的语感不一致。可见 DRT 关于驴子句语义问题的处理结果比传统形式语义学的分析更具合理性。

从 DRT 对单数代词照应关系的处理中，我们可知由单数代词引入的话语所指一定等同于某个已经出现的话语所指。已经出现的话语所指是由某个单数名词引入的，其所处的位置对该代词来说还必须是可及的。那么，对于复数代词而言，是不是也是如此呢？

（10）Fred bought two donkeys. They are unhappy.

（弗雷德买了两头驴，它们不高兴。）

例（10）中第一个句子的 DRS 可以表示为图 3 – 19。

图 3 – 19 包含了两种不同类型的话语所指：个体话语所指和非个体话语所指。个体话语所指又称原子话语所指，用小写字母表示，代表的是个体。如 x 代表的是个体 Fred。非个体话语所指又称非原子话语所指，用大写字母表示，代表的是个体的集合。如 Y 表示个体 donkey 的集合。条件 $|Y| = 2$ 表示集合 Y 有两个元素。donkey * (Y)表示 Y 是驴子，donkey * 既可以表示个

体的驴子，又可以表示驴子的集合。接下来，我们处理第二个句子。They 可以解释为 two donkeys，引入新的非个体话语所指 Z，使 Z 等于 DRS 中已有的非个体话语所指 Y，则例（10）的 DRS 可以表示为图 3–20。

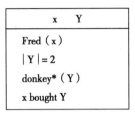

$$\boxed{\begin{array}{l} \text{x \quad Y} \\ \hline \text{Fred（x）} \\ |Y| = 2 \\ \text{donkey*（Y）} \\ \text{x bought Y} \end{array}}$$

图 3–19

$$\boxed{\begin{array}{l} \text{x \quad Y \quad Z} \\ \hline \text{Fred(x)} \\ |Y| = 2 \\ \text{donkey*(Y)} \\ \text{x bought Y} \\ Z = Y \\ \text{unhappy*（Z）} \end{array}}$$

图 3–20

　　我们似乎可以得出结论，类似于单数代词照应关系时所使用的方法，由复数代词引入的话语所指也等同于已经出现的表示某一复数名词的话语所指，但事情并非这么简单。例如：

　　（11）Fred admires Susan. They are writing a paper on plurals.

　　（弗雷德钦佩苏珊，他们正在写一篇关于复数的论文。）

　　例（11）中并没有短语可以做 they 的先行词，they 指的是上文所提及的 Fred 和 Susan 的集合。这表明在处理复数代词的照应关系时，不能简单照搬处理单数代词照应关系时所使用的方法。为此，DRT 对复数代词照应关系的处理提出了两种特殊方法：求和法（summation）和抽象法（abstraction）。

　　求和法指的是把两个或更多的话语所指合并成一个表示集合的单一的话语所指。在这个集合中，所有的被加数表示的集合和/或个体都连接了起来。求和法的起始格局（triggering configurations）是：K′是 DRS K 的子 DRS（也可能是 K 自身），v_1，…，v_k（k ≥ 2）是出现在 K 中的话语所指，并且对于 K′来说是可及的。其具体操作是：在 $U_{K'}$ 中引入一个新的非个体话语所指 Z，

同时在 $\text{Con}_{K'}$ 中引入条件：$Z = v_1 \oplus \cdots \oplus v_k$。

复数代词的建构规则是：

1. 在 U_K 中引入一个非个体话语所指 Z；

2. 在 Con_K 中增加一个形如 Z = Y 的条件，其中 Y 是一个现成可用的非个体话语所指，这个话语所指对被处理的代词所处的位置来说是可及的；

3. 用 Z 置换被处理的名词短语。

根据专名、求和法和复数代词的建构规则，我们可以得到例（11）的 DRS，如图 3 - 21 所示：

$$
\boxed{
\begin{array}{l}
x, y, \ Z, U \\
\hline
Fred(x) \\
Susan(y) \\
x\ admires\ y \\
Z = x \oplus y \\
U = Z \\
U\ are\ writing\ a\ paper\ on\ plurals
\end{array}
}
$$

图 3 – 21

Z 是通过运用求和法产生的，代表个体 Fred 和 Susan 的集合。U 是复数代词 they 引入的非个体话语所指，U = Z 正是对"they 的语义值是个体的集合"这一特性的反映。

我们再来看例（10）。例（10）中的 they 可以理解为两头驴子，也可以理解为两头驴子和 Fred 组成的集合。如果是后一种理解，运用求和法和复数代词的建构规则，则产生例（10）的另一种 DRS，如图 3 - 22 所示：

$$
\boxed{
\begin{array}{l}
\quad x, Y, Z \\
\hline
Fred(x) \\
|Y| = 2 \\
donkey*(Y) \\
x\ bought\ Y \\
Z = x \oplus Y \\
unhappy*(Z)
\end{array}
}
$$

图 3 – 22

从图 3 – 22 可以看出，they 是由两头驴子和 Fred 构成的集合，两头驴子和 Fred 都不高兴。

抽象法将在以下"DRT 对名词短语量化意义的刻画"中讲述。

二　DRT 对名词短语量化意义的刻画

在英语名词短语语义处理方面，DRT 注意到复数名词及数目词组（numeral phrase）具有的量化意义，吸取在处理名词短语量化意义极有成效的广义量词理论（Generalized Quantifier Theory，简称 GQT）的长处，将广义量词看做两个集间的关系。广义量词不是形式或自然语言的一个符号，而是这个符号的语义对应物。广义量词理论把自然语言中的所有量词都解释为二元量词，并认为自然语言中的限定词本质上是一种二元量词。二元量词作用于命题函项的序偶，而不是作用于一个命题函项，其句法是：Qx(Sx，Px)，这里的 Q 是任意量词。例如，如果 Px 是 Qx 的集合所包含的个体多于 Px 集合所包含的个体的一半，那么"大部分 Px 是 Qx"是真的。在针对量化句建构的 DRS 条件中，DRT 增加了一个融合广义量词理论思想的表现形式，构成一个由三部分组成的双重条件 K_1QK_2。在表达上，通常用一个菱形框表示连接两个 DRS 方框的 Q。如：

其中 K_1 被称为限制项（restrictor），Q 是广义量词，在菱形框中出现的话语所指 x 是双重条件中的主话语所指，K_2 被称为辖域（scope），是双重条件中的核心部分。K_2 是 K_1 的子集，也就是说，K_2 提供了在 K_1 中被描绘的情形的一些其他的描述。

（12）Most people are Chinese.

（大部分人是中国人。）

其 DRS 可以表示为图 3 - 23：

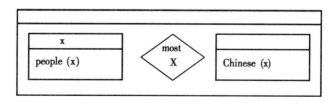

图 3 - 23

抽象法涉及双重条件。抽象法的起始格局是：$\boxed{K_1}\diamondsuit\boxed{K_2}$，具体操作是：由该 DRS-条件的两个部分 K_1 与 K_2 构成一个并集 K_o，即 $K_o = K_1 \cup K_2$。从 U_{Ko}

中选择一个话语所指 w。在 U_K 中引入一个新的话语所指 Y，并在 Con_K 中增加以下条件：Y = ∑w：Ko。

（13）Anne watched every film in which Leonardo diCaprio played. They were interesting.

（安妮看了伦纳多·蒂卡普赖尔演的每一部电影，它们非常有趣。）

根据广义量词理论，例（13）中的第一个句子的 DRS 可以表示为图 3－24：

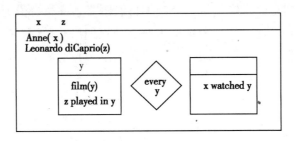

图 3－24

根据可及性的定义，处于子 DRS 中的话语所指 y 对主 DRS 中的代词 they 所处的位置是不可及的。而且 they 带有复数的语法属性，作为 they 的先行词的话语所指只能是非个体话语所指，个体话语所指 x、y 或 z 都不适合。从直观上看，they 指的是 Leonardo diCaprio 演出的、Anne 看过的电影。我们对图 3－24 中的双重条件运用抽象法，在当前 DRS 中引入一个不是个体而是由个体集合组成的话语所指 Y，它是满足双重条件中主话语所指 y 的集合。抽象法的运用是通过如下等式体现的，如图 3－25 所示：

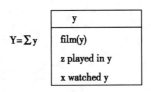

图 3－25

新引入的话语所指 Y 代表的是所有具有 film（y），z played in y 和 x watched y 性质的个体 y 的集合，∑是求和符号。图 3－25 中抽象法的运用不能省掉条件 x watched y，这个条件来自于被运用于抽象法的双重条件的核心辖域。如果被省略，那么图 3－25 中的总条件会使 y 表示 Leonardo diCaprio 演出的所有电影的集合，而不是 Leonardo diCaprio 演出的、Anne 看过的电影的集合。这是抽象法的总特征：如果它要给出复数代词的直观上正确的解释，就必须被应用于限制项和核心辖域的并。抽象规则概括了第一个句子包括的所有信息，并引入了一个个体集合 Y 作为 they 的话语所指。根据复数代词的建构规则，引入新的非个体话语所指 U，增加条件 U＝Y，用 U 置换被处理的名词短语，可以得到例（13）的 DRS，如图 3－26 所示：

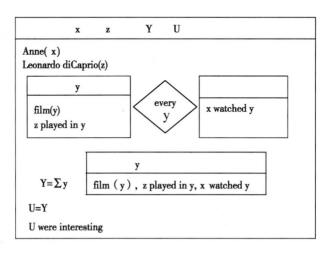

图 3－26

谓语有分指理解（distributive reading）与合指理解（collective reading）之分。谓语的分指理解与合指理解实际上就是句中作主语的名词短语的分指理解与合指理解，因为谓语的分指理解意谓着作主语的复数名词短语引入的话语所指表示的是个体，而谓语的合指理解意谓着作主语的复数名词短语引入的话语所指表示的是由个体构成的集合。如：

（14）The lawyers hired a secretary they liked.

（律师雇了他们喜欢的秘书。）

例（14）有两种理解方式：分指理解与合指理解。既可以解释为每个律师都雇了一个秘书，也可以解释为这些律师共同雇了一个秘书。当例（14）解释为分指理解时，其 DRS 可以是图 3－27，也可以是图 3－28。

分指理解是用双重条件来表示的，双重条件的主话语所指 x 是原子话语所指。图 3－27 中，复数代词 they 指的是律师的集合，引入非个体话语所指 Z，找到一个可及的话语所指 X。而图 3－28 对复数代词 they 的处理是引进一个新的个体话语所指 z，并且在可及的论域内找到一个可以作为先行词的话语所指 x。

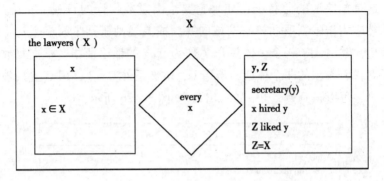

X
the lawyers (X)
x
x ∈ X
every
x
y, Z
secretary(y)
x hired y
Z liked y
Z=X

图 3－27

X
the lawyers (X)
x
x ∈ X
every
x
y, z
secretary(y)
x hired y
z=x
z liked y

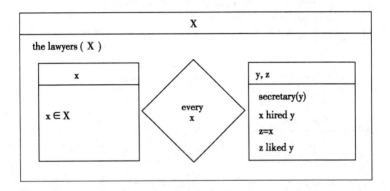

图 3－28

针对名词短语的合指理解，DRT 设计出用大写字母表示非个体话语所指。当例（14）的谓语“hired a secretary”被解释为合指理解时，其 DRS 如图 3－29 所示：

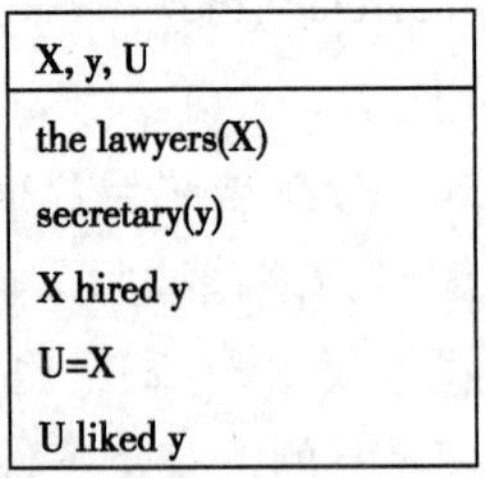

X, y, U
the lawyers(X)
secretary(y)
X hired y
U=X
U liked y

图 3－29

合指理解不能用双重条件来表示，因为双重条件的主话语所指是原子话语所指，而合指理解需要引入一个由个体构成的集合的话语所指，即非原子话语所指 X。在图 3 – 29 中，条件"the lawyers(X)"表示 X 代表由律师组成的一个集合，"X hired y"表示集合 X 和个体 y 具有雇佣关系。

那么是不是所有的复数名词短语后面的谓语都可作分指理解与合指理解呢？试比较：

（15）Few lawyers hired a secretary they liked.

（没有几个律师雇过他们喜欢的秘书。）

有趣的是，例（15）不仅只有一种理解方式：分指理解，而且 they 也不能像例（14）一样可以解释为律师的集合，它只有一种理解，如图 3 – 30 所示：

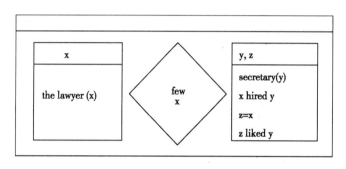

图 3 – 30

三　DRT 对时间方面的复杂性和联系性的刻画

英语句子系列在时间方面的复杂性和联系性，DRT 也能精确地刻画。句子的中心是动词，动词具有时态、时相、时体等众多时间特征。从时态的角度，句子有过去时、现在时及将来时之分；从时相的角度，句子又可划分为事件句与状态句；从时体的角度，句子有进行体与完成体之别。DRT 在话语所指的家族中增加了 e（表示事件）、s（表示状态）、n（表示说出话语的时间）和 t（表示话语中所提到的时间）四个新成员；在 DRS - 条件的家族中增加了 e⊆t（表示事件 e 延续的时间在 t 范围内）、e＜n（表示事件 e 先于话语的时间）、sot（表示 s 所持续的时间与 t 时间是重合的）、t＜n（表示话语中所提到的时间早于说出话语的时间）等新成员。而相邻句子的动词在时间特征方面的联系就更是错综复杂。例如：

（16）Jenny went to the beach on Saturday.

（珍妮星期六去了海滨。）

例（16）的 DRS 是图 3 – 31：

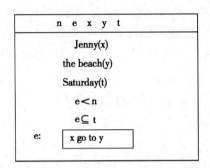

图 3 – 31

图 3 – 31 中 e：$\boxed{\text{x go to y}}$ 的直观意思为：e 是一个 x 与 y 有 "go to" 关系的事件。这里引进了事件 e 的概念，通过它与时间的话语所指的关系便可刻画例（16）的动词时间特征。"e＜n" 表示 e 这个事件发生的时间先于说话时间 n。"e⊆t" 原来的表述为 "Time（e，t）"，意谓：e 在时间上与 t 具有 "⊆" 关系，即 e 这个事件发生的时间被包括在 t 所表示的时间之内。而 t 是星期六。"Time" 这个谓词的提出显得有新意，它把事件 "e" 的时间因素抽取出来与 t 进行比较，从而巧妙地显示例（16）中动词在时间上与 Saturday 的关系。

（17）Jenny was busy on Saturday.

（珍妮星期六很忙。）

例（17）是一个状态句，该语句的 DRS 如图 3 – 32 所示：

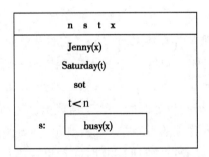

图 3 – 32

在图 3 – 32 中，s：$\boxed{\text{busy（x）}}$ 表示 x 处于 "busy" 的状态，"sot" 表示 "Jenny 很忙" 这种状态所持续的时间与话语中所提到的时间 "Saturday" 是重合的，"t＜n" 表示话语中所提到的时间 "Saturday" 先于说出话语的时

间。但是状态不像事件，事件所延续的时间在话语中所提到的时间范围
之内。

DRT 还能表征时体。如：

（18）Anne has bought a dog.

（安妮买了一条狗。）

它的 DRS 如图 3 - 33：

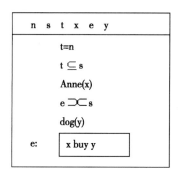

图 3 - 33

例（18）中的动态动词（activity verbs）的完成体被表征为一种状态。这
种状态是一个事件的结果：状态正好在事件结束时开始，用 e∞s 表示。也就
是说，"安妮买狗"这一事件产生"安妮拥有狗"这种结果。"t = n"表示话
语中所提到的时间和说出话语的时间相同，"t⊆s"表示话语中所提到的时间
在状态所持续的时间范围内。

（19）Anne has lived in Cambridge.

（安妮住在剑桥。）

该语句的 DRS 如图 3 - 34 所示：

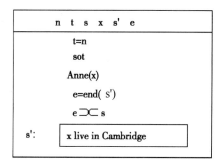

图 3 - 34

图 3 – 34 表征了静态动词 (stative verbs) 的完成体，表明 Anne 不再住在 Cambridge。这里我们需要一个事件 e 来结束状态 s′，用 e = end (s′) 表示。因此 "has lived" 描绘了一种状态 s，s 是状态 s′ (Anne's living in Cambridge) 的结束引起的。

(20) Anne has lived in Cambridge for three years.

（安妮在剑桥住了三年。）

例 (20) 需要一个与例 (19) 不同的 DRS 来表征，如图 3 – 35 所示：

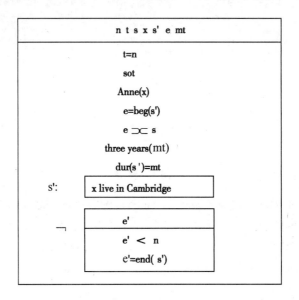

图 3 – 35

完成时涉及状态 s，它是在另一个状态 s′开始的时候开始，状态 s′持续了三年，并且还没有结束。Anne 处于状态 s 中，这种状态 s 是由状态 s′ (living in Cambridge for three years) 引起的。"beg" 表示状态的开始，"dur" 表示状态的持续是从状态到时间总数 (amount of time，记为 mt) 的映射，mt 是一个表示时间总数的话语所指。图 3 – 35 中否定的子 DRS 表明并非存在一个事件 e′，e′结束了 s′的状态，也就是说，Anne 仍旧住在 Cambridge，这种状态还要持续下去，Anne 还会继续住在 Cambridge。

进行体的 DRS 可以通过给谓项增加一个进行的算子 PROG 来表征。例如：

(21) Jenny is reading the works of Shakespeare.

（珍妮正在读莎士比亚的著作。）

其 DRS 是图 3 – 36：

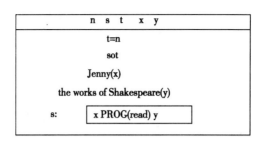

图 3 - 36

DRT 也能刻画句子系列在时间方面的复杂联系。如：

（22）A man entered the White Hart. He was wearing a jacket. Bill served him a beer.

（一个男人走进白鹿酒家，他穿着一件夹克，比尔给他上了一杯啤酒。）

例（22）的 DRS 是图 3 - 37。

例（22）的三个句子在时间上是有先后依存关系的。第一句和第三句是事件句，第二句是状态句。"e⊆t"表明"x enter y"这个事件延续的时间在第一句话语中所表示的时间之内。"t＜n"表示话语中所提到的时间早于说出话语的时间。"sot′"指的是"u be wearing w"这一状态延续的时间与第二句所提到的时间是重合的。"e⊆s"表示"x enter y"这一事件持续的时间在"u be wearing w"这一状态持续的时间范围之内，即那个进入 the White Hart 的人在事件发生前后都穿着夹克。"e＜e′"则说明第三句所描述的事件发生在第一个句子所描述的事

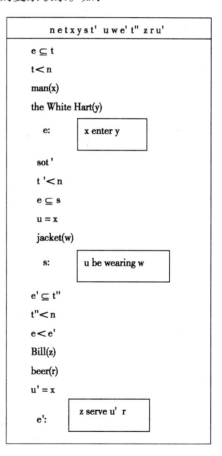

图 3 - 37

件之后，即那个穿着夹克的人只有进入了 the White Hart 之后，Bill 才给他啤酒。这种句子系列在时间方面的复杂联系，以往的模型语义学很难描述，而在 DRT 中却能得到准确、细致地刻画。

第三节　话语表现理论的局限性

话语表现理论刻画了名词短语和人称代词的照应关系，名词短语的量化意义以及英语句子系列在时间方面的复杂性和联系性，但相对于自然语言的语义呈现来说，还存在一些不足，表现在以下几个方面。

一　时间性前指（temporal anaphor）

话语中的语句所描述的事件有相应的时间关系和由此而形成的时间结构，分别称为话语的时间关系和时间结构。这个关系或结构往往是复杂的、多样的，不能仅仅依据语句的时态使之得以表达。如：

（23）Max fell. John helped him up.

（马克斯摔倒了，约翰扶他起来。）

（24）Max fell. John pushed him.

（马克斯摔倒了，约翰推了他。）

例（23）和例（24）有着相同的时态形式和时体类别，要区别它们的解释，组合性的语义形式是不够的。我们要运用与句子的顺序、句法和组合性的语义不同的一些信息来计算话语的时间结构，这些不同的信息就是修辞关系。话语意义依赖于修辞结构，并与修辞结构相互影响。修辞结构是由修辞关系组成的，修辞关系，又称话语关系，描绘话语在上下文中所起的修辞作用。修辞关系把话语的内容连接起来。

例（23）中的两个句子是按事件发生的先后顺序排列的，第一个句子描述的事件在时间上先于第二个句子所描述的事件，我们称这种修辞关系为叙述（Narration）。这种关系会影响它所在结构的真值条件的内容：Max 的摔倒发生在 John 扶他起来之前。在例（24）中，第二个句子对第一个句子起着解释的作用，这种修辞连接有着不同的时间效果：Max 的摔倒发生在 John 推他之后。我们用一种不同的修辞关系——解释（Explanation）来表示这种修辞功能。用修辞关系来表示例（23）和例（24）的逻辑形式让我们发现两者不同的时间结构，而 DRT 所能处理的语句序列是有限的。当语句序列中各语句所描述的事件不按先后顺序排列时，DRT 就无能为力了。

二　代词前指

DRT 对前指有所涉及，但处理得仍不周全。如：

（25）a. Max had a great evening last night.

（马克斯昨晚过得很好。）

b. He had a great meal.

（他美餐了一顿。）

c. He ate salmon.

（他吃了三文鱼。）

d. He then won a dancing competition.

（他还赢了一场跳舞比赛。）

e. It was a beautiful pink.

（它是一种美丽的桃红色。）

DRT 对前指的确认主要是建立在对句子的逻辑结构，特别是量化特征词的分析上。例（25）这个话语系列没有什么量化特征词，DRT 会把（25e）中的 it 前指确认为上文语境中的某个无定名词短语，根据语义特征，（25e）中 it 的先行词应该是（25c）中的 salmon。但事实上，（25e）在这个话语系列中会产生融贯方面的问题，认为 it 是先前话语中的某个个体更是难以接受。但 DRT 仍旧会告诉我们 it 的先行词是什么。

对指涉命题的代词，DRT 仍不能处理。如：

（26）a. One plaintiff was passed over for promotion three times.

（一个原告被忽略了三次提升的机会。）

b. Another didn't get a raise for five years.

（另一个原告在五年内没有加薪。）

c. A third plaintiff was given a lower wage compared to males who were
doing the same work.

（第三个原告的工资比同工种的男同事要少。）

d. But the jury didn't believe this.

（但是陪审团不相信这个。）

例（26）是一个融贯的话语，（26d）中的 this 指的是什么？熟悉英语句子结构的读者能够轻而易举地指出两种可能的解释：一种是（26c）所表达的命题，另一种是前三句（26a）、（26b）、（26c）所表达的命题。这种命题前指（propositional anaphora）在实际话语中是一类不容忽视的前指现象，但 DRT 却没有涉及。

分段式话语表现理论提出的右边界限制（right-frontier constraint）可以解决代词指涉命题的现象。右边界是指由前一个从句引入的命题，以及任何主导（dominate）该命题的命题。右边界限制要求只能在话语结构图的右侧端点添加新语句。话语最后一个语句是右侧端点，沿从属关系向上追溯到的直接或间接地主导它的那些语段也是右侧端点。（26d）的右边界有两个，一个是它前面的命题（26c），另一个是主导这一命题的命题，即"Three plaintiffs make three claims that they are ill-treated"（三位原告声称他们受到了不公正对待），图 3 - 38 所示的话语结构说明了这一点。

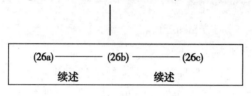

图 3 - 38

图 3 - 38 表达了话语（26abc）的结构。这一结构的右侧端点由总括（26abc）的"三位原告声称他们受到了不公正对待"和（26c）构成。根据分段式话语表现理论的右边界限制条件，（26d）中的"这个"或者指"三位原告声称他们受到了不公正对待"，或者指（26c），即第三个原告受到老板的不公正对待。如果我们在（26c）和（26d）之间插入一个表达语段（26abc）的主题的句子，则可得：

（27）a. One plaintiff was passed over for promotion three times.

（一个原告被忽略了三次提升的机会。）

　　b. Another didn't get a raise for five years.

（另一个原告在五年内没有加薪。）

　　c. A third plaintiff was given a lower wage compared to males who were doing the same work.

（第三个原告的工资比同工种的男同事要少。）

　　d. The people were really badly treated.

（这些人都受到了不公正对待。）

　　e. But the jury didn't believe this.

（但是陪审团不相信这个。）

例（27）中，加了（27d）之后，情形就变了，（27c）中的信息对（27e）来说已经是不可及的。（27e）的右边界只有一个，就是（27d），再也没有一个主导（27d）的命题。

三 搭桥推理

搭桥推理是在话语中所引入的、没有明确陈述却又相互关联的两个物体或事件之间建立联系的一种推理。① 搭桥常常反映了自然语言中整体与局部的关系。话语之间如果存在着明显的缺损项，语用者需要利用语境，借助逻辑知识进行推导，才能保证交际顺利地进行。在交际中，听话者往往认为话语是融贯的，在遇到表层不融贯的话语时，听话者会利用信息补差能力，通过搭桥推理来保持话语的融贯。如：

（28）Jane has a new house. The front door is blue.

（珍妮有一栋新房子，前门是蓝色的。）

显然，我们会将例（28）中的 the front door 理解为 the front door of Jane's new house，这便是 Jane's new house 与 the front door of Jane's new house 之间的整体与部分的联系在起作用。这种指涉 DRT 也不能处理。

四 动词短语的省略

英语中动词短语的省略也是一种照应现象。如：

（29）John said that Mary cried. But Sam did.

（约翰说玛丽哭了，但是是塞姆）。

（30）John said that Mary cried. Sam did too.

（约翰说玛丽哭了，塞姆也是。）

人们常常把例（29）中 Sam did 解释为 Sam cried，而例（30）中的 Sam did 解释为 Sam said that Mary cried，产生这一差异的原因是 but 和 too 的不同语义效果。but 反映的是对比关系，而 too 反映的是并列关系，这一差异在 DRT 里是反映不出来的。

DRT 能解决的前指现象其实很有限，主要是典型的代词、无定名词短语、有定名词短语等在有量化特征词的话语中的前指，但无法解释或者错误解释话语中出现的更复杂的前指现象。为了研究更广泛意义上的话语现象，阿歇尔和拉斯卡里德斯认为，在传统的分析句子逻辑式的基础上，还应该关注语句与语句之间的修辞关系。他们提出了一种超越 DRT 的新的语义理论——分段式话语表现理论，这标志着动态语义学进入了一个新的发展阶段。

---

① Nicholas Asher & Alex Lascarides, *Logics of Conversation*, Cambridge：Cambridge University Press, 2003, p. 18.

第四章　分段式话语表现理论(一)

分段式话语表现理论（Segmented Discourse Representation Theory，简称 SDRT）是由美国逻辑学家阿歇尔（N. Asher，1993）首创，阿歇尔与拉斯卡里德斯（A. Lascarides）于 2003 年发表的著作《会话的逻辑》（*Logics of Conversation*）标志着 SDRT 的初步完成。尽管 SDRT 建立在 DRT 的基础之上，但在思想上和理论上有重要的甚至是本质的改变，在技术上也有很大创新。因此，SDRT 不是 DRT 的某一分支，而是超越 DRT 的一种新的语义理论。SDRT 这一理论可以更好地解释和处理自然语言中的多种语言现象和难以处理的问题，如代词指涉、时序关系确定、动词短语省略、预设呈现、隐喻明晰、语词歧义消解等。该理论在国际语言学界产生了很大的影响，已成为关于研究处理自然语言的新方向和前沿领域。

SDRT 把修辞关系引入话语的逻辑形式，不仅把对修辞结构的描述和动态语义学结合起来，而且对语义和语用也作了形式描述。本章将介绍一种表征话语逻辑形式的形式语言的句法和语义，它们被称为信息内容的逻辑。

第一节　语义未具体化陈述和语用增补

语义未具体化陈述（semantic underspecification）被用来表征许多语义歧义。量词辖域，词汇意义歧义，诸如代词、省略、时态和预设之类的前指建构都得到了利用语义未具体化陈述的处理。[①] 它是一种处理不能被语法涉及的歧义现象的方法。

SDRT 的话语语义始于小句的组合语义。从传统上来说，组合语义是通过明确的逻辑形式表现的，因此语义歧义的语句产生了内容的多种表征。这就和语用产生了相互影响：首先产生了所有可能的语义解释，然后排除语用上

---

① Nicholas Asher & Alex Lascarides，*Logics of Conversation*，Cambridge：Cambridge University Press，2003，p. 57.

不能接纳的解释。近来的句法/语义界面的模型提供了一种选择：组合语义没有具体指明，语用学的任务就是用更完整的信息去替代没有明确说明的成分。利用未具体化陈述提供语义/语用界面的更复杂的分析，这与格赖斯（Grice）提出的"语用增补词汇和组合语义"的观点一致。SDRT 对语用如何用更完整的信息去增补未具体化的逻辑形式提供了精确的描述。

（1）Many problems preoccupy every politician.

（许多问题使每一个政治家着迷。）

从句法理论来看，例（1）是没有歧义的，但是关于量词的相关辖域存在着语义歧义。因此在未具体化的语义中，例（1）的组合语义没有明确说明量词的语义辖域。

词汇歧义也能产生未具体化陈述。

（2）a. A： Did you buy the apartment?

（你们买了这套公寓房间吗？）

b. B： No, but we rented it.

（没有，但是我们租了这套公寓房间。）

（3）a. A： Did you buy the apartment?

（你们买了这套公寓房间吗？）

b. B： Yes, but we rented it.

（是的，但是我们把它租出去了。）

例（2）、（3）中的 rent 是表示租入还是租出，即是从某人那里租公寓房间还是把公寓房间租给别人，（2b）和（3b）的句法分析不能明确说明 rent 的意义，但是话语解释消除了它的歧义。

前指成分也能引入未具体化陈述，语法限制不总是能够完全确定代词的先行词。

（4）a. Kim saw Sandy.

（金姆看见了桑迪。）

b. She asked how the project was going.

（她问这个工程进展如何。）

c. He gave her a very detailed and not very encouraging report.

（他给她做了一个非常详细的，但不是非常令人鼓舞的汇报。）

（4b）和（4c）的句法并没有确定 she、he 或 her 的指称，因此，它们的组合语义没有明确说明。在例（4）中，话语更新的恰当定义应该解决或部分解决这些代词的指称，然而 Kim 和 Sandy 是两性所用的姓名，但是根据约束理论（binding theory）、性别信息和话语语境，话语更新应该预测或者（4b）中的 she 和（4c）中的 her 指称 Kim，（4c）中的 he 指称 Sandy；或者 she 和 her 指称 Sandy，he 指称 Kim。

同样的，语法没有完全确定省略小句的意义，如：

(5) a.　John said that Mary cried.

（约翰说玛丽哭了。）

　　　b.　But Sam did.

（但是是塞姆。）

　　　b′.　Sam did too.

（塞姆也是。）

既然上文的信息（5a）决定了（5b）和（5b′）中省略的小句的意义，并且对于融贯的解释来说，确定省略小句是必不可少的，那么语法必须把省略的小句译成未具体化的逻辑形式，话语更新必须通过上文的信息决定这些形式。

预设是前指的另一种类，其语义辖域不是由句法决定的。如：

(6) a.　If John has a daughter, then his daughter is clever.

（如果约翰有一个女儿，那么他的女儿很聪明。）

　　　b.　If John is clever, then his daughter is clever.

（如果约翰聪明，那么他的女儿也很聪明。）

在（6a）中，更可取的解释是：预设 "John has a daughter" 的辖域在条件句范围之内，即 "If John has a daughter, then she's clever"。而在（6b）中，该预设应置于条件句前，即 "John has a daughter and if John's clever, then she's clever"。既然句法不能说明预设的语义辖域，句法/语义界面将引入关于预设的未具体化信息。把这些未具体化的条件置于某一特定的话语语境中可能使它们得到解决。

一些预设的触发语（triggers），比如限定摹状词，有着另一种未具体化的陈述：它们对先前的对象引入了一种未具体化的关系。对于话语融贯性来说，解决这个连接是非常必要的。这种连接就是搭桥推理。

(7) a.　The car was running fine.

（汽车行驶得很好。）

　　　b.　Then all of a sudden the engine quit.

（突然发动机停止工作。）

推断出（7b）中的 the engine 是（7a）中 the car 的一部分，对于理解话语（7）的融贯性是必不可少的。不是句法和组合语义，而是话语解释的动态性作出了这个推理。于是语法产生了 the engine 的表征，在这个表征中，未具体化的关系把限定词引入的话语实体和一个未具体化的、可通达的前面的话语所指联系起来。

　　未具体化的陈述还会来自于修辞关系。在融贯的话语中，每一条明确的信息都至少有一个和话语的其他信息连接的修辞点。各个句子之间，有各种各样的修辞关系：一个命题可以详述或解释先前的话语，也可以提出反驳异议，等等。事实上，所有的非开始的小句都有两个未具体化的方面。一方面当语法不能确定哪种修饰关系时，比如没有像 because 或 but 这样的一些话语提示词，未具体化的陈述就产生了。另一方面，从修辞上来说，当语法不能确定新信息和上下文中哪一部分相联系时，未具体化的陈述也会出现。

（8）a.　One plaintiff was passed over for promotion three times.

（一个原告被忽略了三次提升的机会。）

　　　　b.　Another didn't get a raise for five years.

（另一个原告在五年内没有加薪。）

　　　　c.　A third plaintiff was given a lower wage compared to males who were doing the same work.

（第三个原告的工资比同工种的男同事要少。）

　　　　d.　But the jury didn't believe this.

（但是陪审团不相信这个。）

（8d）中的起始词 but 表明了修辞关系是对比，但是它没有告诉我们和上下文中的哪一部分产生对比，语法通常没有具体地说明与当前信息修辞上有联系的先行命题或连接点（attachment point）。（8d）中的代词 this 可能指的是（8c）表达的命题，也可能指的是由（8a-c）所表达命题的总和。

第二节　小句未具体化的逻辑形式

　　首先我们需要一种形式语言表达小句的未具体化逻辑形式。让我们用量词辖域歧义来阐述直觉。

（9）Many problems preoccupy every politician.

（许多问题使每一个政治家着迷。）

我们需要语法产生以下的语义信息：

1. 有两个广义量词：many problem 和 every politiciam。many problems 束缚

变元 x；every politician 束缚变元 y。

2. 两个量词的变元有 preoccupy 关系，即 preoccupy(x,y)。

3. 两个量词都辖域覆盖 preoccupy(x,y)。

4. 两个量词的关系辖域都不是由语法信息决定的。

未具体化语义是运用一种加标记的方案在句法/语义界面形成小句的逻辑形式的部分描述。它是部分描述，本身具体说明了关于逻辑形式的形式限制。反过来，它又是不以标记为特色的基础语言中的一个公式（例如，一阶逻辑或者 DRSs）。但是在基础语言中，限制不必确定一种唯一的逻辑形式。

例（9）的两种可能的逻辑形式是：

(10) a. many(x,problem(x)，∀(y,politician(y)，preoccupy(x,y)))

　　　b. ∀(y,politician(y)，many(x,problem(x)，preoccupy(x,y)))

一个量词有三个句法自变量：它所约束的变元、限制部分及核心辖域。我们可以用树形图来表示这两种逻辑形式，如图 4 – 1 所示：

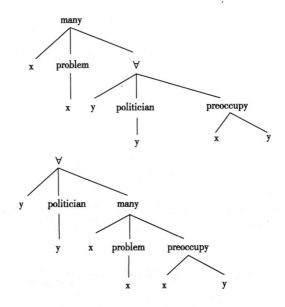

图 4 – 1　例（9）的逻辑形式的树形图

在树形图中，主导（dominance）表示关于语义辖域的信息，从左到右的顺序对应于表达式自变量的顺序。未具体化语义的策略是使例（9）的语法分析产生树形图的部分描述。就例（9）来说，这个部分描述应该被图 4 – 1 中的两个树形图所满足。

为了对例（9）作简化的分析，我们对两个广义量词分别指派标记 l_1 和

l_2，对关系 preoccupy(x,y)指派标记 l_3，并且在这些标记中给出辖域覆盖的限制。outscopes(l_i,l_j)指的是在基础语言中 l_i 标记内容的语义辖域覆盖了 l_j 标记内容的语义辖域，这些关于标记的辖域覆盖关系对应于树形图中的主导。比如在例（9）中，我们可以加上 outscopes(l_1,l_3) 和 outscopes(l_2,l_3) 这些限制，这与前面提到的语义信息"3"是一致的，结果就是基础语言中逻辑形式的部分描述。之所以说它是部分的，是因为它没有明确说明哪一个量词比另外一个量词有更宽泛的辖域。这是因为部分描述没有确定 outscopes(l_1,l_2) 是真的，也没有确定 outscopes(l_2,l_1) 是真的。量词的辖域不是由语法确定的，因此满足前面提及的语义信息"4"。从本质上来说，通过语法生成的例（9）的语义信息尽管明确了图 4-1 中有一棵树是逻辑形式，但是并没有确定具体是哪棵树。

　　广义量词和 preoccupy 的关系并不是在句法/语义界面接受标记内容的唯一"部分描述"。基础语言公式句法树中的每一个节点（node）都被指派一个标记，节点上的表达式把这个节点以下的标记看做自变量。例如，在图 4-1 中，变元 x 的每一次出现都接受了一个不同的标记，politician 的那个节点接受了一个标记，等等。l：e 意指标记 l 标记表达式 e。因此为了表达被 l_1 标记的 y 的出现是 politician 的一个自变量，我们记作 l_1:politician(l_1) $\wedge l_1$:y。

　　从未具体化的语义视角来看，在语法范围内的词项和语义规则在这种描述语言中仅仅引入表达式。它们引入谓项、辖域覆盖或标记中的等同关系。比如，词条 probably 引入了形式（11）的一个加标记的结构，其中［vp］是一个被 vp 的语义主导词填充的"地点"，副词 probably 比 vp 有着更宽泛的句法辖域。

　　（11）l_1:probably(l_1) $\wedge l_2$:［vp］$\wedge$ outscopes(l_1,l_2)

　　这表明 l_1 所标记的 probably 的自变量的辖域在语义上必定比 vp 的辖域更宽泛。

　　不同的语法用不同的方法填充［vp］部分，我们从这些差异中抽象出未具体化的逻辑形式。在语法中无论使用什么样的组合方法，以上 probably 的条目都会保证：probably love every politician 的语义内容使 probably 的语义辖域比 l_2 标记的 love(x,y) 的语义辖域更宽泛。但它仍旧没有具体说明 probably 和 every politician 相关的语义辖域。我们用 l_3 标记 every politician，l_3 没有辖域覆盖的限制。因此，相对于 l_1 来说，l_3 也没有辖域限制。

　　一些辖域覆盖关系不是被语法规则明确地产生的，而是隐性的，它们是把逻辑形式的部分描述延伸到一个完全描述的限制的结果。我们说在未具体化逻辑形式中辖域覆盖关系是隐性的，就相当于说满足未具体化逻辑形式的任何树形图或基础语言逻辑形式也满足辖域覆盖关系。未具体化逻辑形式的逻辑允许两个不同的未具体化逻辑形式精确地描述基础语言公式的同一集合。

我们重新回到例（9）。暂时忽略量化短语中变元和谓词的标记，未具体化逻辑形式产生了下面几点：l_1 标记广义量词 many problems$_x$，l_2 标记 every politician$_y$，l_3 标记 preoccupy（x，y），outscopes（l_1，l_3）和 outscopes（l_2，l_3）有效。例（9）中未具体化逻辑形式并没有蕴涵 outscopes（l_1，l_2）或者 out-scopes（l_2，l_1）。未具体化逻辑形式描述的不仅仅是一种树形图，在这些标记中，辖域覆盖的顺序可能是 l_1-l_2-l_3，或者可能是 l_2-l_1-l_3。

然而，标记逻辑形式和提供标记的部分辖域覆盖顺序并不足以表示未具体化表征的特性。我们不知道 many problems 和 every politician 的相关辖域，也不知道这些广义量词核心辖域的值。换言之，基本逻辑形式包括 many（x，problem（x），p_x）和 $\forall$（y，politician（y），p_y），但是语法没有完全确定 p_x 和 p_y 的值。既然辖域歧义和未消解的前指涉及自变量的值是未知的条件，那么在逻辑形式的部分描述中我们需要一种表征这样的空位（holes）的方法。

假如自变量有一个未知的值，那么我们用一个标记标示空位所在的位置。由于语法不能认定它与任何标示逻辑形式的标记一致，我们用标记标示一个空位。实际上，这样的自变量标记是标记上的变元。未具体化的逻辑形式和它的解释把限制放在这些标记变元可能是什么值上。例如，例（9）的未具体化的逻辑形式包括 l_1：many（x，problem（x），l_4），其中 l_4 是变元；l_4 不等同于实际上标记着内容的任何其他的未具体化逻辑形式标记，这表明量词的核心辖域的内容目前是未知的。未具体化的逻辑形式将对这些标记变元进行存在量化，这表达了变元有真值的观点，只是我们还不知道它的真值。每一个未具体化的逻辑形式或者是自由量词，或者是一个一阶逻辑 Σ_1 – 公式。

尽管我们可能不知道量词核心辖域自变量的值，但是我们知道它的真值类型：标记必须标示类型 t 的一个基础语言表达式（例如一个公式）。另一方面，一些标记标示一些语义类型不同的逻辑形式，如基础逻辑形式中个体变元的标记标示类型 e 的语义成分。如果加标记的语言不知道类型，在这两种情况下，它使用相同的变元来表示自变量空位，那么描述语言将失去重要信息。就量词来说，它失去了 many 的第三个自变量必须用描绘一个基础语言公式而不是基础语言个体词项去填充的信息。

为了保存这些信息，我们对所有变元指派种类，种类反映了它们所标记的一些基础语言的语义类型。事实上，我们把加标记的语言中所有的表达式分类。如果标记 l_x 标示类型 e 的某物，比如个体常元或变元，那么 l_x 有种类 e^l。如果标示类型 t 的某物，比如一个公式，那么它有种类 t^l。因此，在 l_1：many（x，problem（x），l_4）中的变元 l_4 有着种类 t^l，表明了量词 many 在其辖域中带了一个类型 t 的公式的事实。它不能用标示像 x 或 y 这样的变元标记代替，因为这种标记不是正确的种类。

再回到例（9）。为了使逻辑形式的部分描述转变为一个完全的描述，语法产生的辖域覆盖关系足以确定标记变元能被哪些标记常元所代替。如果例（9）的未具体化逻辑形式是（9′），那么未具体化逻辑形式就表达了我们所需要的。

（9′）　$\exists l_4 \exists l_5 (l_1$：many（x，problem（x），$l_4$）$\wedge$

$\qquad$ l_2：$\forall$（y，politicina（y），l_5）$\wedge$

$\qquad$ l_3：preoccupy（x，y）$\wedge$

$\qquad$ outscopes（l_1，l_3）$\wedge$ outscopes（l_2，l_3））

我们还可以用图 4-2 来描述（9′）。

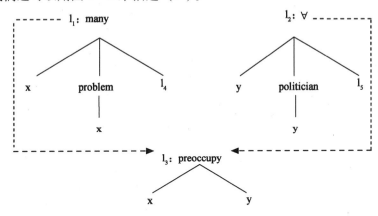

图 4-2　例（9）未具体化逻辑形式的图解表征

下面我们要计算一下有多少种不同的方法可以把图 4-2 转变成树形图，这就相当于计算变元 l_4 和 l_5 能够等同于标记内容的其他的标记（如 l_1，l_2 和 l_3）的方法。既然结果是一个树形图，那么除了最顶部的标记，每一个标记一定有一个统帅。用基础语言的术语来说，这就确保了语义上辖域覆盖所有其他表达式的表达式，每一个基础语言表达式恰好是在一个自变量的位置上。

用真值代替标记变元（或自变量空位）的这些限制确保（9′）中辖域限制恰恰通过两个解决方案得到满足：（一）$l_4 = l_3$ 且 $l_5 = l_1$；（二）$l_4 = l_2$ 且

$l_5 = l_3$。这两种解决方案与图 4 - 1 中 many 和 every 的两种可能的相关辖域一致。(9′) 能看做是 (9) 的逻辑形式的部分描述，说它是部分的，是因为它在基础的、未加标记的语言中没有区别两种可能的逻辑形式。

事实上，即使我们从 (9′) 中去掉 outscopes(l_1, l_3) 和 outscopes(l_2, l_3) (即在图 4 - 2 中去掉相应的带箭头的虚线)，用标记常元替代标记变元的限制仍旧只会产生 (一) 和 (二) 两种解决方案。用 outscopes(l_4, l_3) 和 outscopes(l_5, l_3) 代替 outscopes(l_1, l_3) 和 outscopes(l_2, l_3) 也将得到同样的结果。这些表达逻辑形式部分描述的不同方法都是逻辑等值的：它们都描述了相同的基础语言公式。(9′) 中明确地包括辖域覆盖条件：outscopes(l_1, l_3) 和 outscopes(l_2, l_3)，这些条件或者是因为语法明确地产生的，或者是因为把未具体化的逻辑形式增补成完整的辖域形式的限制而引起的。(9′) 中用 ∧ 把语法中对应于句法成分的内容简单地结合起来。使用语义未具体化陈述在语法范围内能有效地简化语义组合。

我们已经对变元 l_4 和 l_5 进行了存在量化。但是在语法和话语层面中语义组合逻辑能够忽略这些量词。

在基础语言中，我们并不把未明确说明的成分看做引入的存在约束变元，这会混淆元语言和对象语言。未具体化陈述是由语法中具体的语言结构如代词或量词引入的，为了使话语有标准的语义，这些没有明确说明的成分需要被消解。

一　描述未具体化陈述

前面已经介绍了如何使用标记来描述辖域的未具体化陈述，加标记的技巧也可用于其他的未具体化陈述的形式。

标记有时候作为像 outscopes 这样的关系谓词的自变量出现，有时候通过记法 1：e 作为基础语言中表达式的标记 (tags) 出现。实际上，基础语言的所有成分在描述语言中都成了标记的谓词。比如基础语言中变元 x 成了标记的一元谓词 R_x，像 preoccupy 这样的二元谓词成了标记的三元谓词——它的第一个自变量标记、第二个自变量标记和标记它本身的标记。因此，在加标记的语言中，1：preoccupy(x, y) 真正是以下公式的一个记法注释：

(12) $R_{preoccupy}(l_x, l_y, l) \land R_x(l_x) \land R_y(l_y)$

这就给图 4 - 1 中的每一个节点展现了一个完整的标记。

在基础的、没有加标记的公式中的所有表达式在加标记的语言中都能成为谓词。让我们再看看代词的例子。

（13）a.　　Kim saw Sandy.

（金姆看见了桑迪。）

　　　b.　　She asked how the project was going.

（她问这个工程进展如何。）

　　　c.　　He gave her a very detailed and not very encouraging report.

（他给她做了一个非常详细的，但不是非常令人鼓舞的汇报。）

直观上看，语法应该产生指称个体代词的语义信息：它应该引入一个基础语言变元 x，x 和某个其他基础语言变元之间的等同条件，但是不能确定哪一个变元。

如同基础语言变元在加标记的语言中被转换成一元谓词，在代词的语义表征中，未具体化的信息相当于未知的一元谓词的值。既然未具体化陈述是通过变元编码的，这就意味着表示代词组合语义的加标记的语言表达式以高阶变元为特征，代替一个一元谓词。我们把这些变元记作 X，Y，X_1，X_2，等等。在加标记的语言中，语法产生了代词的组合语义（忽略数和性）：$R_=(l_x, l_y, 1) \wedge R_x(l_x) \wedge Y(l_y)$。

像辖域覆盖关系一样，可及性能够表征成一个关于标记的偏序：$l_x \leqslant_a l_y$，它表示 l_y 标记可通达到公式或被 l_x 标记的话语所指的一个话语所指。用同样的方式定义 $l_x \leqslant_a l_z$，这能保证语法限制代词的先行词仅仅是那些可以通达的。例如，在未具体化的逻辑形式中，"he" 将引入以下的条件：$R_=(l_x, l_y, 1) \wedge R_x(l_x) \wedge Y(l_y) \wedge l_x \leqslant_a l_y$。最后的公式将对变元 Y 进行存在量化。通过注释条件，把这个记法简化为：$l: x = ?$。当标记 l 不重要时，甚至可简化成 $x = ?$。找到 Y 的证据（witness）（例如：用常元谓词符号 R_y 代替 Y）就是用 $x = y$ 代替条件 $x = ?$。

我们也可以表达未具体化陈述的其他来源。比如，限定摹状词的组合语义产生了一种未具体说明的搭桥关系（如例 7）：这有点像代词的组合语义，因为与实体相关的先前话语所指是未知的；但又不像代词，因为这种关系是没有具体说明而不是等同关系。换句话说，既然基础语言的二元关系是未知的，那么加标记语言的三元谓词也是未知的，因此在未具体化逻辑形式中作为变元出现。例如，限定词的语法会产生以下的子公式：它引入用 l_x 标记的变元 x，在 l_x 和某个未知先行词 l_y 之间存在一种未知关系 R。

（14）$\exists R \exists Y (R(l_y, l_x, 1) \wedge Y(l_y) \wedge R_x(l_x))$

通过简化，（14）可注解为 $R(y, x) \wedge y = ? \wedge R = ?$。如果限定词是 the engine，那么 $R_{engine}(l'_x, l') \wedge R_x(l'_x)$ 也将是在未具体化逻辑形式中的联言支，因

为这能确保 engine(x) 是基础语言逻辑形式的一部分。

　　再考虑一下歧义词 rent。

　　(15) John rented the apartment.

　　(约翰租了公寓房间。)

　　假设 rent 的自变量结构涉及事件自变量 e, 出租人自变量 x, 被租的对象 y 和承租人自变量 z。在基础语言中它的逻辑形式是 rent(e, x, y, z)。例 (15) 的句法并没有确定主语的语义索引是填出租人自变量 x 还是承租人自变量 z。因此, 加标记的表征有一些自变量空位。例 (15) 的未具体化逻辑形式包括联言支 $R_{rent}(l_e, l_1, l_y, l_2, l_{rent})$, 其中: (一) l_e 标记基础语言事件变元 e (即 R_e (l_e) 也是真的); (二) l_y 标记被限定摹状词 the apartment 引入的变元 y (在简化的记法中, 这等同于 l_{rent}: rent(e, l_1, y, l_2))。它也包括辖域覆盖条件 outsopes(l_{rent}, l_w), 其中 l_w 标记被专有名词 John 引入的变元 w (即在未具体化逻辑形式中 $R_w(l_w)$, $R_w(l'_w)$ 和 $R_{john}(l'_w, l_j)$ 也是联言支)。outscopes(l_{rent}, l_w) 确保指称 John 的变元 w 或者是出租人 (即它填充 l_1 位置) 或者是承租人 (即它填入 l_2 的位置)。没有被 w 填充的 rent 的自变量将被一个存在约束基础语言的个体填入。

　　这是词汇歧义的形式, 在这种形式中, 不同的词条都使用了相同语义谓词 rent (或 R_{rent}), 不同之处是在句法/语义界面上谓词的自变量如何被填充的。但是并非所有的词汇歧义都是如此。更典型的是, 不同意思的词的形式产生不同的语义谓项。例如, 表示中国皇帝的 mogul 与表示滑雪道上的隆起点 mogul 描绘不同的语义谓词特征, 我们也能够不具体地指明词汇意思歧义的这种类型。描绘英语单词 mogul 特征的小句的未具体化逻辑形式将产生以下条件 (简单记法): l: Y(x) ∧ orth(Y,"mogul"), 意思是 x 有着某种语法不能确定的属性 Y, 但是语法判定引入 Y 的单词的拼字法 (orthography) 是 mogul。

二　未具体化逻辑形式的句法

　　加标记语言的句法依赖未加标记语言的句法, 未加标记语言是一阶的。一个一阶表达式, 例如 ∃x(x = y ∧ F(x)), 是由 ∃、x、=、y、∧ 和 F 这样的建构者组成的, 每个建构者都被指派一个表明它所带自变量的数目的元。例如, x 和 y 没有自变量, 那么它们有 0 个元。F 带了一个自变量, = 和 ∧ 有两个自变量, 那么它们分别有一个和两个元。而且, 这些不同的建构者需要不同的自变量种类: ∃ 的第一个自变量是类型 e 的一个变元, 它的第二个和第三个自变量 (限制项和辖域) 是类型 t 的变元。

　　我们必须从这种没有加标记的语言中产生一种加标记的语言。把每个建构者的元增加 1，增加的自变量的位置给标记。而且，基础语言中的每一个构建者在加标记的语言中都成了一个谓词符号。因此，基础语言中的变元 x 在加标记的语言中就成了 $R_x(l_x)$，其中 R_x 是谓词符号，l_x 是一个标记。实际上，在加标记的语言中谓词的自变量都是标记。所以基础语言中的原子公式 foo(x) 在加标记的语言中被表达为：$R_{foo}(l_x,l) \wedge R_x(l_x)$。

　　从加标记语言的公式到基础的、未加标记语言的公式的翻译函数 v 是相当合乎常情的，这个函数也可以是逆函数，逆函数将被引入未具体化逻辑形式的集合。下面 R_x 在加标记的语言中是一个谓词，这个谓词是从基础语言中的个体变元 x 中获得的，R_{pn} 源出基础 n 元谓词 P^n，R_{quant} 是来源于量词，R_{op} 来自于逻辑常元（例如 $\wedge$，$\vee$，等等）。

$$v(R_x(l_x)) = x$$
$$v(R_{pn}(l_1,\cdots,l_n,l)) = P^n(v(l_1),\cdots,v(l_n))$$
$$v(R_{quant}(l_1,l_2,l_3,l)) = \text{Quant } v(l_1)(v(l_2),v(l_3))$$
$$v(R_{op}(l_1,l_2,\cdots l_n,l)) = Op(v(l_1),\cdots,v(l_n))$$
$$v(l) = v(R(l_1,\cdots,l_n,l))$$

对于一个完全明确说明的未具体化逻辑形式，从顶端的节点往下递归地使用 v 是为了产生一个唯一的基础方面的公式。v 的逆函数值域明显是没有包括变元的加标记语言公式的集合。基础语言表达式是完全具体说明的，因此它们加了标记的相关部分也是完全明确说明的。

　　把标记分类是为了表现它们所标记的基础语言表达式的类型。例如，既然在基础语言中个体变元 x 是类型 e，那么在 $R_x(l_x)$ 中出现的标记 l_x 有种类 e^l。以它们的自变量的种类为基础，我们也能指派高阶变元种类。比如，代替基础语言变元的高阶变元谓词符号 Y 有着种类 $<e^l, t>$（作为一个合成公式，$R_x(l_x)$ 在加标记语言中是类型 t）。加标记语言中的谓词符号，相当于基础语言中的建构者，也能够用这种显而易见的方法来分类。

　　定义 4.1：种类（Sorts）

　　令 f 是 0 元基础语言建构者（即一个变元），那么 R_f 是在种类 $<e^l, t>$ 的加标记语言中的一元谓词符号。令 f 是具有种类 s_1，$\cdots$，s_n 的自变量的 n 元基础语言建构者（$n \geq 1$），那么 R_f 是在种类 $< s_1^l$，$< s_2^l$，$\cdots$，$< s_n^l$，$< t^l$，$t > \cdots >$ 的加标记语言中的一个（n+1）元谓词符号。

　　未加标记语言中的逻辑常元——像 $\wedge$ 和 $\exists$——在加标记的语言中都可成

为非逻辑谓词。这是因为一个语句的未具体化逻辑形式在未加标记语言中是它的逻辑形式的部分描述。加标记语言的逻辑告诉我们在未加标记语言中的合式公式的形式。例如一个未具体化逻辑形式可能表达这样的事实：一个未加标记的公式描绘了广义量词 every 的特征——这就是 $R_{every}(l_1, l_2, l_3, l_4)$ 所表达的（标记 $l_1 - l_4$ 被适当地分类）。但是正如未加标记语言的逻辑所定义的那样，加标记的语言并不知道未加标记的公式的解释。例如：它不知道基础语言表达式 $\forall xP(x)$ 和 $\neg\exists x\neg P(x)$ 是等值的。

下面我们来看看加标记语言句法的形式定义，我们称加标记的语言为 L_{ulf}。

定义 4.2：加标记语言 L_{ulf} 的句法

（一）词汇：词汇由种类 e^l 和 t^l 的标记常元集、种类的谓词符号和所有种类的变元组成，标记常元和变元被称为标记项。

1. 对于未加标记的语言中的每一个 n 元建构者 f，在词汇中有一个对应的 (n+1) 元谓词符号 R_f，其中 R_f 有一个以上被描述的种类。

2. 有二元谓词：outscopes 和 =。

（二）合式公式

1. 令 P_m 是 m 元谓词，$l_1, \cdots, l_m$ 是适当种类的标记项。那么 $P_m(l_1, \cdots, l_m)$ 是合式公式。尤其：如果 f 是未加标记基础语言的 n 元建构者，$l_1, \cdots, l_n, l$ 是定义 4.1 所定义的对应 R_f 的适当种类的标记项，那么 $R_f(l_1, \cdots, l_n, l)$ 是加标记语言的合式公式。

2. 如果 ϕ, ψ 是合式公式，v 是标记变元，那么 $\phi \wedge \psi$，$\neg\phi$，$\exists v\phi$ 是合式公式。

3. 如果 ϕ 是包含谓词符号 R_f 的合式公式，其中 f 是基础语言建构者，并且如果 Y 是和 R_f 同种类的（高阶）变元（根据定义 4.1），那么 $\exists Y\phi\frac{Y}{R_\psi}$ 也是合式公式。

当不会产生混淆时，我们可以忽略标记和种类，因此我们可以把 $R_f(l_{x_1}, \cdots, l_{x_n}, l)$ 写作 $l: f(x_1, \cdots, x_n)$，其中 f 是对应于谓词符号 R_f 的基础语言建构者，$l_{x_1}, \cdots, l_{x_n}$ 分别标记构建者 $x_1, \cdots, x_n$。因此（9'）中的公式是我们所描述的加标记语言的公式。从根本上说，它是下面更复杂公式（16）的记法注释。

(16) $\exists l_4 \exists l_5 (R_{many}(l_6, l_7, l_4, l_1) \wedge$

$R_x(l_6) \wedge R_{problem}(l_8, l_7) \wedge R_x(l_8) \wedge$

$R_\forall(l_9,l_{10},l_5,l_2) \wedge$

$R_y(l_9) \wedge R_{politician}(l_{11},l_{10}) \wedge R_y(l_{11}) \wedge$

$R_{preoccupy}(l_{12},l_{13},l_3) \wedge$

$R_x(l_{12}) \wedge R_y(l_{13}) \wedge$

$outscopes(l_1,l_3) \wedge outscopes(l_2,l_3))$

用这种方式简化记法表示为了使标记对语义歧义起作用，我们可以让它们隐含。在简单记法中的符号 f 仍旧是一个非逻辑谓词。也就是说，在 l：$\forall(x，p，q)$ 里，$\forall$ 是一个谓词而不是一个逻辑量词。

如果用常元去替代未具体化逻辑形式中的量化变元，实际上可以重新得到未具体化逻辑形式的所有可能的完全确定的消解选言推理。在每一个选言支上运用翻译函数 v，就会产生未具体化逻辑形式所描绘的每一个个体基础语言公式。

未具体化逻辑形式本身形成了这种语言的片段（fragment），即一个有限子集。它们是所有的 Σ_1-公式。当我们对可及性或辖域覆盖的限制进行形式化时，这些纯粹是加标记语言的 Π_1-公式。

三 未具体化逻辑形式的解释

我们现在定义加标记语言的解释。加标记语言的模型和满足关系 $\models_l$ 与未加标记的基础语言的模型和满足关系 $\models_f$ 是不一样的。基础语言满足关系 $\models_f$ 是动态的、内涵的，而 $\models_l$ 是静态的、一阶满足关系。

加标记语言的每一个模型都对应于一个唯一完全确定的基础语言公式，满足未具体化逻辑形式 φ 的模型 M 表达了 φ 的部分描绘对应于 M 的基础语言公式的事实。基础语言公式是像图 4－1 那样的树形图，任何模型 M 都唯一地对应于这样一棵树形图。使用标记描绘这些树的节点，因此模型 M 一定包括了标记集 U——语言中的标记指称 U 的元素。考虑到语言中的标记是分种类的，那么在模型中标记的集合也将恰当地分种类。既然一个模型 M 对应于一个基础语言公式，它的标记集 U 在主导（dominance）序下一定会形成一棵树，这是由谓词的自变量确定的。这种序关系有一个唯一的上确界，所有其他标记正好有一个直接的母节点，每一个标记标示一个唯一基础语言建构者。

下面模型的定义满足了这些要求。

定义 4.3：加标记语言 L_{ulf} 的模型

假定带有具体元 $n_f \in \{0，1\cdots\}$ 的基础语言建构者 f 的集合 Σ，加标记的 Σ-结构是一个三元组 ＜U，Succ，I＞，其中：

（L1）U 是一个非空的分种类的标记集（即种类 e^1 的标记 U_{e^1} 和种类 t^1 的标记 U_{t^1}）；

（L2）I 是一个在 Σ 上被定义的解释函数，标记语言中的标记常元。在种类 s 的加标记语言中，对每一个标记常元 l_i，$I(l_i) \in U_s$。对每一个 n 元的 $f \in \Sigma$，$I(f)$ 是 U 中关于标记的恰当种类的一个（n+1）元关系，即 $I(f) \subseteq U^{n+1}$；

（L3）在 U 上的二元关系 Succ 是有充分根据的，其中 Succ 正好是由序对 $<l', l> \in U \times U$ 组成的，使得对于 n>0 元的 $f \in \Sigma$ 和 U 中（n-1）元组 $l_1, \cdots, l_{n-1}$：

　　$<l, l_1, \cdots, l_{n-1}, l'> \in I(f)$ 或者

　　$<l_1, l, l_2 \cdots, l_{n-1}, l'> \in I(f)$ 或者

　　…或者

　　$< l_1, \cdots, l_{n-1}, l, l'> \in I(f)$

（这种充足理由的限制确保在 Succ 下 U 形成一个偏序）。

（L4）U 包含了被 Succ 定义的偏序中的一个唯一的上确界 l_0，即 $\forall l \in U$，$Succ^*(l_0, l)$，其中 $Succ^*$ 是 Succ 可递的封闭，记作 $l_0 \geq l$；

（L5）除了 l_0，$\forall l \in U$，有一个唯一标记 l'，使得 $Succ(l', l)$（即除了 l_0，每个标记都有一个唯一的直接的母节点）。这就表明除了 l_0，U 中每一个标记都是一个唯一的建构者符号的自变量。

关于 Succ 限制需要作些解释。关系 Succ 又称后继（successor）或者直接主导（immediate dominance）。条件 L3—L5 是关于 Succ 限制，限制了语义辖域陈述的解释。它们确保在任何给定的模型中，标记集 U 在 Succ 下形成一棵所需要的树。

鉴于关系 Succ 被定义的方式，我们可以从 U 和 I 中重构 Succ。因此，当不会混淆时，我们可以把模型写作 <U, I>，而不是 <U, Succ, I>。

定义了模型，现在可以定义加标记语言的指称和满足。

定义 4.4：加标记语言的解释

令 <U, Succ, I> 是一个加标记的 Σ-结构，g 是一个变元指派函数。与 <U, Succ, I> 和 g 相关联的标记词项 t 的指称是标准的一阶定义：

$[t]^{<U, Succ, I>, g} = g(t)$，如果 t 是一个变元。

$[t]^{<U, Succ, I>, g} = I(t)$，如果 t 是一个常元。

满足 $<U, Succ, I> \models^g$ 被递归地定义（当不会混淆时，用 $[.]$ 代替 $[.]^{<U, Succ, I>, g}$）：

1. 其中 f 是一个 n 元基础语言建构者，

$<U, Succ, I> \models_I^g R_f(l_1, \cdots, l_{n+1})$ 当且仅当 $<[l_1], \cdots, [l_{(n+1)}]> \epsilon I(f)$。

2. $<U, Succ, I> \models_I^g l_1 = l_2$ 当且仅当 $[l_1] = [l_2]$。

3. $<U, Succ, I> \models_I^g outscope(l_1, l_2)$ 当且仅当 $[l_1] \geqslant [l_2]$。

即通过 Succ 的可递封闭 $Succ^*[l_1]$ 与 $[l_2]$ 有关系。

4. $<U, Succ, I> \models_I^g \phi \wedge \psi$ 当且仅当

$<U, Succ, I> \models_I^g \phi$ 和 $<U, Succ, I> \models_I^g \psi$。

相似的定义适用于 $\neg \phi$ 和 $\phi \vee \psi$。

5. $<U, Succ, I> \models_I^g \exists v\phi$ 是真的，仅当 $l\epsilon U$，使得 $<U, Succ, I>$
$\models_I^{g\frac{l}{v}}\phi$，其中 $g\frac{l}{v}$ 是一个变元指派函数，除了 $g\frac{l}{v}(v) = l$ 之外，这个函数
就像 g。

6. $<U, Succ, I> \models_I^g \exists Y\phi$ 是真的，仅当有和 Y 同种类的建构者 R_f，使
得 $<U, Succ, I> \models_I^g \phi\frac{R_f}{Y}$，其中除了在 ϕ 中 Y 的每一次出现都用 R_f 来替代
之外，$\phi\frac{R_f}{Y}$ 就像 ϕ。

真（truth）、有效性和逻辑后承也可用通常的方式定义。

定义 4.5：真、有效性和逻辑后承

对于加标记语言的任何合式公式 ϕ：

真：$<U, I> \models_I \phi$ 当且仅当对于所有变元指派函数 g，$<U, I> \models_I^g \phi$。

有效性：$\models_I \phi$ 当且仅当对于所有模型 $<U, I>$ 和指派函数 g，
$<U, I> \models_I^g \phi$

逻辑后承：$\phi \models_I \psi$ 当且仅当对于所有模型 $<U, I>$ 和指派函数 g，如果
$<U, I> \models_I^g \phi$，那么 $<U, I> \models_I^g \psi$。

模型是一阶模型：加标记语言表面上的高阶量化实际上是无关紧要的，
因为关于表达式的固定有限集，高阶变元是被替代的而不是指称地通过 g 用
真正的二阶方式来解释（实际上 g 是为标记变元而不是为高阶变元被定义
的）。因此标准的完全性结果适用。另外，既然每一个未具体化逻辑形式是一
个 Σ_1-语句，每一个一致的未具体化逻辑形式有一个有限模型，而且每一个不
一致的未具体化逻辑形式有一个有限反模型。因此一个未具体化逻辑形式是
满足的，当且仅当在有限模型中它是满足的。这就意味着我们能够有效地检
验未具体化逻辑形式的可满足性。

模型和解释的定义确保加标记的语言公式是可满足的，仅当在未加标记语言中它能真正地被看做一个公式的部分描述。有效性概念把未具体化逻辑形式和完全明确的形式（即没有变元的加标记语言公式）联系起来。

ϕ 是表示未具体化逻辑形式的加标记语言公式，χ 是关于辖域覆盖关系的 Π_1 限制，我们注意到 $\phi \wedge \chi$ 在前束范式中是 Σ_2。进一步假设我们感兴趣的是未具体化逻辑形式 ψ 是否是 ϕ 和限制 χ 的结果（因此 ψ 至多是 Σ_1）。也就是说，我们对下面的狭义逻辑后承（$\vDash_R$）的问题感兴趣：

$\vDash_R$ 的问题：

ϕ 和 ψ 是 Σ_1-公式，χ 是 Π_1，$\phi \wedge \chi \vDash \psi$ 是真的吗？

要回答这个问题时，不得不判定 $\phi \wedge \chi \wedge \neg \psi$ 是否可满足。如果它是可满足的，那么 ψ 不是 $\phi \wedge \chi$ 的必然结果；如果它是不可满足的，那么 ψ 是 $\phi \wedge \chi$ 的必然结果。考虑 ϕ、χ 和 ψ 的形式，$\phi \wedge \chi \wedge \neg \psi$ 至多是一个 Σ_2-公式。Σ_2-公式是可满足的，当且仅当它是有穷地可满足，这是能够有效地检验的。我们甚至可以对不得不检验的模型的大小提出一个上界：仅仅看有存在量化标记变元的值和所有常元的值的模型；这就意味着在 $\phi \wedge \chi \wedge \neg \psi$ 里已知的 n 项中，我们只要看适于大小 n 的结构 <U, I>（即 | U | =n），或者我们可以找到 $\phi \wedge \chi \wedge \psi$ 的模型或不能找到这个模型。因此，我们已经证明了：

定理 1 $\vDash_R$ 是可判定的。

ϕ 和 ψ 是未具体化逻辑形式，χ 表示辖域覆盖关系的限制。

$\phi \wedge \chi \vDash_R \psi$ 是可判定的。

辖域覆盖的限制 χ 总是相同的，在狭义有效性问题的公式化的表述中我们不再谈论它们。

实际上，通过限制后承关系 $\vDash_R$，我们可以把定理 1 的可判定性结果延伸到使辖域覆盖关系的外延缩到最小的 $\phi \wedge \chi$ 的模型。因为假如 $\phi \wedge \chi \wedge \neg \psi$ 有一个模型，那么它是一个有限模型；它有一个有限模型，那么它也有一个非同构的最小模型的有限集。事实上，未具体化逻辑形式大部分运用的都是假定未具体化逻辑形式的推理的恰当的模型，都是使辖域覆盖关系的外延减到最小的模型。因此我们将遵循传统，把 $\vDash_R$ 限制到最小模型。定理 1 是重要的，因为它表明关于逻辑形式的推理的恰当的种类，尤其是在语言处理过程中，这些逻辑形式是如何建构的推理的恰当的种类至少从原则上来说是易处理的。未具体化逻辑形式的推理是构成推理话语关系的基础，话语关系中会运用到缺省推理。没有可判定性结果，把缺省推理增加到逻辑中去可能使它不可公理化和不可判断。

在未具体化逻辑形式 φ 中解决未具体化陈述的完全明确的后承 ψ 通常被表达为一个析取式，在 ψ 中的每一个析取支规定了消解 φ 中的未具体化陈述的一种可能方法。实质上，在 ψ 中每一个析取支都是证据（witnesses）代替 φ 中的变元的结果。满足关系 $\vDash_1$ 和关于标记的可能辖域的限制表明未具体化逻辑形式（9′）有用证据代替变元 l_4 和 l_5 的两种解决方案：一种是 $l_4 = l_3$ 且 $l_5 = l_1$；另一种是 $l_4 = l_2$ 且 $l_5 = l_3$。换句话说，满足公式（9′）的所有模型也满足完全明确地加标记的公式（9″）：

（9）Many problems preoccupy every politician.

（9′）　$\exists l_4 \exists l_5 (l_1 : many(x, problem(x), l_4) \wedge$

　　　　　　$l_2 : \forall (y, politian(y), l_5) \wedge$

　　　　　　$l_3 : preoccupy(x, y) \wedge$

　　　　　　$outscopes(l_1, l_3) \wedge outscopes(l_2, l_3))$

（9″）　$(l_1 : many(x, problem(x), l_2) \wedge$

　　　　$l_2 : \forall (y, politian(y), l_3) \wedge$

　　　　$l_3 : preoccupy(x, y))$

　　　　$\vee$

　　　　$(l_1 : many(x, problem(x), l_3) \wedge$

　　　　$l_2 : \forall (y, politician(y), l_1) \wedge$

　　　　$l_3 : preoccupy(x, y))$

因此（9″）是（9′）的逻辑后承。

注意（9″）中的两个析取支是如何充分地描绘（9）的两种可能的基础语言逻辑形式，即翻译函数 v 把析取支映射到基础语言公式（10a）和（10b）。

（10）a. $many(x, problem(x), \forall (y, politician(y), preoccupy(x, y)))$

　　　　b. $\forall (y, politician(y), many(x, problem(x), preoccupy(x, y)))$

这个对应不是偶然的，正如我们前面提到的，对于每一个未具体化的逻辑形式，$\vDash_1$ 的定义和翻译函数 v 决定了它所描绘的基础未加标记的语言公式集。

在未具体化逻辑形式和完全明确的逻辑形式之间，SDRT 比 $\vDash_1$ 提供了一个更受限制的联系。不是把未具体化逻辑形式和所有的模型联系起来，SDRT 集中识别语用上更可取的模型。语用上更可取的模型将产生更多的语义后承，因为它们是所有模型的一个严格的子集。

第三节　话语语言的句法

我们现在从小句转到话语的语义表示。话语逻辑形式包括修辞关系，并且话语语义一定是动态的，也就是有联系的。

话语语言包括相当于修辞关系的关系符号。语言包括命题项，即形如^p的项，其中 p 是公式，修辞关系符号把这些项作为自变量。逻辑形式包括像解释(^p，^q)这样的公式。但是这至少存在两个问题。第一，详细说明^p 所指称的内容预设命题的等同标准。我们把这些看做是标准动态语义值，它们是世界指派对的对集。这与把命题处理为 DRSs 的等值类一致，这里的等值是动态逻辑等值。但是对于命题态度语境的模型命题，这不是一种恰当的方法。在 DRSs 方面的等值可能是字母的变化、逻辑等值或介于两者之间的事物。而命题不可能等同于等值定义中的任何一种，命题概念本身依赖于语境。第二，在不同的语境下，同一命题可以有不同的修辞作用。例如 Mam fell 和 John push him 之间的关系在例（17）中是解释，但是在例（18）中是叙述。

（17）Max fell. John pushed him.

（马克斯摔倒了，约翰推了他。）

（18）John and Max were at the edge of a cliff. Max felt a sharp blow to the back of his neck. Max fell. John pushed him. Max rolled over the edge of the cliff.

（约翰和马克斯在悬崖的边沿。马克斯感到脖子的后面被猛烈地一击，马克斯摔倒了，约翰推了他一把，马克斯滚在悬崖的边沿上。）

话语（17）和（18）可同时满足，它们描绘了事件的两个不同过程。如果修辞关系是命题之间的相互关联，那么例（17）和例（18）的表征分别描绘解释(^p，^q)和叙述(^p，^q)的特征。其中 p 是命题 Max fell，q 是命题 John pushed him。但是这两个公式在任何模型中都不能同时被满足，因为它们把不相容的限制强加在事件的时间顺序上。命题项表示被表达的信息类型，而话语解释指的是联系个体话语的命题内容的标志（tokens）和命题内容的类型。

我们使用标记来解决这些问题：一个标记标识一个小句和更大的语言单位内容，我们立刻会得到更大的单位。因此，用形式公式解释$(\pi_1，\pi_2)$代替形式公式解释(^p，^q)来表示一个话语，π_1 和 π_2 标记逻辑形式和它们相联系的内容。它们记录命题的标志话语：如果一个命题被表达了两次，那么两个不同的标记 π_1 和 π_2 标记这个命题。因为从语法上分析，我们有两个句法树，产生的未具体化逻辑形式有不同的上确界标记。小句的逻辑形式不同于话语的逻辑形式。对于小句来说，标记最终是可消除的：当未具体化逻辑形式转变成基础语言中唯一逻辑形式的完全描述时，标记就消除了。但是对于话语来说，标记不仅是话语逻辑形式部分描述的基本构成成分，而且是话语逻辑形式本身的基本构成成分。

用这种方式使用标记解决了我们提到的两个问题。第一，我们不必明确说明命题的指称：命题的同一标准交给了态度理论和其他哲学上令人困惑的领域。第二，修辞关系使标记而不是命题互相关联，我们能够确保当例（17）和例（18）表示不同话语时，它们相互之间是可满足的。这些不同的话语的逻辑形式包括解释(π_1, π_2)和叙述(π'_1, π'_2)，其中π_i和π'_i（$i=1, 2$）是不同的标记。这些标记标示相同语言形式的话语语义，因此也标示相同的组合语义。但是解释(π_1, π_2)和叙述(π'_1, π'_2)的真值条件总体上将确保它们标记不同语义内容的标志。例如，事件之间的时间关系是不同的。通过这种方式，例（17）和例（18）的逻辑形式是相互之间可满足的，尽管它们包含了修辞上是用不同的、不相容的方式连接起来的相同的语言形式的话语。

现在能够定义表示话语内容的语言。我们从完全明确的话语结构开始，在此基础上定义动态语义学。这种扩展的动态语言包括标记，标记标示表达小句或多个小句的话语的逻辑形式的公式，话语关系符号把这些标记当作自变量。因此即使逻辑形式被完全地具体化，小句和更大的语言单位的标记都不可消除。既然话语关系能够把一个标记和另一个标记连接起来，根据进一步的话语关系，这些标记依次有被表达的内容，那么话语关系中就出现了层级结构。

定义4.6：合式SDRS – 公式

SDRSs是由以下的词汇建构的：

词汇1 微观结构：自然语言中原子语句的完全具体的逻辑形式集Ψ（即动态语义公式或DRSs）；

词汇2 标记：π，π_1，π_2，等等；

词汇3 表示话语关系的关系符号集：R，R_1，R_2，等等。

合式SDRS – 公式集Φ定义如下：

1. $\Psi \subseteq \Phi$；

2. 如果R是n元话语关系符号，π_1，$\cdots$，π_n是标记，则$R(\pi_1, \cdots, \pi_n) \in \Phi$；

3. 对于任一ϕ，$\phi' \in \Phi$，$(\phi \wedge \phi')$，$\neg \phi \in \Phi$，其中$\wedge$被动态地理解。

定义 4.7：话语结构

任何一个话语结构或 SDRS 都是一个三元组 < A，F，LAST >，其中：

1. A 是标记集；即 A⊆词汇 2；

2. LAST 是 A 中的一个标记（直观上看，这是被加在逻辑形式中的最后一个小句的内容的标记）；

3. F 是函项，该函项对 A 中的每个元素进行赋值，其值域是 Φ。

在不会混淆的情况下，三元组 < A，F，LAST > 可写作 < A，F >。

因为 F 的值域包括了涉及 F 定义域中的标记的公式，所以话语结构是层级的，甚至是递归的。我们把话语关系符号限制在二元关系。如果对于某个话语关系 R，F(π) 包括形如 R(π'，π'') 或者 R(π''，π') 的公式作为合取支，那么标记 π 直接辖域覆盖标记 π'。被 π' 标记的"话语成分"是被 π 标记的"话语成分"子成分。

小句的逻辑形式集 Ψ 不是未具体化逻辑形式，而是完全明确的基础公式。我们还没有考虑话语层面的未具体化陈述。为了描述 SDRSs 和它们的动态语义学，暂且撇开不谈未具体化陈述。

下面用例子来阐述 SDRSs 的定义。假定 K_{π_i} 是所有的 DRSs，且 $1 \leqslant i \leqslant 5$，那么下面是一个合式 SDRS：

（19）< A，F，LAST >，其中：

- A = $\{\pi_0, \pi_1, \pi_2, \pi_3, \pi_4, \pi_5, \pi_6, \pi_7\}$
- $F(\pi_1) = K_{\pi_1}$

  $F(\pi_2) = K_{\pi_2}$

  $F(\pi_3) = K_{\pi_3}$

  $F(\pi_4) = K_{\pi_4}$

  $F(\pi_5) = K_{\pi_5}$

  $F(\pi_0) = $ 详述(π_1, π_6)

  $F(\pi_6) = $ 叙述(π_2, π_5) $\wedge$ 详述(π_2, π_7)

  $F(\pi_7) = $ 叙述(π_3, π_4)

- LAST = π_5

事实上，如果 K_{π_1} 到 K_{π_5} 表示（20a）到（20e）的内容，那么（19）就是例（20）的 SDRS。

（20）a.　　John had a great evening last night.　　　　π_1

（约翰昨晚过得很好。）

　　　b.　　He had a great meal.　　　　　　　　　　π_2

（他美餐了一顿。）

c.　　He ate salmon.　　　　　　　　　　　　　　　π_3

（他吃了三文鱼。）

d.　　He devoured lots of cheese.　　　　　　　　π_4

（他吃了许多奶酪。）

e.　　He then won a dancing competition.　　　　π_5

（他还赢了一场跳舞比赛。）

（19）保证了 π_2／（20b）和 π_5／（20e）叙述的内容详尽地阐述了 π_1／（20a），π_3／（20c）和 π_4／（20d）叙述的内容详尽地阐述了 π_2／（20b）。我们还可以采用 DRT-式样的记法来表示 SDRS（19），如图 4 – 3 所示：

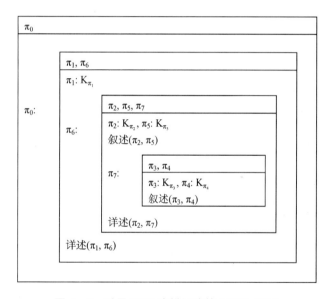

图 4 – 3　采用 DRT 式样记法的 SDRS（19）

在 DRS 模样的结构中，函项 F 被表示为形如 π：ϕ 的条件，这反映了 F（π）＝ϕ 的事实。辖域覆盖关系 Succ 也通过如下方式表示：如果 Succ（π，π'），那么我们把 π' 写在被 π 标记的方框图 K_π 的顶部即论域中，把 π'：$K_{\pi'}$ 写在 K_π 条件中。这使得 DRT 类型从属关系表达辖域覆盖的陈述。不像 DRT，SDRT 方框图中"话语所指的论域"部分为纯粹的表征函项服务：如果所有的标记都在顶部框图中引入，尽管 SDRSs 的真定义不会改变，但是在顶部框图中引入的标记将会丧失 DRT 从属关系和标记辖域覆盖关系之间的相互关联。这种图示表征仅仅是表达辖域覆盖关系的一种方法。

SDRSs 的句法允许作为自变量的两个标记 π_1 和 π_2 之间不仅仅是一种话语关系。例如，一个合式 SDRS 能够包括对比（π_1，π_2）和叙述（π_1，π_2）两个公式，这表明了一个单个的话语能够同时起着好几种语用作用。

(21) π_1.　John bought an apartment,

（约翰买了一套公寓房间,）

　　　　π_2.　but he rented it.

（但是他把它租出去了。）

由于提示词"but"，π_1 和 π_2 之间是对比关系；又因为买在租之前，π_1 和 π_2 之间又是叙述关系。

合式 SDRS 也允许已知的成分 π 不仅仅和一个连接点相连接，这也反映了一个话语不仅起一种语用作用的事实。如：

(22) π_1.　A：　John failed his exams.

（约翰没有通过考试。）

　　　　π_2.　B：　No, he didn't.

（不，他通过了。）

　　　　π_3.　A：　He got 60%.

（他得了 60 分。）

例（22）中所涉及的修辞关系有两种：纠正（π_1，π_2）和详述（π_2，π_3）。从逻辑上看，两者是相互依赖的。详述（π_2，π_3）产生了及格分数要超过60%的语义后承，而反过来，这又是纠正（π_1，π_2）有效的必要条件。

第四节　描述话语逻辑形式的语言

就小句来说，表达语义未具体化陈述需要一种独立的但相关的语言，我们能够用这种语言表达 SDRSs 部分和完全的描述。和前面一样，我们使用加标记的语言 L_{ulf}，在基础话语语言中的每一个表达式都是建构者。现在这些建构者不仅包括前面所提及的，而且还包括话语关系。

定义4.8：话语建构者

表示话语内容的话语建构者的识别标志 Σ_D 包括：

1. 微观结构表征 Ψ：小句逻辑形式建构者（动态语义公式或 DRSs）；

2. 话语关系的关系符号集：R，R_1，R_2，等等。

根据定义4.7，基础话语语言由被运用于恰当的种类和自变量的元的这些建构者组成。例如，在代词被消解的情况下，例（21）的话语结构 < A，F >

是（21′）：

(21′)　● A = $\{\pi_0, \pi_1, \pi_2\}$

　　　● $F(\pi_1) = \exists x \exists e(e < now \land apartment(x) \land buy(e,j,x))$

　　　　$F(\pi_2) = \exists e'(e' < now \land rent(e',j,x))$

　　　　$F(\pi_0) = 叙述(\pi_1, \pi_2) \land 对比(\pi_1, \pi_2)$

　　　● LAST = π_2

在加标记的语言中，（21′）有完全具体化的相互关联的事物，这就独特地描述了（21′）的形式。和前面一样，我们使基础语言中的建构者成为标记的谓词，引入标记变元和高阶变元，在静态的合取式、存在量化和否定下封闭语言。唯一不同的是 Ψ 中的 n 元微观结构的建构者在话语描述语言中成了（n+2）元谓词，而不是（n+1）元谓词：我们不仅用标记代替每一个自变量，给公式本身加上标记，而且我们也增加建构者出现在小句中的标记。例如，为了表示（21）中被 $F(\pi_2)$ 给出的未加标记的一阶公式，可以得到：

$(21\pi_2)$　　$R_\exists(l_{e'}, l_1, \pi_2) \land R_\land(l_2, l_3, l_1, \pi_2) \land R_<(l'_{e'}, l_{now}, l_2, \pi_2) \land$
　　　　$R_{rent}(l''_{e'}, l_j, l_x, l_3, \pi_2) \land$
　　　　$R_{e'}(l_{e'}, \pi_2) \land R_{e'}(l'_{e'}, \pi_2) \land R_{e'}(l''_{e'}, \pi_2) \land$
　　　　$R_j(l_j, \pi_2) \land R_x(l_x, \pi_2)$

$F(\pi_2)$ 也可以用图表来描绘，我们可以轻易地把翻译函数 v 从加标记语言相应地延伸到基础语言。如图 4 - 4 所示：

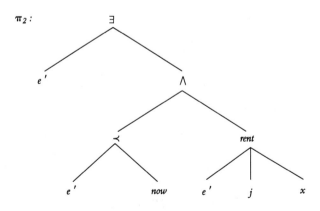

图 4 - 4　　$(21\pi_2)$ 逻辑形式完全具体化的描述

运用惯例，带有"顶部"标记 π 的未具体化逻辑形式是 K_π。描绘 SDRS（21′）的完全具体化的加标记的公式是（21″）：

（21″）　$K_{\pi_1} \wedge K_{\pi_2} \wedge R_{\text{叙述}}(\pi_1, \pi_2, \pi_3) \wedge R_{\text{对比}}(\pi_1, \pi_2, \pi_4) \wedge R_{\wedge}(\pi_3, \pi_4, \pi_0)$

K_{π_1} 和 K_{π_2} 是完全具体化的加标记的公式，它们没有量词，出现在它们中的所有标记都是常元。这就说明（21″）是没有量词的。对于我们的目的来说，被 π_0 标记的话语公式的句法结构的细目是不重要的，我们有时把公式（21″）缩写成：

（21‴）　$K_{\pi_1} \wedge K_{\pi_2} \wedge R_{\text{叙述}}(\pi_1, \pi_2, \pi_0) \wedge R_{\text{对比}}(\pi_1, \pi_2, \pi_0)$

现在，让我们看看模型或加标记结构。就模型或加标记结构而言，话语层面的加标记语言被解释。像在小句层面上有一个函数翻译一样，从加标记语言中逻辑形式的完全描述到基础语言中的 SDRSs < A，F >，或从基础语言中 SDRSs < A，F >到加标记语言中逻辑形式的完全描述，有一个简单的函数翻译。在小句或微观结构层面，每一个完全明确地加标记的公式确定一个唯一有限的、符合同构的加标记结构。在话语层面，也是如此。像定义 4.3 中（L1—L4）这样的条件，我们用来定义小句层面的未具体化逻辑形式的模型，在话语结构方面同样也适用。

定义 4.9：话语加标记的结构

令 $\sum_D$ 是话语建构者集，那么 < U_D，Succ_D，I_D > 是加标记的 $\sum_D$-结构，其中：

（L1′）　U_D 是包括言语行为标记的分类标记的非空集；

（L2′）　I_D 是解释函数，其定义域是 $\sum_D$，使得对于 n 元的每一个微观结构建构者 $f \in \sum_D$，$I_D(f)$ 是 U_D 上的（n + 2）元关系（即 $I_D(f) \subseteq U_D^{n+2}$）；并且对于 n 元的每一个其他建构者 $f \in \sum_D$，$I_D(f) \subseteq U_D^{n+1}$；

（L3′）　U_D 上的二元关系 Succ_D 是有充分根据的，其中 Succ_D 和微观结构表示的 Succ 一样，是用同样的方式定义的（见定义 4.3）。和前面一样，这种限制确保在 Succ 之中，U_D 形成一个偏序；

（L4′）　在 Succ_D 定义的偏序中，U_D 包含了一个唯一的上确界：即 $\exists \pi_0 \in U_D$，使得 $\forall \pi \in U_D$，$\text{Succ}_D^*(\pi_0, \pi)$。

对于任何小句，言语行为标记包括与 Succ 有关的顶端标记，根据定义 4.3，这些顶端标记一定存在。在定义话语未具体化逻辑形式的模型中，我们在小句的未具体化逻辑形式的顶端增加结构，把在各种各样的小句中的最高节点和话语关系谓词连接起来。与定义 4.3 中的条件 L5 相关的条件——每一个标记有一个唯一的母节点——在定义 4.9 中消失了。这是因为一个已知的小句不仅仅对话语结构的一部分起着语用作用。

　　根据 < A，F >，明确话语结构等同于给出加标记结构。函数 F 明确说明加标记的解释，它相当于函数 I_D。为了把 < A，F > 转换成加标记结构 < U_D，$Succ_D$，I_D >，需要（一）把话语关系符号的元增加 1，其他建构者的元增加 2；（二）使 $U_D = A$；（三）确保对于每一个话语建构者 f，< π_1，…，π_n，π > $\epsilon I(f)$ 当且仅当 $f(\pi_1，…，\pi_n)$ 是 $F(\pi)$ 中的一个联言支。对于 < A，F > 直接的辖域覆盖和辖域覆盖关系相当于 $Succ_D$ 和它的传递封闭。在加标记的语言中，$i - outscopes(\pi_1，\pi_2)$ 表示 π_1 指称的标记直接辖域覆盖 π_2 指称的标记：即 $[i - outscopes(\pi_1，\pi_2)]^{M,g}$ 是真的当且仅当 $Succ_D([\pi_1]^{M,g}，[\pi_2]^{M,g})$。

　　每一个完全明确的加标记的话语结构 < U_D，$Succ_D$，I_D > 详细说明了一序对 < A，F >，反过来也是如此。因此，正如小句加标记语言的模型相当于基础语言的逻辑形式，对于话语来说，这同样也是正确的。

　　考虑到话语和小句的加标记语言之间的相似性，如何定义未具体化话语结构应该是清楚的：正如像小句的未具体化逻辑形式，用标记变元和高阶变元表达未具体化的信息。

　　然而在小句未具体化的逻辑形式和话语的未具体化的逻辑形式之间有着重要的差别。前者通过 v 翻译成没有标记的公式，而基本的 SDRSs < A，F > 使用标记，通过这种方式使得标记不可消除。它们是必要的，因为它们是话语关系的自变量。我们不能用它们所标记的内容来代替这些自变量。

　　SDRT 中包括哪些话语关系呢？塞尔（Searle）的言语行为理论、曼（Mann）和汤普森（Thompson）提出的修辞结构理论（Rhetorical Structure Theory，简称 RST）表明要证明修辞关系特殊集可能是相当困难的。

　　我们必须在真值条件语义解释的基础上证明所选择的话语关系是正确的。动态语义学所追求的目标是：抓住组合和词汇语义产生的内容，以及为了产生一个融贯的逻辑形式，话语更新所提出的要求。只有所有语言行为话语所指和修辞关系连接在一起时，逻辑形式才是融贯的。这就相当于假定话语中的每一条信息都起着语用作用。这些逻辑形式表达了超出组合和词汇语义的内容，SDRT 中话语关系的分类并不像修辞结构理论那样精细。比如在 SDRT 中的对比（Contrast）关系中，RST 区分为好几种修辞关系：对比（Contrast）、对照（Antithesis）、让步（Concession），等等。在相当微妙的差异的基础上，这些关系是在基本的交际目的中不同，而不是在语言意义层面上不同。

　　把解释限定在真值条件内容提供了证明话语关系集是正当的一种方式：只有当 R 影响了它所连接的成分的真值条件的证据，并且这些结果不能用其他的方法来解释时，R 才是一个独特的话语关系。例如，话语关系可能把限制强加在代词的先行词上或事件之间的时间关系上。像叙述、详述、解释、因果、背景、对比和平行这样的话语关系，通过真值条件的结果，我们至少可以部分定义它们。以上的话语关系讲述的都是命题，更准确地说，是标示命题的标记，它们都出现在叙述性或说明性的文本中。

第五节　层级结构和可及性

在 SDRT 中，层级话语结构的出现，一方面是因为一个成分可能包含了关于其他成分是如何相互关联的信息。例如，如果 π_1 标记公式 $R(\pi_2, \pi_3)$，则 π_1 辖域覆盖 π_2。另一方面是因为详述，解释和 $\Downarrow$①是从属关系。我们可用图 4 - 5 来表示 SDRS（19），它描述了例（20）的意义。

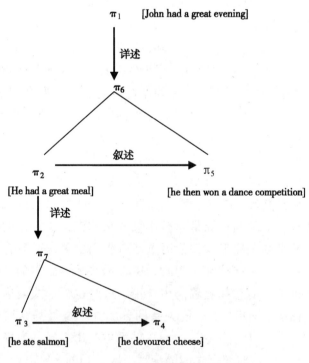

图 4 - 5　用图表表征的 SDRS（19）

---

① $\Downarrow$（α，β）表示 α 是 β 的主题。

　　为了简明起见，我们在图 4 – 5 中省略了标记 π_0。在图 4 – 5 中，我们把
(19) 的 < A，F > 结构编码如下：（一）如果 $Succ_D(\pi，\pi')$，那么把 π 画在
π' 的上方，π 与 π' 之间用直线连接；（二）如果对某一 π'' 来说，$F(\pi'') = R$
$(\pi，\pi')$（因此 $Succ_D(\pi''，\pi)$ 和 $Succ_D(\pi''，\pi')$），其中 R 是从属关系，则我
们把 π 画在 π' 的上方，π 与 π' 之间用箭头连接起来，并标上关系 R（省略了
从 π'' 到 π' 的连线）；（三）如果 R 不是从属关系，则我们把 π 画在 π' 的左边，
π 与 π' 之间用箭头连接起来，并标上关系 R。因此产生的图反映了关于层级
话语分段（segmentation）的信息。

　　图 4 – 5 影响前指。右边界限制指的是目前话语代词的先行词必须由前一
句话语或者在话语结构中统制该话语的话语引入。这就解释了为什么 "It was
a beautiful pink" 加在（20e）之后是不适宜的：三文鱼（salman）是不可及
的，因为它是在 π_3 中引入的，而 π_3 不是 "It was a beautiful pink" 的右边界。

　　在 SDRT 中，可及性概念限制了前指。可及性把握了右边界限制的实质，
但是也反映了情况更为复杂的现实。关于话语结构，在 SDRT 之前，人们通常
忽略了这样一个事实：不同的并列关系对前指的影响是不同的。例如，对比
与叙述所强加的限制是不同的。在 SDRT 之前，人们也忽略了关于前指的重要
的微观层面的限制，这些限制在小句中被像 every 和 not 这样的语言词项的出
现所触发，这些微观层面的限制是动态语义学的主要焦点。SDRT 把微观层面
的限制与修辞结构所加的限制结合起来。

　　什么是可及的粘贴地点（available attachment sites）？可及的粘贴地点指的
是通过某种修辞关系新信息能够和话语语境中的言语行为话语所指联系起来。
非正式地说，可及的粘贴地点是：（一）先前小句的标记 LAST；（二）通过辖
域覆盖关系和/或从属关系序列统制 LAST 的标记。

　　下面我们来看看可及的粘贴点的定义。

　　定义 4.10：可及的粘贴点（available attachment points）

　　令 < A，F，LAST > 是一个 SDRS，K_β（我们标记 K_β 为 β）是新信息。那
么通过某种修辞关系，β 可以粘贴到：

　　1. 标记 α = LAST；

　　2. 任何标记 γ 使得

　　（a）i – outscopes(γ，α)，即对于 R 和 δ 来说，R(δ，α) 或者 R(α，δ)
是 F(γ) 中的联言支；或者

　　（b）对于标记 λ，R(γ，α) 是 F(λ) 中的联言支，其中 R 是从属话语关
系，如叙述、解释或者 ⇓。

我们把这个注释为 α < γ。

3. 传递封闭：

通过标记 γ_1，…，γ_n 的序列统制 α 的任何标记 γ，使得 α < γ_1，γ_1 < γ_2，…，γ_n < γ。

总之，可及的节点是先前的小句 α 和通过一系列的辖域覆盖和/或从属关系统制 α 的任何标记 γ。

我们用一个例子来阐述这个定义。假设图 4-6 中的 π_2 是 LAST，可及的粘贴点是 π_2（根据条件 1），π_4（根据条件 2a），π_3（根据条件 2b 和 3）和 π_0（根据条件 3）。但是 π_1 是不可及的。

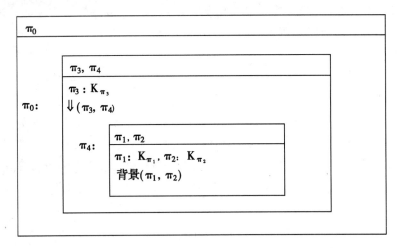

图 4-6

定义 4.11：前指的先行词（不包括像平行或对比这样的结构关系）

如果 β 标记一个 DRS K_β，K_β 包括一个前指条件 φ，那么前指条件可及的先行词是这样一些话语所指：

1. 在 K_β 中和在 φ 可及的 DRS 中；或者

2. 在 K_α 中，在 K_α 中任何条件可及的 DRS 中，并且在 SDRS 中有条件 R（α，γ），使得 γ = β 或者 outscopes（γ，β）（其中 R 不是结构话语关系）。

和 DRT 不同的是，SDRT 把两个连续的小句表示为不同的加标记的 DRSs。例（23）的表征是图 4-7（目前忽略了时间信息），而不是图 4-8。

（23）John drives a car. It is red.

（约翰开了一辆车，它是红色的。）

在图 4-7 中，对于 It is red 而言，语法产生的未具体化的条件 z = ? 能够

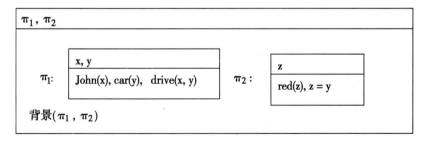

图 4 - 7　　（23）的 SDRS

$$
\begin{array}{|l|}
\hline
\text{x, y, z} \\
\hline
\text{John(x)} \\
\text{car(y)} \\
\text{drive(x, y)} \\
\text{red(z)} \\
\text{z = y} \\
\hline
\end{array}
$$

图 4 - 8　　（23）的 DRS

确认为 z = y（根据定义 4.11 条件 2 中 $\gamma = \beta$），因为背景关系把 π_2 和 π_1 连在一起，并且在 k_{π_1} 中 y 对任何条件来说都是 DRS – 可及的——或者说，y 在 k_{π_1} 中是 DRS – 可及的。

（24）If a farmer doesn't drive a car then it's red.

（如果农夫没有开车，那么它是红色的。）

在图 4 - 10 中，用关系假言（Consequence）代替了图 4 - 9 中的蕴涵条件。根据可及性定义，正如在图 4 - 9 中，y 不能作为 z 的先行词一样，图 4 - 10 中的 y 也不能作为 z 的先行词。这是因为在 k_{π_1} 中 y 不能通达到条件 farmer（x），对于前指条件 z = ?，y 不是可及的先行词。在 SDRT 中，否定词 not 起着话语结构的作用，这些作用反过来又影响了代词的先行词。只有把不定摹状词 a car 的辖域理解为覆盖了否定词 not 的辖域时，如同 DRT 一样，SDRT 才能正确地预测例（24）是可接受的。因为话语所指 y 是在嵌套否定条件中的 DRS 中被引入的，根据定义 4.11，对于 z = ? 来说，y 是可及的。

下面来看看例（25）。从直观上来看，例（25）的结构是图 4 - 11，即汽车开得太快和司机没有看见他解释了为什么这个人被车辆碾过。

（25）π_1.　A man was run over.

（一个人被车碾过。）

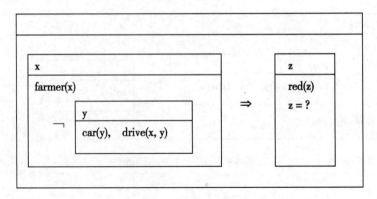

图 4 – 9　（24）的 DRS

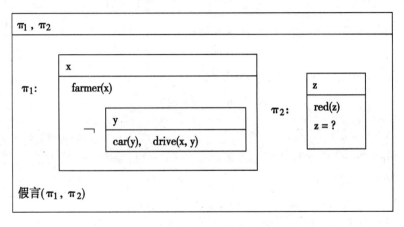

图 4 – 10　（24）的 SDRS

　　π_2.　　The bus was going too fast.

（汽车开得太快。）

　　π_3.　　The driver didn't see him.

（司机没有看见他。）

　　根据定义 4.11，π_3 中的 him 能指称 π_1 中的不定词 a man：在 K$_{\pi_1}$ 中被 a man 引入的话语所指 x 是可及的，解释(π_1，π) 和续述(π_2，π_3) 有效。

　　定义 4.10 和定义 4.11 都表明前指的先行词一定是在话语结构右边界可及的 DRS 中（不包括平行和对比结构）。这就正确地预言了我们前面的观点，It was a beautiful pink 是例（20）的不融贯的续叙，因为 it 的先行词是不可及的。在（19）中，salman 在被 π_3 标记的 DRS 中是可及的。但根据定义 4.10 新信息不能粘贴到 π_3，因此 salman 不可能是 it 的先行词。话语（20）没有包

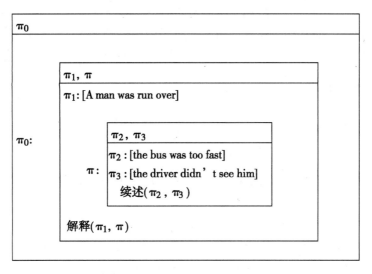

图 4 - 11 （25）的 SDRS

含像 every 或 not 这样的语言成分，因此例（20）的 DRS 完全是平展的（flat）：salman 的话语所指 x 和 it 的前指条件 y = ? 都是在同一 DRS 中引入的，这就错误地预言了 y = ? 能够确认为 y = x。SDRT 更丰富的话语结构提供了比 DRT 更加精确的前指限制。

定义 4. 11 排除了修辞关系 R 是结构话语关系的情况，例如平行和对比。结构话语关系不同于其他关系，因为它们允许在某些限制条件下在嵌套的 DRSs 中所引入的话语所指是可及的。因此在 DRT 中不可及的先行词有时候在 SDRT 中是可及的。如：

（26）a. If Molly sees a stray cat, she pets it.

（如果莫莉看见一只迷途的猫，那么她爱抚它。）

b. But if Dan sees it , he takes it home.

（但是如果丹看见它，他把它带回家。）

在例（26）中，（26a）更可取的解释是对于莫莉看见的任何迷途的猫，她都爱抚它。因此在（26a）中，迷途的猫的辖域不可能超出条件句的辖域，因为这种辖域有着不同的、反直觉的解释。但是 DRT 预言了不定词引入的话语所指对于（26b）中的代词是不可及的。

SDRT 纠正了这种错误的预言。句首提示词 But 引入了一个表示前指对比关系的未具体化的公式。But 的句法辖域超出了对比关系的第二个自变量——（26b）中的条件从句，第一个自变量是一个未具体化的前指词，语法没有确定（26b）与哪一个命题形成对照。对未具体化陈述运用简化记法，这就分别产生了表示（26a）的语义表征图 4 – 12 和表示（26b）的语义表征图 4 – 13。图 4 – 12 中的代词已消解。我们运用 DRT 方式的记法来表示辖域覆盖关系。

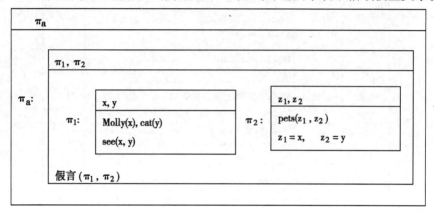

图 4 – 12　（26a）的语义表征

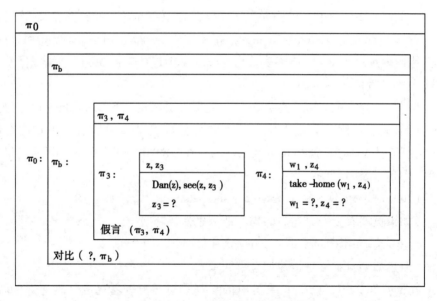

图 4 – 13　（26b）的语义表征

　　SDRT 预言了 y 是 K_{π_3} 中条件 $z_3 =$? 的可及的先行词。只有当 K_a 和 K_b 结构相似、语义不同时，对比（a，b）才有效。把结构相似和语义不同扩大到最大限度，这可通过确认图 4 – 13 中前指条件对比（?，π_b）为对比（π_a，π_b）来完成（注意 π_a 是可及的）。通过把 K_{π_a} 结构中的节点映射到 K_{π_b} 结构中的节点这种方式，把结构相似扩大到最大限度。如图 4 – 14 所示：

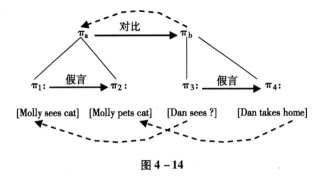

图 4 – 14

当平行或对比关系出现时，只要在其语义后承部分的（也许是部分的）同构映射中把 K_2 映射到 K_1，那么 SDRT 使得在 K_1 中引入的话语所指，对于 K_2 中的前指条件来说是可及的。因此，在这个映射中，既然 K_{π_3} 映射到 K_{π_1}，那么对于 $z_3 = ?$ 来说，y 是可及的。这与 DRT 预测 y 是不可及的形成鲜明对比。

我们再来看话语（27）。

（27） a.　If the light was green then John broke the law.

（如果是绿灯，那么约翰违反了法律。）

　　　 b.　Otherwise, he crossed the road safely.

（否则，他安全地穿过了马路。）

与例（26）很相似，（27a）的内容描绘了假言关系特征，产生了如下结构：

（27） a′.　a_1：[light was green] $\xrightarrow{\text{假言}}$ a_2：[John broke the law]

（27b）中提示词 otherwise 是前指的：简单地说，它相当于 But if not，其中 not 的自变量是前指，But 的第一个自变量也是前指。话语结构描绘了对比关系特征，它的第二个自变量标记着一个描绘假言关系特征的 SDRS。这个假言关系的第二个自变量是 He crossed the road safely，第一个自变量是前指命题的否定式。（27b）的结构如下：

（27）

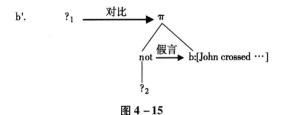

b′.

图 4 – 15

现在必须计算$?_1$和$?_2$的值。我们应该把它们和以下命题等同起来：使得对比关系自变量的结构相似和语义不同最大化。即把第一个自变量$?_1$和条件从句结构（27a'）等同起来，如：

（27'）

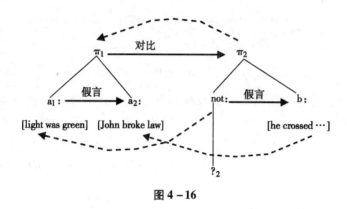

图 4-16

在（27'）中，我们标记 not 的复杂的 DRS 映射到（27a）中条件从句的先行语a_1中。根据对比关系中的可及性，这就使得对于前指$?_2$来说，a_1是可及的先行语。因此，例（27）表示：If the light was green, John broke the law. But if the light was not green, then John crossed the road safely. 这个例子也表明 DRT 对于可及性的定义过于简单，因为它对前指的可能性确认不足。

第六节　信息内容的逻辑

定义了 SDRSs 的句法和可及性概念，接下来要讨论从模型论上 SDRSs 是如何被解释的问题。SDRS 通过函数 F 给集合 A 中的标记指派公式，我们需要为这些公式提供真定义，给 SDRS 中每一个标记（即 A 中每一个标记）指派内容。SDRS 的语义就是 F 指派给顶部节点π_0的公式的语义，即这个节点使得$\forall \pi \epsilon A$，$\mathrm{Succ}_D^*(\pi_0, \pi)$。$F(\pi_0)$通常是形如$R(\pi_i, \pi_j)$的公式结合，$\pi_{i,j} \epsilon A$，再加上$\wedge$，$\neg$和$\Rightarrow$这些动态算子。根据$K_{\pi_i}$和$K_{\pi_j}$（即 F（$\pi_i$）和 F（$\pi_j$）），我们也定义了$R(\pi_i, \pi_j)$的解释，从而我们能够通过关于标记的关系$\mathrm{Succ}_D$递归地揭示 SDRS 的语义，揭示 SDRS 的解释将以解释小句的内容而告终。

SDRT 的语义是建立在 DRT 的语义基础之上，这就意味着正如 DRT，所有 SDRS 公式都接纳关系语义：SDRS 显示出输入世界—指派对与输出世界—

指派对的关系，是 DRS 的 SDRS 公式如同 DRSs 的关系语义一样被解释，SDRS 公式被解释的模型 M 和 DRT 中的模型 M 完全一致。

但是形如 $R(\pi_1, \pi_2)$ 的 SDRS 公式如何呢？它们确定被 π_1 和 π_2 标记的 SDRSs 是否改变了输入语境。我们之所以从修辞关系揭示 SDRS 真值条件的意义，是因为如果一个话语不仅仅包括一个小句，那么 $F(\pi_0)$ 就描述这些关系的特征。

在 DRT 中，原子公式 love(x，y) 不会把输入语境改变成一个不同的输出语境。例如：在以下的解释中，(w,f) = (w',g)：

$(w,f)[\text{love}(x,y)]_M(w',g)$ 当且仅当 $(w,f)=(w',g) \wedge <f(x),f(y)> \epsilon I_M$(love)

尽管形如 $R(\pi_1, \pi_2)$ 的 SDRS - 公式也是原子公式，但是它们的解释与 DRT 的原子公式的解释不同：通过信息状态，它们定义了一个真正的转变。从语义上看，它们如同复杂的更新算子。它们的解释反映了修辞关系对它们所连接的命题起着特殊的语义影响。这也反映了它们是言语行为的事实：它们改变了语境。如果 α 和 β 之间有 R 关系，那么对于 K_β 的解释，K_α 的输出指派是可及的。否则，在定义前指的限制中，可及性的作用将没有任何意义。

● 真实修辞关系的满足图式：

$(w,f)[R(\pi_1, \pi_2)]_M(w',g)$ 当且仅当 $(w,f)[K_{\pi_1} \wedge K_{\pi_2} \wedge \phi_{R(\pi_1, \pi_2)}]_M(w',g)$

其中"∧"是动态合取式，$\phi_{R(\pi_1, \pi_2)}$ 是与特别的话语关系 $R(\pi_1, \pi_2)$ 相关的特殊语义限制。因此大致来说，$R(\pi_1, \pi_2)$ 是真的当且仅当 K_{π_1}、K_{π_2} 和额外的要素 $\phi_{R(\pi_1, \pi_2)}$ 也是真的。不同的修辞关系，额外的要素也不同，并且依 K_{π_1} 和 K_{π_2} 而定。

● 真实性

关系 R 是真实的当且仅当如下是有效的：

$R(\alpha, \beta) \Rightarrow (K_\alpha \wedge K_\beta)$

详述、叙述、解释、平行、对比、背景、因果、证据都是真实关系，因此它们遵循真实修辞关系的满足图式。

有了满足图式和 DRSs 语义，我们可以计算被 F 指派到标记 π 的内容，它仅仅是对公式 F(π) 进行解释，这是由动态合取式和否定组成的。

● 合取式、否定和条件句：

– $(w,f)[\phi \wedge \psi]_M(w',g)$ 当且仅当 $(w,f)[\phi]_M \circ [\psi]_M(w',g)$

– $(w,f)[\neg \phi]_M(w',g)$ 当且仅当 $(w,f) = (w',g)$ 并且 $\neg \exists W'',h(w,f)[\phi]_M(w'',h)$

$-(w,f)[\phi\Rightarrow\psi]_M(w',g)$ 当且仅当 $(w,f)=(w',g)$ 并且

$\forall w'',h((w,f)[\phi]_M(w'',h)\to\exists w''',k(w'',h)[\psi]_M(w''',k))$

与 DRS – 片段不同的是，我们必须注意与每个标记相联系的原子子公式的线形序，例如 $R(\pi_1,\pi_2)$，因为它们的次序影响了哪一个话语所指已经有了解释，哪一个话语所指还没有解释。有了满足定义，我们可以给任何 SDRS < A，F > 指派解释：它是 $F(\pi_0)$ 的解释，其中对于所有的 $\pi\epsilon A$，$Succ_D^*$ (π_0,π)。

即使可及性排除前指的连接，真实关系的满足图式把先前引入的任何话语所指的值推进到输出语境。根据真值条件，（20f）或（20g）可以作为 (20a – e) 的继续。

（20）a. Max had a great evening last night.

（马克斯昨晚过得很好。）

b. He had a great meal.

（他美餐了一顿。）

c. He ate salmon.

（他吃了三文鱼。）

d. He devoured lots of cheese.

（他吃了许多奶酪。）

e. He then won a dancing competition.

（他还赢了一场跳舞比赛。）

f. It had been a beautiful pink.

（它是一种美丽的桃红色。）

g. While dancing, he remembered how the salmon had been a beautiful pink.

（跳舞的时候，他想起三文鱼是怎样的一种美丽的桃红色。）

（20g）是可接受的，信息内容总是把话语所指的束缚从输入语境推进到输出语境。但是另一方面，对于前指代词，显而易见可及性的限制也是正确的。可及性是信息打包（information packaging），而不是信息内容方面的限制。因此正如在 DRT 中一样，表征层面在 SDRT 中起着非常重要的作用。

解释各种话语关系公式的图式和小句的动态语义足以解释 SDRS 语言。为了获得特殊话语关系的特殊语义效果，满足图式把一系列的更为具体的公理图式或限制话语关系解释的意义公设连接起来了。尤其，在 R 的各种真值的满足图式中，它们使公式 $\phi_{R(\alpha,\beta)}$ 更加精确。从模型论上看，在输入世界—指

派对与输出世界—指派对之间，它们不但限制了 $[R(\alpha,\beta)]$ 的改变，而且也增补了小句的组合语义：当意义公设表明图式中的 $\phi_{R(\alpha,\beta)}$ 衍推条件 p，p 不被 α 或 β 的组合语义所衍推，那么 p 是超出了它们组合语义的、关于小句意义的信息。

在给出具体的意义公设之前，我们先探讨它们的形式。首先，我们使 $\phi_{R(\alpha,\beta)}$ 是意义公设，而不是公式 $R(\alpha,\beta)$ 的前件。这是因为在动态逻辑证明中，公理被运用的次序影响被束缚的话语所指。如果 $\phi_{R(\alpha,\beta)}$ 是意义公设的前件，真实修辞关系满足图式没有运用，那么它的后件在动态证明中不会有效。这保证话语所指用正确的方式被束缚。第二，这些意义公设是单调的限制。因此，所有的意义公设将是（28）中的形式（对于 R 的各种真值），其中 conditions (α,β) 表示 K_α 和 K_β 的特殊条件，或者被 K_α 和 K_β 引入的话语所指。

（28） $\phi_{R(\alpha,\beta)} \Rightarrow \text{conditions}(\alpha,\beta)$

一 详述和解释

我们来看下面这些话语：

（29）a. Max fell. John pushed him.

（马克斯摔倒了，约翰推了他。）

b. Alexis did really well in school this year. She got As in every subject.

（今年亚历克西斯的学业取得很大进步，她每门功课都得了 A。）

从直观上看，命题"约翰推他"解释了为什么命题"马克斯摔倒"是真的。命题"亚历克西斯每门功课都得了 A"详述了命题"今年她学业的取得很大进步"。这些不同的修辞连接关系对事件有不同的真值条件影响：从时间结构上看，例（29a）中的两个小句有先后次序，推的事件发生在前，摔倒的事件发生在后。而例（29b）中的两个小句具有包含关系。每门功课都得了 A 是学业取得很大进步的一部分。这些时间关系是意义的最重要的部分，但是它们不能从句法中推论出来。

抓住这种时间信息，我们有如下的关于解释和详述的意义公设。我们假定 e_α 是 α 的主要事件的释义，主要事件指的是简单句构成成分中主要动词引入的事件或在更复杂的构成成分中的主要部分中由主要动词引入的事件。

• 解释的时间推断（consequence）：

（a） $\phi_{\text{解释}(\alpha,\beta)} \Rightarrow (\neg\, e_\alpha < e_\beta)$

（b） $\phi_{\text{解释}(\alpha,\beta)} \Rightarrow (\text{event}(e_\beta) \Rightarrow e_\beta < e_\alpha)$

• 详叙的时间推断：

$\phi_{详叙(\alpha,\beta)} \Rightarrow Part - of(e_{\beta}, e_{\alpha})$

下面我们来看例（29a）的逻辑形式。

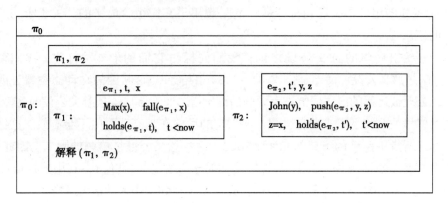

图 4 – 17　（29a）的逻辑形式

实际上，例（29a）小句组合语义没有具体地说明代词 him 引入了形如 $z = ?$ 的条件。话语更新——从小句组合语义建构话语逻辑形式的逻辑——将确保 $z = ?$ 被消解，him 指代 Max，小句之间具有解释关系，也就是说，建构话语逻辑形式的逻辑将完成小句的未具体化组合语义。

通过已给出的语义，SDRS 把输入语境转化为输出语境当且仅当 $K_{\pi_1} \wedge K_{\pi_2} \wedge \phi_{解释(\pi_1,\pi_2)}$，其中 K_{π_1} 和 K_{π_2} 是图 4 – 17 中被 π_1、π_2 标记的 DRSs。根据解释的时间推断（b），事件 e_{π_2}（即约翰推马克斯）发生在事件 e_{π_1}（即马克斯摔倒）之前（如同在 DRT 中，e 是事件的话语所指，s 是状态的话语所指）。因此例（29a）表示：马克斯摔倒，约翰推他，并且推的事件发生在摔倒事件之前。

对例（29b）的分析也是相似的。假定它的逻辑形式与我们的直观一致，包括条件详述(π_1，π_2)，其中 π_1 标记第一句的内容，π_2 标记第二句的内容，以上的意义公设确保 SDRS 的内容蕴涵在事件 e_{π_2}（每门功课都得了 A）和 e_{π_1}（学业取得很大进步）之间具有时间上的包含关系。

再来看例（30）：

（30）　John got a lung infection. He had AIDS.

（约翰肺部感染，他得了艾滋病。）

因为"他得了艾滋病"表示状态，解释的公理（a）预测肺部感染不是发生在得艾滋病以前。实际上，这些事件在时间上是重叠的，因为修辞关系的背景也有效。

　　详述和解释还有进一步的限制。比如，详述意指第二个自变量的主要事件是第一个自变量主要事件的一个部分，详述具有传递性和分配性。

●传递性：

（详述（π_1，π_2）∧详述（π_2，π_3））→详述（π_1，π_3）

　　分配性更复杂一点：如果小句 β_i 是语段 β 的部分（即对于 R，F(β) $\Rightarrow$ R(β_i，β_j)），β 详述 α，那么 β_i 和 β_j 的事件也应该是 α 事件的部分（例如，（20c）和（20a）之间的关系）。用公式来表示就是：如果详述(α，β_i)有效，只有我们也能推断详述(α，β_j)，那么我们才能假定 β_j 粘贴到 β_i。这个限制有助于如下推理：（20e）不是由（20c）和（20d）构成的叙述语段的一部分。如果是的话，（20e）会详述（20b），因为（20c）和（20d）详述了（20b），而这是站不住脚的。

　　事实上，正确地分析例（20）需要分配性的逆命题也有效。如果详述(α，β)有效，其中 β 本身是并列话语语段 δ 的一部分（因此 δ 直接地辖域覆盖 β 和 γ，尤其对于并列关系 R，F(δ) →R(β，γ)有效），那么详述(α，δ)一定也有效。即语段 δ 作为一个整体（和它的部分 β 和 γ）详述 α。在分析例（20）中，这保证识别出详述（π_1，π_2）和叙述（π_2，π_5）相当于识别出详述（π_1，π_6），其中 π_6 标记叙述语段叙述（π_2，π_5）。此外，由于分配性，考虑到详述（π_1，π_2）有效，如果不能证实详述（π_1，π_5）的推理，就不能推断叙述（π_2，π_5）。从形式上看，分配性的逆命题看起来像复杂的构成成分（其中 Elaboration 是详述，Coord 是并列修辞关系，i-outscopes 是直接地辖域覆盖）：

●复杂的构成成分：

（Elaboration（α，β）∧ Coord（β，γ））→∃δ（i-outscopes（δ，β）∧ i-outscopes（δ，γ）∧ Elaboration（α，δ））

　　此外，如果详述(α，β)有效，那么 K_β 更详细地描绘了 K_α 的某些部分；从形式上看，这意味着在 K_α 和 K_β 中表征条件的概括的 DRS 可以废除地等值于 K_α。而当解释(α，β)有效时，K_β 应该帮助确定问题"为什么是 K_α"的答案。

二　叙述

（31）Max fell. John helped him up.

（马克斯摔倒了，约翰扶他起来。）

　　例（31）与例（29a）有着相似的句法，但是真值条件却不相同。

　　从直观上来看，例（31）是叙述关系，发生事件的时间次序和文本的次序一致，这与例（29a）形成对照。

如果叙述（π_1，π_2）有效，那么 e_{π_1} 状态后（poststate）必须在空间和时间上与 e_{π_2} 状态前叠交（overlap）。换种方式说，e_{π_1} 的终点就是 e_{π_2} 的始点。通过着眼点，状态前和状态后都被个体化。这就是为什么理论上计算事件空间时间范围很难。但是这些着眼点是在话语中建构起来的，使得状态前和状态后的空间时间外延依赖语境。例如在例（32a）中，第二个地雷放置在第一个地雷南面 20 米处。但如果没有状语"zom south"，第二个地雷放置在桥附近，例如（32b）。

（32）a.　The terrorist planted a mine near the bridge.

（恐怖分子在桥附近放置了一个地雷。）

20m south, he planted another.

（南面 20 米处，他又放置了一个。）

　　　b.　The terrorist planted a mine near the bridge.

（恐怖分子在桥附近放置了一个地雷。）

Then he planted another.

（接着，他又放置了一个。）

像"20m south"这样的状语改变了语境中其他状态的空间范围。在例（32a）中，在桥附近放置地雷的状态后的空间范围并不仅仅与桥附近相符合，而是包括桥以南 20 米处的空间。

叙述的公理如下：

●叙述的空间时间推断：

$$\phi_{\text{叙述}(\alpha,\beta)} \Rightarrow \text{overlap}(\text{prestate}(e_\beta), \text{Adv}_\beta(\text{poststate}(e_\alpha)))$$

Adv_β 是状语函数，它把 e_α 的状态后转移到 β 中结构（frame）状语指定的任何空间时间位置，结果与 e_β 的状态前或 e_β 的开始叠交。组合意义确保 β 中的结构状语也确定事件 e_β 的位置。但是关于 e_α 的移动函数 Adv_β 是一个话语效应。这个公理预言了例（32a）中第二个地雷放置在桥附近南面 20 米处，而在例（32b）中第二个地雷放置在桥附近。运用关于状态前和状态后简单的假设，它也清楚地表明了 e_α 发生在 e_β 之前。

以上公理限制了能够被叙述连接的话语，例如，话语（33）小句间的关系不可能是叙述。

（33）In 1982 Kim moved from LA to Austin.

（1982 年金从拉丁美洲搬到奥斯丁。）

??　She moved from New York to Austin.

（?? 她从纽约搬到奥斯丁。）

第二个小句产生的构成成分不可能有一个在空间上与第一个小句中事件的状态后叠交的状态前，因为在第二个小句中，前一个空间是纽约，而不是奥斯丁。实际上，根据我们的直觉，这个话语至少在这个语境中听上去有点奇怪。

叙述进一步的限制是它们有一个共同的主题。如：

（34）a. My car broke down. Then the sun set.

（我的车坏了，接着太阳西沉。）

　　b. My car broke down. Then the sum set and I knew I was in trouble.

（我的车坏了，接着太阳西沉，我知道我陷入了困境。）

话语（34a）有点古怪是因为感觉它"不完整"：我们不知道为什么这两件事情联系在一起叙述，然而话语连接词 then 表明了它们之间的叙述关系。这一点在例（34b）中得到了补救。在例（34b）中，叙述的连续提供了允许叙述融贯在一起的原因或主题。大致地说，主题概括了叙述。话语（34a）是奇怪的，因为那些提供更好概要的重要线索没有出现，如（34b）中第三个小句概括的主题"我陷入了困境"。

假定我们已经定义了计算共同内容或两个公式概要的算子⊓和表示逻辑必然性的模态算子□，那么叙述的主题限制在 SDRT 中是一个公理，它规定了在叙述关系中，构成成分必须是有意义的共同内容：

- 关于叙述的主题限制：$\phi_{叙述(\alpha,\beta)} \Rightarrow \Box(K_\alpha \sqcap K_\beta)$

这个公理并没抓住叙述的重要特征，然而：α 和 β 分享的内容越多，叙述就越佳。相反，如果共同内容很少，几乎没有意义，那么解释者可能选择推断其他修辞连接关系，或者在推断一种修辞关系之前，等待更多的信息。没有更多的解决未具体化的话语关系的信息，话语感觉上去就是怪怪的，如同例（34a），有时增加像"and then"这样的提示短语会有所帮助，但是它不总是能改善不融贯性。

除了叙述，其他的层级关系也反映了话语融贯的不同特性。平行和对比也具有层级性。例如，在平行关系的两个构成成分之间有越多共同的内容，在构成成分之间连接就越好：例（35a）和例（35b）都是平行关系，但是例（35a）在意义方面更融贯：

（35）a. John has brown hair and Bill has brown hair.

（约翰有褐色的头发，并且比尔有褐色的头发。）

　　b. John has brown hair and Bill likes brown eyes.

（约翰有褐色的头发，并且比尔喜欢褐色的眼睛。）

如果话语形成了关联的话语结构，所有的未具体化陈述都得到消解，那么 SDRT 把话语按融贯性分级。但是 SDRT 并没有停留在这儿：它有层级融贯性概念和解释原则，人们力求建构具有最大融贯性的逻辑形式。融贯性相关程度的考虑在消解语法产生的未具体化条件中起着重要的作用。

三　背景

在 SDRT 中，背景关系经常被使用，尤其用来处理预设。背景对它的自变量施以时间限制。在例（36a）和例（36b）中话语的句法是相似的，但是它们的时间结构却不同。

（36）a. Max entered the room. It was pitch dark.

（马克斯走进了房间，房间漆黑的。）

　　　b. Max switched off the light. It was pitch dark.

（马克斯关了灯，房间漆黑的。）

例（36b）是对事件施以时间先后顺序的叙述，而例（36a）描述了背景关系的特征。在背景关系中，事件之间存在时间的叠交。相关的公理如下：

- 背景的时间推断：

$$\phi_{背景(\alpha,\beta)} \Rightarrow overlap(e_\beta, e_\alpha)$$

如同叙述关系一样，背景也需要一个共同主题。这就解释了没有任何特殊的上文或没有帮助解决未具体化的主题的续叙，为什么例（37）听上去很奇怪的原因。

（37）?? Max smoked a cigarette. May had black hair.

　　　（??）（马克斯抽了一根烟。梅有黑头发。）

然而，代词在叙述和背景中起着不同的作用，这表明了在结构层面这两种关系之间的一个有趣的差异。把例（38）和例（39）作个比较，在例（38）中，π_1 和 π_2 是背景关系，而在例（39）中，π_1 和 π_2 是叙述关系。

（38）π_1.　A burglar broke into Mary's apartment.

（一个夜盗闯入了玛丽的房间。）

　　　π_2.　Mary was asleep.

（玛丽在睡觉。）

　　　π_3.　He stole the silver.

（他偷了银子。）

（39）π_1.　A burgar broke into Mary's apartment.

（一个夜盗闯入了玛丽的房间。）

　　π_2.　　A police woman visited her the next day.

（第二天，一位女警察拜访了她。）

　　π_3.　　?? He stole the silver.

（?? 他偷了银子。）

　　背景(π_1，π_2) 允许在 π_1 中引入的对象对于 π_2 之后的命题 π_3 中的代词所指是可及的。而对于叙述(π_1，π_2)，情况并非如此。背景是并列关系，根据定义 4.10，π_1 本身是不可及的。那么为什么 π_1 中的对象是 π_3 中代词的可能的先行词呢？

　　之所以这些不同的前指结果出现，是因为背景的主题与叙述的主题有一点点不同。直观上看，在包含背景(π_1，π_2) 的话语结构中，K_{π_1} 描述了一个前景（foreground）事件，K_{π_2} 描述了背景状态。K_{π_1} 是"主故事线"或者前景，随后话语的事件将和它有关系。如果 SDRS 包含背景(π_1，π_2)，那么这个文本的语段有一个主题，主题的内容是通过重复而不是概括 K_{π_1} 和 K_{π_2} 的内容而建构的。这个主题与背景语段具有前景—后景对（Foreground-Background Pair，简称 FBP）关系。用形式化方法表示如下：对于任何 SDRS ＜A，F＞，如果有标记 $\pi\epsilon A$，使得 $F(\pi) \Rightarrow Background(\pi_1，\pi_2)$，那么 ＜A，F＞ 必须满足下面几点。

　　●在 A 中有标记 π' 和 π''，使得：

　　1. $F(\pi'') = K_{\pi_1} \cup K_{\pi_2}$（即 $K_{\pi''}$ 是对在（S）DRSs K_{π_1} 和 K_{π_2} 中的话语所指和条件进行合并而产生的（S）DRS，并集与 DRT 更新一致）；

　　2. $F(\pi') = FBP(\pi''，\pi)$

　　在扩展的 DRT 方式记法中，SDRS 包括了图 4-18 中的条件，也包括了图 4-19 中的条件：

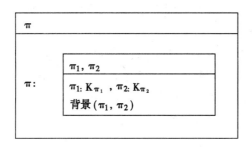

图 4-18

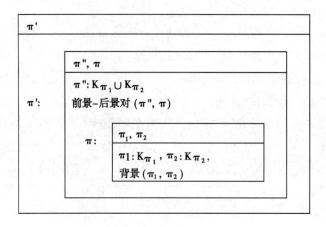

这个结构把 K_{π_1} 中的材料是"主故事线"进行了编码：主题 $K_{\pi''}$ 重复了这个内容，使 K_{π_1} 是可及的。既然 FBP 是从属关系，那么 π'' 是可及的。图 4 – 19 中可及的组成成分是 π'，π''，π 和 π_2，π_2 = LAST。既然在主题 π'' 中有指称 π_1 中引入的对象所指（因为 π'' 重复 π_1 的内容），这使得这些对象对于将出现的前指指称是可及的。这就正确地预测了例（38）π_3 中的 he 能指称 the burglar：用叙述关系，π_3 可以连接背景的主题 π''，指称夜盗的话语所指是在 $U_{K_{\pi''}}$ 中。而在例（39）中的叙述没有这种主题结构。例（39）中的构成成分 π_1，不是 π_3 的一个可能的粘贴点，因为 π_2 是用并列关系叙述和 π_1 连接起来。至少从原则上说，我们可以阻止 π_3 中的代词 he 指称夜盗。

与其他的意义公设不同，背景和叙述的主题限制要求在逻辑形式的建构过程中增加主题。在话语中，即使主题没有被明确地提及，为了预测前指的正确解释，SDRS 必须明确地描述主题以及与其他成分的修辞关系的特征。SDRT 中逻辑形式的表征性质具有说服力：如果我们仅仅限制模型，这些主题是可推论的，但是它们没有被明确地增添逻辑形式，那么可及性不能给我们所希望的前指结果。

处理像例（37）这样的例子，我们给 FBP 加上语义限制：只有在两个构成成分之间有一个主题的联系，它才能有效。这个主题的联系或者从话语语境中确定，或者从世界知识中确定。因此在例（37）中，我们不能形成 FBP，因为语境和常规知识都没有表明玛丽的头发是黑的和马克斯抽烟之间有联系。

四 平行和对比

平行(α，β) 和对比(α，β) 衍推构成成分 K_α 和 K_β 的结构是相似的。

在这些结构中，一定存在一个部分同构映射。平行(α，β) 衍推 K_α 和 K_β 语义相似，对比(α，β) 衍推 K_α 和 K_β 语义不同。和叙述关系一样，平行关系和对比关系也具有层级性。对于平行关系来说，构成成分的内容映射同构越多，语义相似越多，连接的质量就越好。而对于对比关系来说，构成成分的内容映射同构越多，语义不相似越多，连接的质量就越好。

对比有两种不同的类型：形式上的对比和违背期望（violation of expectation）的对比。如在例（40a）中，语义不同是由小句中 speak 不同的自变量引起的，这属于形式上的对比。

（40）a. John speaks French. Bill speaks German.

（约翰讲法语，比尔讲德语。）

　　　b. John loves sport. But he hates football.

（约翰喜爱运动，但是他讨厌足球。）

从例（40a）中两个小句的对比关系中我们可以推断（一）比尔不讲法语；（二）约翰不讲德语。事实上，它们是推断对比关系的语义后承。

在例（40a）中没有对期望的否定，而在例（40b）中存在这样的否定：既然足球是一种运动，约翰爱运动可废除地衍推约翰爱足球。因此例（40b）属于违背期望的对比。

我们把对比的两种类型归为一种关系——对比。然而，两种类型存在差异：形式对比并不需要有明确的线索语词，尤其不需要"but"或者"however"的出现。但是对于违背期望的对比，这种明确的线索语词的出现是必需的。例（40b）比例（41）更能被接受，除非例（41）是强调"loves"和"hates"两个词。

（41）John loves sport. He hates football.

（约翰喜爱运动，他讨厌足球。）

第七节　SDRS 的解释

为了阐明以上模型论的语义，我们通过一个简单的 SDRS 例子，递归地揭示它的真值条件的意义。图 4 - 20 中的 SDRS 直观地表达了话语（42）的内容。

（42）a. Max fell.

（马克斯摔倒了。）

　　　b. Either John pushed him or

（或者约翰推了他或者）

　　c. he slipped on a banana peel.

（他在香蕉皮上滑倒。）

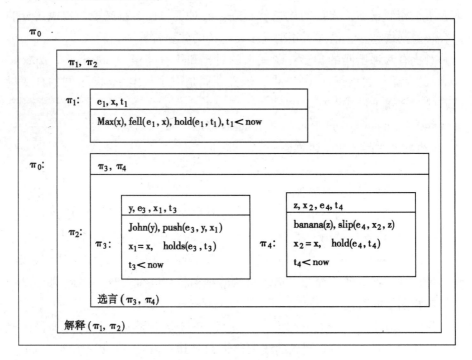

图 4 – 20　　（42）的 SDRS

　　首先，从公式的解释开始来揭示 SDRS 的解释。这个公式是被指派到唯一的辖域覆盖其他所有标记的标记。在这个例子中，顶部的标记是 π_0，指派给它的 SDRS 公式是解释（π_1，π_2）。K_{π_1} 和 K_{π_2} 不是被指派到 π_0，而是被指派到 π_1 和 π_2，π_0 辖域覆盖 π_1 与 π_2。因此对于任何输入对（w，f），（w，f）$[K_{\pi_0}]_M$（w′，g）当且仅当（w，f）$[解释（\pi_1，\pi_2）]_M$（w′，g）。SDRS 片段没有改变可能世界索引（index），所以只有当 w′ = w 时，这个条件才有效，因此下面我们简单使用世界索引 w。根据满足图式：

　　（w，f）$[\text{Explanation}（\pi_1，\pi_2）]_M$（w，g）当且仅当（w，f）$[K_{\pi_1} \wedge K_{\pi_2} \wedge \phi_{\text{Expl.}（\pi_1,\pi_2）}]_M$（w，g）

　　换句话说，根据 $\wedge$ 的语义，有不同的指派函数 h 和 i，使得：

　　（a）（w，f）$[K_{\pi_1}]_M$（w，h）；

　　（b）（w，h）$[K_{\pi_2}]_M$（w，i）；

(c) $(w,i)[\phi_{Explanation(\pi_1,\pi_2)}]_M(w,g)$

输出语境（w，g）将验证 K_{π_1} 和 K_{π_2} 中的条件（因为 g 扩充了 i，反过来 i 又扩充了 h）。

首先让我们解释（a）真值条件的意义。只有 $dom(h)=dom(f)\cup\{e_1,x,t_1\}$，(w,h)满足 K_{π_1} 中所有的条件，$(w,f)[K_{\pi_1}]_M(w,h)$ 才有效。即：

- $<h(x)>\epsilon I_M(max)(w)$，$<h(e_1),h(x)>\epsilon I_M(fall)(w)$，等等。

其次处理条件（b）。K_{π_2} 是公式选言(π_3,π_4)。因此 $(w,h)[K_{\pi_2}]_M(w,i)$ 有效当且仅当 $(w,h)[$选言$(\pi_3,\pi_4)]_M(w,i)$ 有效。根据选言定义，如下有效（因此 (w,h)=(w,i)）：

$(w,h)[$选言$(\pi_3,\pi_4)]_M(w,i)$ 当且仅当$(w,h)[K_{\pi_3}\vee K_{\pi_4}]_M(w,i)$

这个有效当且仅当有一个指派函数 j，使得 $(w,h)[K_{\pi_3}]_M(w,j)$ 或者有一个指派函数 k，使得 $(w,h)[K_{\pi_4}]_M(w,k)$。

$(w,h)[K_{\pi_3}]_M(w,j)$ 当且仅当 j 扩充了 h（因此 $dom(j)=dom(h)\cup\{y,x_1,e_3,t_3\}$），并且 $<j(y)>\epsilon I_M(john)(w)$，$<j(e_3),j(y),j(x_1)>\epsilon I_M(push)(w)$ 等。相似的，$(w,h)[K_{\pi_4}]_M(w,k)$ 当且仅当 k 扩充了 h，并且 $<k(z)>\epsilon I_M(banana)(w)$，$<k(e_4),k(x_2),k(z)>\epsilon I_M(slip)(w)$ 等。

最后处理条件（c）根据解释的意义公设，只有 $(w,i)[\neg e_{\pi_1}<e_{\pi_2}](w,g)$，条件（c）才有效。实际上，$e_{\pi_1}$ 就是 e_1（即马克斯摔倒的事件）。下面我们来看看像 K_{π_2} 这样复杂的 SDRS 的语义索引 e_{π_2}。一般来说，e_π 的值依赖 K_π 的内容。假设 e_{π_2} 的指称符合我们的直觉，它也与语义索引一致，即只要 e_3 的条件得到满足或 e_4 的条件得到满足，e_{π_2} 的条件就得到满足。在图 4-20 中 SDRS 的真值条件把限制加在事件的时间结构上，也就是说，e_1（马克斯摔倒）发生在约翰推他或他在香蕉皮上滑倒之后。

SDRS 的输出世界索引对(w,g)不一定要验证 K_{π_3} 的内容，也不一定要验证 K_{π_4} 的内容。但是它必须验证它们中的其中一个。(w,g)必须验证 K_{π_1}，即马克斯摔倒。

第八节　话语结构中空位的引入

为了表达话语语义未具体化陈述，我们引入了一种加标记的语言。像小句的未具体化逻辑形式一样，这种语言提供了话语逻辑形式的部分描述，即 SDRSs 的部分描述。话语的未具体化陈述与小句的未具体化陈述是用同样的方式表达的。我们引入了并不标示任何内容的标记，换句话来说，我们引入了标记变元，也引入了使标记项相连的高阶变元，它们表示两个标记之间有某种关系的信息，但是我们仍然不知道这种关系的值。也就是说，我们不知道基础语言建构者的值（尽管可能知道它的自变量）。未具体化的逻辑式存在地量化这些标记变元和建构者变元。

用某种话语关系 R 把 π_2 粘贴到某个先前的粘贴点 π_1，但是 R 和 π_1 的值是未知的。这个可以用以下的合式公式来表示，K_{π_2} 是与 π_2 相联系的未具体化逻辑形式：

(43) $\exists R \exists \pi'(R(\pi_1, \pi_2, \pi) \wedge K_{\pi_2} \wedge R_= (\pi_1, \pi', \pi''))$

遵循对小句的未具体化陈述的阐述，我们把（43）注释为 $R(\pi_1, \pi_2) \wedge \pi_1 = ? \wedge R = ?$。R 通常相当于一种话语关系符号，比如叙述、背景、解释，等等。

话语的未具体化逻辑形式的语义就像外延一阶语义。标记变元的量化是从指称上来解释，而高阶变元的量化是从替换上来解释。这就确保了我们仍在一阶模型理论中，并且未具体化的逻辑形式仍旧是 Σ_1-公式。话语的未具体化逻辑形式的受限制的逻辑后承关系 $\vDash_R$ 是可判定的。

在不同的模型中，完全明确的 SDRSs 的语言被指派动态语义学，而未具体化逻辑形式被指派静态语义学。实际上，满足话语未具体化逻辑形式的每一个模型就是一个唯一的 SDRS < A，F >。然而，我们并不对把一个 SDRS 的部分描述消解为一个唯一的 SDRS 的完全描述的所有可能的方法感兴趣。我们主要感兴趣的是，用逻辑的精确的方式计算出哪些可能消解的解释是语用上更可取的。

为了阐明未具体化话语结构的更复杂的例子，让我们来看看在 SDRT 中预设是如何进展的。众所周知，由小句引入的预设能够从它所断定的内容中接纳不同的辖域。例如：

(44) a. If John has a daughter, then his daughter is clever.

（如果约翰有一个女儿，那么他的女儿很聪明。）

b. If John is clever, then his daughter is clever.

（如果约翰很聪明，那么他的女儿也很聪明。）

我们不是从语法上确定所断定的、预设内容的相关辖域，解释预设涉及计算出它的修辞功能。这里我们主要讨论包含预设的小句的未具体化组合语义。

因为语法不能确定小句的断定和预设的内容的相关辖域，我们必须把断定的信息归类在一个标记下，预设的信息归类在另一个标记下，并且不能确定这些标记的相关辖域。结果，对小句所断定的内容，语法产生了一个未具体化的 SDRS，对小句所预设的内容，语法产生了另一个未具体化的 SDRS，并且语法不足以确定这些 SDRSs 的顶端标记的辖域。

用小句断定部分更新话语涉及计算在顶端标记 π_a 和话语语境中某个可及的标记 π' 之间的修辞关系 R。但是这些不是由语法确定的空位，因为它们仅仅是为不是话语开始的断定而产生的。话语开始的断定起着发动会话的作用，因此，我们可以引入与先前的信息没有任何联系的新信息。

对于预设来说，情况就不一样了。它们的逻辑形式会在宏观方面描绘未具体化的特征，明确地使它们像前指。预设的前指性质是通过未具体化粘贴点和修辞关系表示的。因此，假定 K_{π_p} 表示预设的未具体化内容（例如，K_{π_p} 表示如果小句是约翰的女儿很聪明，那么约翰有一个女儿），被预设的 SDRS 的典范形式是以下的未具体化的逻辑形式（和（43）作比较）：

(45)　$\exists R \exists u \exists v (K_{\pi_p} \wedge R(u,v,\pi) \wedge (R_=(u,\pi_p,\pi'') \vee R_=(v,\pi_p,\pi'')))$

用自然语言来表示就是，预设的内容"约翰有一个女儿"，或者作为自变量 u 或者作为自变量 v，用某种未具体化的关系在修辞上与某个未具体化成分连接起来。

对于未具体化陈述，我们可以用描述语言本身来正确表达，如（45），我们也可以用 SDRS-形式来表示。在 SDRS-形式中我们用从属关系来表达"直接辖域覆盖"谓词 i – outscopes 的信息（或者等值于模型中的 $Succ_D$）。因此翻译成标准描述语言 L_{ulf} 是显而易见的，未具体化陈述实际上用 L_{ulf} 表达。例如：把 SDRS 方式记法图 4 – 21 与例（45）作比较。

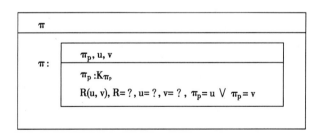

图 4 – 21

在话语结构层面利用未具体化陈述帮助我们分析预设，未具体化陈述表示预设必定总是从修辞上与一些其他的内容有密切关系（甚至是被话语开始小句触发的内容），而不是简单地相加。

下面让我们看看一个特殊预设触发词 regret 的组合语义。对于包含 regret 的句子，语法将产生两个 SDRSs，对于未具体化逻辑形式采用 DRT 方式记法，如图 4-22 所示：a 是被断定的信息，p 是被预设的信息；［1］是用主语名词短语的内容填充，［2］是用 regret 后所接句子的内容填充。因此，语法产生了例（46）的表征图 4-23，其中 ^K 代表 DRS K 的内涵（^K 指的是被 K 指称的世界—指派对的对集）。

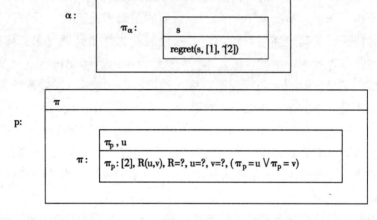

图 4-22

（46）John regretted that he was sick.

（约翰后悔他生病了。）

其 SDRS 为图 4-23，在 a 和 p 中表示 he was sick 的 DRS 的重复确保后悔的自变量和预设表达同样的信息。

单个句子话语（46）的表征需要做进一步的工作：通过话语更新，我们必须把两个 SDRSs 融合成一个单个的 SDRS。所得的结果将确定预设命题的语义辖域。话语更新也将消解未具体化条件 R = ?，u = ?，v = ? 和 x = ?。考虑到 SDRT 可及性定义，x 的一个候选先行词是话语所指 j（代表 John）。事实上，根据话语更新原则，在单个句子话语（46）的表征中，用背景关系把 π_p 和 π_a 连接起来，因此把 R = ? 消解为 R = 背景，u = ? 消解为 u = π_p，v = ? 消解为 v = π_a。根据背景的真实性，从语义上来说，预设的辖域比 regret 的辖域更为宽泛。

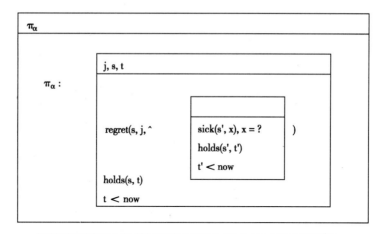

图 4 − 23

第五章　分段式话语表现理论(二)

前一章我们讨论了话语逻辑形式，即信息内容逻辑。它以描述修辞关系为特色，它的语义是像话语表现理论这样的动态语义理论的延伸。我们也介绍了表达语义未具体化陈述的一种独特的叙述语言。在信息内容逻辑中未具体化逻辑形式的语言提供了公式的部分描述，它的推断关系是静态的、经典地塔斯基式的。而且，这种推断关系的受限制的描述是可判定的。话语内容的观点影响了语义和语用之间的相互作用：语用信息被用来推断修辞关系；修辞关系的语义丰富了组合语义；有时增加的内容消解了未具体化的条件，用具体的值代替自变量空位。

信息内容的逻辑本身不做语义和语用之间相互作用的模型；尽管它探讨了逻辑形式是如何解释的，但是它没有探讨逻辑形式是如何建构的。推断话语关系或消解未具体化陈述是信息打包逻辑（the logic of information packaging）和话语更新的工作。我们感兴趣的是未具体化逻辑形式和语用上更可取的具体化陈述之间的关系，而不仅仅是所有可能具体化陈述。话语更新（或 SDRT 更新）体现了语用上更可取的具体化陈述和更可取的解释。因此，对于未具体化逻辑形式，它提供了超赋值模型的一个可供选择的话语解释模型。

SDRT 更新和 DRT 中的话语更新存在着重要差别。后者仅仅在新信息上附加上下文的逻辑形式，而前者未具体化条件的消解，至少对于代词前指，被归类为另外的语义结构。事实上，考虑到 SDRS 式样的逻辑形式，更复杂的更新是不可避免的。在 SDRT 中，用一种修辞关系把新信息和旧信息的某些部分结合起来。因此 SDRT 更新至少必须完成两个任务：一个是它必须识别与新信息相结合的话语语境部分；另一个是它必须推断修辞关系。这些超越了 DRT 简单的附加。

SDRT 更新的复杂性也起源于需要计算修辞关系的各种各样的信息来源：词汇和组合语义、标点和语调的信息、领域知识和说话者行动的信息。

第一节　填补空位

上一章我们详细地讨论了 SDRT 是如何表征未具体化逻辑形式：与标准方法一致，标记上的变元表明基础语言建构者的自变量的值在哪里是未知的；高阶变元表明带了自变量的建构者的值在哪里是未知的。每一条信息都和上下文中的其他信息有修辞上的联系。但是句法／语义界面总是未能识别上下文中的先行词或修辞关系。因此，有两种另外的未具体化陈述的类型：一种是适合于粘贴点，另一种适合于话语关系。我们使用相同的装置来表达这些未具体化陈述，这就是标记和谓词上的变元。

SDRS 建构过程是用真值填补一些空位。在非单调逻辑中通过演绎推断这些真值，这种逻辑缺省公理表达了关于语用上更可取真值的信息。与传统的动态语义学理论相比，SDRT 的一个主要特征是提供未具体化逻辑形式和它的更可取的完全明确的解释之间的关系。用限制的方法，SDRT 用语用学的文献丰富了动态语义学。

一　需要非单调推理

推断话语关系的理论应该回答两个问题：一个是我们应该如何推断话语关系？另一个是我们应该何时推断话语关系？一种极端的方法就是"等着瞧"：只有现存的信息单调地确保这种连接有效时，才推断修辞关系。例如，当出现单调提示词 because 时，才推断解释的修辞关系。但是这种方法并非令人满意。当单调提示词没有出现时，它不能为话语结构的判断作出解释。

（1） a.　John went to jail.
（约翰坐牢了。）

　　　 b.　He embezzled the company funds.
（他贪污了公司的资金。）

（2） a.　John went to jail
（约翰坐牢了，）

　　　 b.　because he embezzled the company funds.
（因为他贪污了公司的资金。）

正如（2b）解释（2a）一样，大多数人同意（1b）解释（1a），这种判断并非基于单调推理。如果更多的信息与它不符，人们通常取消这种推理。例如：

（3） a.　　John went to jail.

（约翰坐牢了。）

　　　b.　　He embezzled the company funds.

（他贪污了公司的资金。）

　　　c.　　But that's not why he went to jail.

（但是那不是他坐牢的原因。）

　　　d.　　Rather, he was convicted of tax fraud.

（更确切地说，他被证明有税款诈欺罪。）

只有说话者期望听话者已经作出了推论：（3a）和（3b）具有解释修辞关系，才能解释（3c）中 but 的用法。

"等着瞧"的方法也不能对对话中的争执作出解释。

（4） a.　　A：John went to jail. He was caught embezzling funds from the pension plan.

（约翰坐牢了。他贪污了养老金计划的资金，被抓了。）

　　　b.　　B：No！John was caught embezzling funds，but he went to jail because he was convicted of tax fraud。

（不！约翰贪污了资金被抓了，但坐牢是因为他被证明有税款诈欺罪。）

在（4b）中，no 是 B 纠正 A 的话语内容的一个单调提示语，但是 B 不是纠正（4a）任何组合语义的内容。确切地说，B 纠正小句间的解释关系。对于 A 话语中小句之间的修辞关系，这是"最佳的猜测"。B 不能成功地充当纠正 A 的话语内容的言语行为，除非这些内容包括小句间的关系是解释。因此在对话中，会话转变似乎构成了一个自然点，关于解释的限制被积累起来了，并且被用来猜测更可取的解释。

另一种极端的方法与"等着瞧"方法相反。例如，阿歇尔和拉斯卡里德斯做出 SDRT 更新的模型，在新的小句被处理的阶段，哪一种修辞关系把新的小句和上下文连接起来，总是作出一个缺省选择。后来，阿歇尔也证明了这种策略过于简单。在例（5）中，解释者似乎延迟作出决定，直到了解更多的信息。

（5） a.　　Joe was released from hospital.

（乔获准出院。）

　　　b.　　? He recovered completely.

（？他完全康复了。）

（6） a.　　Joe was released from hospital.

（乔获准出院。）

  b. He recoverd completely,

（他完全康复了,）

  c. and they needed the bed.

（并且他们需要床位。）

  直观上看来，当听到（5b）时，在目前信息的基础上，我们不能决定它和（5a）的修辞关系。我们不能判断是乔的完全康复是他出院的原因（解释关系），还是在他出院之后，他完全地康复了（叙述关系）。假如话语在这里结束了，那么关于（5b）的修辞功能还不能被决定的事实使得这个话语听上去有点奇怪。但是（6c）中给出的续述提供了至关重要的进一步的证据：康复解释了出院。因此直到考虑了（6c）中的信息，我们才对（6b）和它的上下文之间的修辞连接关系作出决定。所以，有时我们必须允许关于新信息和上下文之间的修辞连接关系的决定被推迟。

二 信息打包逻辑

  SDRT 使建构逻辑形式是逻辑推论的事情，因此称为信息打包逻辑（logic of information packaging）。强调 SDRT 的信息打包逻辑不同于它的信息内容逻辑是非常重要的。我们区分两种逻辑是因为建构逻辑形式的任务比解释逻辑形式的任务要简单得多。区分两种逻辑使我们能够让被用来建构逻辑形式的逻辑是可判定的，尽管信息内容的逻辑是不可判定的。这样的区别也是句法／语义界面一般的惯例，它的动机是相似的：人们能够用一种比解释逻辑形式更受限制的逻辑建构小句的逻辑形式。

  尽管信息打包不同于信息内容，但是它们彼此又是相互联系的。在推断修辞关系时，词汇和组合语义起着至关重要的作用。信息打包逻辑也需要关于中介（agents'）认知状态的信息通道，认知状态有着一种非常丰富的、富有表达力的逻辑。因此，尽管信息打包的逻辑一定可通入信息内容和认知状态，但是它一定是唯一限制的通道。

  被信息内容的逻辑解释的话语的逻辑形式是一个 SDRS $<A，F>$。这个 SDRS $<A，F>$ 对 SDRS 公式指派标记，SDRS 公式是 DRSs 或话语关系。例如，$F(\pi) = \phi$，其中 ϕ 是一个 SDRS 公式。我们也可以用 DRS 方式记法表示：$\pi: \phi$。在描述话语结构的未具体化逻辑形式语言中，公式 ϕ 成了信息打包逻辑中标记 π 上的一个谓项，或者当 ϕ 是一个复杂的 SDRS-公式时（例如一个 DRS），公式 ϕ 就成了信息打包逻辑中标记 π 上的一个谓项的合取式。

运用必须用来推论修辞关系和消解未具体化陈述的各种各样的信息来源，我们对信息打包逻辑中的描述作出推论。像语义未具体化陈述的逻辑一样，信息打包逻辑通入信息内容形式，但不是它的所有推衍。谓项是非逻辑常项，因此在信息打包逻辑中，π 是在 φ 的外延中并不保证 π 是在谓项 ψ 的外延中，即使在信息内容逻辑中，公式 φ 衍推公式 ψ。把一种逻辑公式转变成另一种逻辑中的标记谓项允许我们控制多少信息内容转换成信息打包的逻辑。

各种各样信息来源的通道被充分地限制在信息打包的逻辑中，这个逻辑是可判定的，它需要一致性检验，但这仅仅是关于命题逻辑。因此建构逻辑形式所产生的模型是可计算的。

信息打包逻辑的两个重要特征是：（一）它是非单调性的；（二）它有相关信息来源唯一受限制的通道。

第二节　黏着语言

之所以称为黏着语言，是因为它是这样一种语言：为了把小句的逻辑形式粘贴在一起形成话语逻辑形式，我们用这种语言进行推理，例如一个 SDRS。因此这种逻辑被称为黏着逻辑，黏着逻辑、话语更新和话语修正一起形成了信息打包逻辑。

黏着语言的词汇包括好几种情况。首先，它的词汇包括来自 SDRSs 的标记和修辞关系符号，例如叙述、对比，等等。其次，和未具体化逻辑形式语言 L_{ulf} 一样，黏着语言包括表达逻辑形式部分描述的方法。黏着逻辑的目的是在未具体化逻辑形式中发现变元的证据。在某些情况下，被谈论的证据是相应于基础语言建构者的谓词符号，这就消解了前指的未具体化陈述。在其他情况下，证据是一个标记，这就解决了未具体化的语义辖域。既然在任何情况下都是发现变元的证据，那么存在量化变元能够被看做特殊斯科林常元，我们把它们写作?（或者$?_1$，$?_2$，……）。黏着逻辑通常接纳描述这样的常元特征的前提，并且推论出用真正的建构者代替? 的公式。

例如，假设一个未具体化逻辑形式包含 π 标记 π_1 和 π_2 之间的一种修辞连接关系的信息，但是我们不知道这种连接关系的值。这相当于包含子公式 $\exists R\ R(\pi_1, \pi_2, \pi)$ 的未具体化逻辑形式。去掉量化，用斯科林常元代替变元，这个信息就被转换成黏着语言，产生了黏着语言公式:?（π_1，π_2，π）。黏着逻辑运用这个公式以及关于 π_1、π_2 和 π 的特性的进一步信息来证明形如 $R(\pi_1, \pi_2, \pi)$ 的结论，其中 R 是修辞关系，比如解释、叙述或对比。这样黏着逻辑产生了比语法产生的更多的有关内容的信息。于是我们知道了修辞连接关系的值，这是小句组合语义所缺乏的。

　　一方面，黏着语言是未具体化逻辑形式语言的简化。像未具体化逻辑形式逻辑，黏着逻辑知道信息内容逻辑中的逻辑形式的形式。例如，它知道语法产生了⇒条件。但是，又像未具体化逻辑形式逻辑，根据信息内容逻辑，它不知道⇒条件会产生怎样的结果。它是未具体化逻辑形式语言的轻微简化，因为它失去了对"未知的建构者"的量化。

　　另一方面，为了支持非单调推理，黏着语言扩展了未具体化逻辑形式的基本词汇：它增加了一个模态连接词 $>$，$A > B$ 表示"如果 A，那么通常 B"。因而这两种语言看上去非常相似，但是它们的语义极其不同：未具体化逻辑形式逻辑有一个外延模型理论，而黏着逻辑有照规定解释 $>$-公式的一个模态理论。为了保持可计算性，黏着语言是无量词的，这就是为什么把未具体化逻辑形式译成黏着语言时，我们特意去掉量化的原因。$>$ 被用来表示缺省公理：这些公理规定了关于未知的建构者的值以及它们之间的修辞关系的缺省提示。

　　值得一提的最后两种黏着语言的记法是与成分 β（即 K_β）联系的未具体化逻辑形式和未具体化逻辑形式之间的关系 ➝ 的简略表达方式。根据惯例，我们用 K_β 作为在完全明确的 SDRS K 的未具体化逻辑形式语言中的一个（可能是部分的）描述，其中 $F(\beta) = K$。换句话来说，K_β 部分地描述了 SDRS $<$ A，F $>$ 中的 $F(\beta)$，其中 $\beta \epsilon A$。$\beta ➝ \beta_1$ 表示 β_1 标记的未具体化逻辑形式 K_{β_1} 是替换未具体化逻辑形式 K_β 中至少一个未具体明确的条件的结果，K_β 是 β 用完全明确的值所标记的。K_{β_1} 是解决 K_β 中一些但是不必全部的未具体化成分的一种可能的方法。在未具体化逻辑形式逻辑中，这意味着 $K_{\beta_1} \vdash_1 K_\beta$。

一　黏着语言的句法

黏着语言的句法被定义如下。

定义 5.1：黏着语言的句法

词汇：

词汇 1：标记常元 π_0，π_1，π_2，... 的集合 Λ，相当于信息内容语言中 SDRSs 的标记，又相当于其他小句内部标记的标记常元 l_0，l_1，... 的集合（这些其他标记是在未具体化逻辑形式中被用来表达的标记，例如，量词辖域歧义）。

词汇 1′：分类（sorted）常元的集合 x（这些常元被分为个体常元或谓词

常元）。

　　词汇 2：标记和常元上的 n 元谓词的集合 Π。尤其有一个把 SDRS 标记当作自变量的二元关系符合 ➙。

　　词汇 3：逻辑连接词 ¬ ，∧ ，→和 > 。

　　公式：合式公式集被定义如下。

　　1. 如果 a_1 ，…，a_n 是标记或 x 的元素，P 是 Π 中的一个 n 元谓词或 x 中的一个谓词常元，那么 P(a_1 ，…，a_n) 是一个合式公式。

　　2. 如果 φ 和 ψ 是合式公式，那么 ¬ φ，φ∧ψ，φ→ψ 和 φ>ψ 是合式公式。

　　实际上，谓词集 Π 来源于信息内容的逻辑。我们已经见过了合式公式的例子，如：解释($π_1$ ，$π_2$ ，π)，?($π_1$ ，$π_2$ ，π) 和 π ➙ π′。

　　为了推断修辞关系，我们使用公理图式。一般来说，这些都是缺省规则，它们决定了从各种各样知识来源的信息是如何导致特殊的修辞关系是有效的缺省推理。因此公理图式描述了连接词 > 和在标记上的元语言变元 α，β，γ…的特征。（7）表示公理一般图式，其中"some stuff"是为详细说明 α，β 和 λ 特征的合式公式的一个注解（gloss）。

　　(7) (?(α,β,λ) ∧ some stuff) > R(α,β,λ)

　　(7) 表达的是如果在某个构成成分 λ 中，用某种话语关系把 β 和 α 连接起来（这就表明在话语上下文中，对于 β 来说，α 一定是一个可及的粘贴点），并且关于 α，β，也许 λ 的"一些额外要素"有效，那么通常地，话语关系是 R。如果 R(α，β，λ) 在黏着逻辑中被推论，那么 SDRS 更新确保满足逻辑形式的描述的任何的 SDRS <A，F> 都是一个 λ，α，β∈A，R(α，β) 是 F(λ) 中的一个联言支的 SDRS。

　　一般来说，"some stuff"就是关于 α，β 和 λ 的信息，这些信息是从更富有表现力的语言转换到黏着语言的。用这种更富有表现力的语言来表征词汇和组合语义、领域知识和认知状态等其他的信息来源。

二　黏着语言的语义

　　黏着语言的语义是有关命题的、模态的和静态的，信息内容的语言的语义是一阶的、模态的和动态的，未具体化的逻辑形式的语义是一阶的、外延的和静态的。既然黏着语言包含了模态连接词 > ，我们将谈论与模型 M 和可能世界 w 相关的公式 φ 的真或假。>-陈述是关于正常状态的陈述：已知 A，A > B 的真值定义对被认为是"通常的"世界进行了量化。实际上，每一个

"世界"都详细说明了一个完全明确的 SDRS；已知一些未具体化逻辑形式前提，＞-陈述表达了通常符合于一个完全明确的 SDRS 的信息。因此，黏着逻辑公理允许我们对一个通常的或语用上更可取的完全明确的 SDRS 的形式进行推理，这一定是前提中的未具体化逻辑形式的一种可能的完成，缺省逻辑确保所有通常的推断都是可能的推断。

黏着逻辑模型是未具体化逻辑形式模型的模态的、命题的描述，它们是相对于世界的标记模型。根据定义 4.9，未具体化话语结构的加标记的结构/模型是三元组 $< U_D, Succ_D, I_D >$，其中 U_D 是标记集，I_D 是解释函数，$Succ_D$ 是通过 I_D 被定义的 U_D 上直接的辖域覆盖关系。因此，$Succ_D$ 能够从 U_D 和 I_D 中计算出来。同样地，黏着语言模型包括标记集 U 和对谓词和标记项指派解释的函数 I。另外，模型包括世界集 W 和关于世界的、被用来定义 ＞ 语义的函数 ＊。

原子黏着语言公式被指派标准的模态语义：

- P 是 n 元谓词，$l_1, \cdots, l_n$ 是标记项，$[P(l_1, \cdots, l_n)]^M(w)$ 是真的当且仅当 $< [l_1]_M, \cdots, [l_n]_M > \in I_M(P)(w)$（其中 $[l_i]_M = I_M(l_i)(w)$，$1 \leq i \leq n$）。

尽管在未具体化逻辑形式中的标记变元，在未具体化逻辑形式逻辑中，从变元指派函数 g 接受它们的解释，但是在黏着语言中它们的斯科林常元相对应部分 "?" 被每个世界中的解释函数 I_M 指派意义。

黏着语言真值函数算子 ¬，∧ 和 → 具有标准语义。例如：只有在 $[\phi]_M$(w) 和 $[\psi]_M(w)$ 是真的条件下 $[\phi \wedge \psi]_M(w)$ 才是真的。

A ＞ B 的真值定义涉及函数 ＊M，＊M 把世界和世界集的命题映射到命题中。它表示通常状况的概念。＊M(w, $[A]$) 是在 M 中的那些世界，根据在 w 中有效的缺省，A 通常情况得到公认。因此，把世界看作确定完全明确的 SDRSs 表示当满足 A 的那些 SDRSs 在 w 中是通常状况时，＊(w, $[A]$) 确定有效的 SDRSs。函数 ＊M 是在信息内容语言的动态模型理论中的函数 ＊ 的一种"静态"的描述，我们使用它来定义动态语义公式 $K_1 > K_2$，K_1 和 K_2 是 SDRSs。在黏着逻辑中 A ＞ B 的真值定义如下：

定义 5.2：A ＞ B 的真值定义。

$[A > B]^M(w)$ 是真的当且仅当 ＊$M(w, [A]^M) \subseteq [B]^M$。

换句话说，在任何通常的 A 情况下，B 都有效。或者用另一种方式表达，如果 A 那么通常 B。

三　逻辑推断关系

黏着语言有两种逻辑推断关系。第一种逻辑 G 是一种具有明确公理化的单调的、命题的模态逻辑。我们把它的推断关系写作 $\vdash_g$，当不会混淆时，也可写作 $\vdash$。除了古典逻辑公理，$\vdash_g$ 也证实了以下两个公理：

- 特殊性：如果 $\vdash_g A \to C$，那么 $\vdash_g ((C > B) \wedge (A > \neg B)) \to (C \to \neg A)$
- 关于正确封闭性：如果 $\vdash_g B \to C$，那么 $\vdash_g (A > B) \to (A > C)$

以下这个例子对应于特殊性：如果所有的企鹅都是鸟，那么如果鸟会飞并且企鹅不会飞，那么鸟通常不是企鹅。从直观上来看，这是令人信服的。再看一个关于正确封闭性的例子。如果所有会走的动物都有腿，那么如果狮子会走，那么狮子有腿。我们将运用特殊性和关于正确封闭性公理来推论话语关系。

第二种逻辑是利用单调逻辑 G 的一种非单调逻辑。这种非单调推断关系写作 $\mathrel{|\!\sim}_g$ 或 $\mathrel{|\!\sim}$。

推论缺省结论的基础想法相对简单：与基本单调逻辑 G 保持一致性的情况下，设法使从缺省中得出的推论的数目最大化。

一个众所周知的复杂因素是在一个理论 T 中的缺省规则可能会产生冲突。在 T 中可能有两个缺省规则 A > B 和 C > D，B 和 D 不能同时满足。假如 A 和 C 都是真的，问题就出现了，我们应该推论出什么呢？例如，所有的企鹅都是鸟，鸟会飞，企鹅不会飞，特威特是一只企鹅。由于 G 中的特殊性公理，非单调逻辑解决了这个冲突，支持更多的具体的冲突缺省。因此，特威特不会飞并非单调地产生，我们假定特威特是一只正常的企鹅和异常的鸟，而不是一只异常的企鹅和正常的鸟，这个非单调的结论直接由鸟通常不是企鹅这个单调推理而产生的。

下面我们将阐明 $\mathrel{|\!\sim}$ 的一些特性。

1. 可废除的分离规则（Defeasible Modus Ponens，简称 DMP）

当 T 中的前件被前提证实的缺省定律，都有与 T 一致并且彼此相互一致的后件，那么所有的缺省后件在 $\mathrel{|\!\sim}$ 下都是有效的推理。尤其，以下的规则有效：

A, A > B $\mathrel{|\!\sim}$ B

A, A > B, $\neg$ B $\mathrel{|\!\not\sim}$ B

2. 特殊性原则

当冲突缺省规则适用时，只有最明确的缺省规则的后件被推论。尤其：

如果 $\vdash A \to C$，那么 A > $\neg$ B，C > B，A $\mathrel{|\!\sim} \neg$ B

3. 尼克松菱形（The Nixon Diamond）

当冲突缺省规则适用时，但是没有缺省比其他的更具体，那么这些缺省规则的后件不能被推论。尤其：

A > B, C > ¬ B, C, A |≁ B

A > B, C > ¬ B, C, A |≁ ¬ B

4. 坚定性（Robustness）

|~ 是坚定的，因为如果用逻辑上独立的信息增加到前提中，推论继续存在：如果 Γ |~ φ，那么 Γ∪Σ |~ φ，假如以下是一致的：

Σ∪{ψ: ψ 是 Γ 中可证明的 >-陈述的一个前件或后件}。

5. 弱演绎原则

如果（a）Γ, A |~ B,（b）Γ |≁ ¬ B 和（c）Γ |≁ ¬（A > B），那么（d）Γ |~ A > B。

黏着逻辑没有证明演绎定理，即并非 A |~ B 当且仅当 |~ A > B。

第三节　把信息转变为黏着语言

黏着逻辑的目标是在 SDRS 被语境和语法确定的范围内，对 SDRS 的结构和内容进行推理。但是为了确保黏着逻辑是可判定的，黏着逻辑有信息内容逻辑的受限制的通道。

信息是如何从信息内容逻辑转换成黏着语言中更"简单"的表征？我们可以用一个例子来阐述这种转变，如例（8a）。把专有名词看作常元，忽略时态，在加标记的语言中，话语内容的未具体化逻辑形式是（8b），在（8b'）中我们给出了它记法的注释。对于信息内容完全（动态）逻辑中的合取式建构者，我们使用 $\wedge_D$，而 $\wedge$ 是未具体化逻辑形式语言中的真值函数的合取式。

（8）　a.　John pushed him.

（约翰推他。）

b.　$\exists X(R_{\wedge_D}(l_p, l_=, l_{\wedge_D}, \pi) \wedge R_{push}(l_{e_2}, l_j, l_z, l_p, \pi) \wedge R_=(l_2', l_x, l_=, \pi) \wedge R_{e_2}(l_{e_2}, \pi) \wedge R_j(l_j, \pi) \wedge R_z(l_z, \pi) \wedge R_z(l_2', \pi) \wedge X(l_x, \pi))$

b'.　$\pi: \exists X(l_{\wedge_D}: \wedge_D(l_p, l_=) \wedge l_p: push(e_2, j, z) \wedge l_= := (z, l_x) \wedge X(l_x))$

我们也可用图 5-1 来描绘（8b），母节点直接辖域覆盖它们的子节点，节点从左到右的顺序表达了建构者的自变量的次序。

根据未具体化逻辑形式语言的模型定义，满足（8b）的每一个模型都有一个唯一的、辖域覆盖所有其他标记的标记。事实上，这就是"小句"的标记 π，在话语的未具体化逻辑形式中，π 成了表达小句内容信息的每一个原子

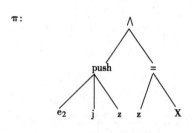

图 5－1　　（8b）的图表表征

公式的最后一个自变量。因此在（8b）的每一个联言支中，我们看到 π 作为最后的自变量。我们把 π 的未具体化逻辑形式（8b）称为 K_π。

代词 him 引入了一个未具体化的条件，正如被谓词 X 上的存在量化所表示的。然而，黏着语言没有包括任何的量化。因此用斯科林常元"？"代替量词，把未具体化逻辑形式（8b）转换成黏着语言将会转变量化。因此在黏着语言中，（8b）被转换成（8c）。

(8)　c.　$R_{\wedge_D}(l_p, l_=, l_{\wedge_D}, \pi) \wedge R_{push}(l_{e_2}, l_j, l_z, l_p, \pi) \wedge R_=(l_2', l_x, l_=, \pi) \wedge R_{e_2}(l_{e_2}, \pi) \wedge R_j(l_j, \pi) \wedge R_z(l_z, \pi) \wedge R_z(l_2', \pi) \wedge ?(l_x, \pi)$

有时，黏着逻辑公理要求我们用全部的未具体化逻辑形式进行推理，即用（8c）。但更通常地是，黏着逻辑公理要求更"简单"的公式。例如，形如 $[push(e_2, j, z)](\pi)$ 的公式，其中在黏着语言中 $push(e_2, j, z)$ 是一个复杂的一元谓词，我们确保这样的谓词是在这种语言的谓词集 Π 中。相似地，公理也运用像 $[z = ?](\alpha)$ 和 $\Rightarrow(\beta, \gamma, \alpha)$ 这样的黏着语言公式，其中 $z = ?$ 和 $\Rightarrow$ 也是谓词。

这些更简单的谓项几乎等同于未具体化逻辑形式（8b）中的联言支。例如，$[push(e_2, j, z)](\pi)$ 就像 $R_{push}(l_{e_2}, l_j, l_z, l_p, \pi)$，只是：（一）用 push 代替了 R_{push}；（二）考虑到（8b）中出现的其他信息，标记 l_{e_2}, l_j, 和 l_z 被它们唯一可能的值所代替；（三）l_p 被完全去掉。

之所以在黏着语言中 $[push(e_2, j, z)](\pi)$ 和 $[z = ?](\pi)$ 有效，是因为（8b）的未具体化逻辑形式描述的所有的 DRSs 都蕴涵了 DRS-条件 $push(e_2, j, z)$ 和 $z = ?$。因为从语义上说，$z = ?$ 相当于"z 等同于某个可及的话语所指"，这就是在未具体化逻辑形式逻辑中 $\exists X(l: = (z, l_x) \wedge X(l_x))$ 所表达的。这些"简化"推论在信息内容逻辑中是有效的，实际上它们形成了那个逻辑的可判定的片段。

尤其，被未具体化逻辑形式（8b）所描述的所有的逻辑形式的结果是

push(e_2，j，z）（在信息内容逻辑中），因为所有的这些逻辑形式组成了一个合取式，其中有一个联言支是 push(e_2，j，z）。因此，根据 $\wedge$ - 消去规则，在信息内容逻辑中这个推理是有效的。相似地，在信息内容逻辑中，通过 $\wedge$ - 消去规则，例示证明或者 $\vee$ - 消去和存在概括的结合，π 的未具体化逻辑形式（8b）的斯科林式描述的所有的逻辑形式的结果是 z = ?。为了获得在黏着逻辑中我们想去验证的更简单的谓项，我们需要信息内容逻辑的规则和个体变元之间的等同替换。信息内容的逻辑片段是可判定的。

把话语内容的信息转换成黏着逻辑的过程，尤其是获得〔push（e_2，j，z）〕（π）的过程，有以下四点：

1. 计算 K_π 的歧义消除，在 K_π 中，辖域覆盖关系的未具体化陈述被消除。如果有这样一些未具体化陈述，结果将是一个析取式。

2. 使结果斯科林化，即去掉剩下的高阶变元上所有的存在量词，用斯科林常元代替它们，称这个结果为 K_π^s。例（8）中，K_π^s 是（8c），因为（8b）是没有标记的量化。

3. 可能用斯科林常元 "?"，运用函数 v，把未具体化逻辑形式翻译成未加标记的逻辑形式，目的是把 K_π^s 转换成一个未加标记的逻辑形式。实际上，除了用它们的值（即 e_2，j，z，等等）代替像 l_{e_2}，l_j，l_z 等这样的出现在微观层面加标记公式中的标记以外，结果（K_π^s）^{v} 与加标记逻辑形式的析取式是非常相似的。而且，在这些未加标记的逻辑形式中，斯科林常元 "?" 也作为谓词的自变量出现。例（8）中，z = ? 是对（8c）运用 v 的结果的公式中的一个合取支。

4. 使用仅仅由（a）$\wedge$ - 消去；（b）$\vee$ - 消去；（c）存在概括；（d）等同置换组成的信息内容逻辑的可判定的片段 $\vdash_{simple_f}$，我们能够知道（K_π^s）^{v} 的结果如何。

在这个例子中，如果通过 $\vdash_{simple_f}$，从（K_π^s）^{v} 中产生结果 push（e_2，j，z），那么〔push（e_2，j，z）〕（π）在黏着逻辑中是真的；否则〔push（e_2，j，z）〕（π）在黏着逻辑中是假的。

建构消去未具体化逻辑形式中标记上的量化的歧义消除是可判定的，$\vdash_{simple_f}$ 也是可判定的。因此把关于话语内容简单的谓词转换成黏着逻辑的这种算法是可判定的〔显而易见，从未具体化逻辑形式（8b）获得（8c）也是可判定的〕。但是，因为它对未具体化逻辑形式的斯科林式描述有影响，所以对于它们可能的值来说，它没有产生高阶变元被消解的谓项。这就是，在把话语内容信息转换成黏着逻辑时，前指条件没有被消解。

此外，运用 $\vdash_1$ 的命题逻辑规则，我们能够对黏着逻辑中的斯科林式未具体化逻辑形式中的信息进行推理。这个命题逻辑是黏着逻辑的部分。例如，如果小句 π 的斯科林式未具体化逻辑形式 K_π^s 在未具体化逻辑形式逻辑中含有 $R_\phi(l_1, l_2, l_3)$ 的意思——即 $K_\pi^s \vdash_1 R_\phi(l_1, l_2, l_3)$ ——那么 $[\phi(l_1, l_2)]$ (l_3) 在黏着逻辑中有效，我们有时也写作 $\phi(l_1, l_2, l_3)$。

根据以下定义的转换关系 $\vdash_{tr}$，在黏着逻辑中，适用于标记 α 的谓词被 α 的未具体化逻辑形式 K_α 的结果确定。

定义 5.3：转换关系

令 K_α 是一个未具体化的逻辑形式，那么 $K_\alpha \vdash_{tr} \psi$ 当且仅当：

1. $\psi := x(a)$，x 是基础未加标记语言的一个公式，未加标记的、斯科林式的、在 K_α 中给出了辖域覆盖未具体化陈述的所有可能的消解的逻辑形式 $(K_\alpha^s)^v$ 就是如此，使得 $(K_\alpha^s)^v \vdash_{simpli_f} x$；

2. ψ 是加标记语言中的一个公式，$K_\alpha^s \vdash_1 \psi$。

此外，令 K 是未具体化逻辑形式逻辑的公式集，那么 Info(K) 是从 K 转换到黏着逻辑的有关内容的信息：

Info(K) = $\{\psi : K \vdash_{tr} \psi\}$

我们可以使用 $K \vdash_g \phi$ 或者 $K \vert\sim \phi$ 表示 Info(K) $\vdash_g \phi$ 或者 Info(K) $\vert\sim \phi$，其中 $\vdash_g$ 和 $\vert\sim$ 是黏着逻辑单调和非单调的推断关系。

由于未具体化逻辑形式的语义，我们能够在基础语言公式、完全明确的加标记的公式与未具体化逻辑形式逻辑的模型之间自由自在地来回移动。这就表明，τ 是一个完全明确的基础语言 SDRS，$\tau \vert\sim \phi$ 意味着对于所有的未具体化逻辑形式 K，使得有一个加标记的模型 M，其中 $v(M) = \tau$，$M \vdash_1 K$，Info (K) $\vert\sim \phi$。不会混淆时，我们也写作 $\tau \vdash_g \phi$ 和 $\tau \vert\sim \phi$。

回到例子（8），通过推断关系 $\vdash_{simple_f}$，对（8c）运用 v 衍推 push(e_2, j, z)。相似地，F(π) 衍推 z = ?。因此在黏着逻辑中，（8a）的内容就产生了（8d）：

(8) d. $[push(e_2, j, z)](\pi) \wedge [z = ?](\pi)$

定义 5.3 中的第二个小句也产生了（8c）。相似地，例（9a）的未具体化逻辑形式通过 $\vdash_{tr}$ 验证黏着语言公式（9b）和（9c）：

(9) a. John didn't push him.

（约翰没有推他。）

　　b. $R_{not}(l_p, l_{not}, \pi') \wedge R_{\wedge_D}(l_=, l_{not}, l_\wedge, \pi') \wedge$

$$R_{push}(l_{e_2}), l_j, l_z, l_p, \pi') \wedge R_= (l_2', l_x, l_=, \pi')$$

$$\wedge R_{e_2}(l_{e_2}, \pi) \wedge R_j(l_j, \pi') \wedge R_z(l_z, \pi') \wedge R_z(l_2', \pi') \wedge ? (l_x, \pi')$$

c.　$[z = ?](\pi') \wedge$

$[not(l_p)](\pi') \wedge$

$[push(e_2, j, z)](l_p)$

总体上说，推断关系 $\vdash_{tr}$ 提供了进入信息内容逻辑非常有限的通道。这是部分因为它通入的仅仅是一小部分：$\wedge$ – 和 $\vee$ – 消去，存在概括和等同替换。正如未具体化逻辑形式的逻辑推断关系 $\vdash_l$ 仅仅有进入逻辑形式的形式通道，但是没有进入它们衍推的通道，黏着逻辑也仅仅只有进入形式和非常有限的衍推的通道。

$\vdash_{tr}$ 可以验证关于可及性的信息，即黏着逻辑知道哪一个话语所指是代词可及的先行词。它也允许基于类型层级性的词汇推理。例如，在信息内容逻辑中，如果 push（e, j, z）是真的，只有 e 是一个事件（与状态相对），那么通过 $\vdash_{tr}$ event（e）(π_2) 将被转换成在（8a）的分析中的黏着逻辑。其他来源的信息——例如词汇知识、真实的世界知识和认知状态知识——将用相同的方式被转换成黏着逻辑，结果小句标记上的谓词被检证。

让我们看下面这个例子，检验包含两个小句的话语是如何被转换成黏着逻辑的。

（10）π_1.　Max fell.

（马克斯摔倒。）

　　　π_2.　John pushed him.

（约翰推他。）

首先，通过 $\vdash_{tr}$，小句 π_1 和 π_2 的未具体化逻辑形式确保公式（11a）和（11b）在黏着逻辑中有效。

（11）a.　$[fall(e_1, m)](\pi_1)$

　　　b.　$[push(e, j, z)](\pi_2) \wedge [z = ?](\pi_2)$

　　　c.　$?(\pi_1, \pi_2, \pi_0)$

　　　d.　$[z = m](\pi_2)$

　　　e.　$[push(e_2, j, m)](\pi_2)$

此外，黏着逻辑体现了话语是融贯性的假设。基于一种话语关系，π_2 必须和 π_1 连接起来，因为 π_1 是唯一可及的粘贴点，尽管语法并没有确定这种关系的值。因此（11c）也有效。最后，可及性信息被转换到黏着逻辑。实际上，我们假设转换关系 $\vdash_{tr}$ 保持与话语所指的联系。对于任何已知的前指条件，这些话语所指都是可及的。因此在这个例子中，$\vdash_{tr}$的推断也将包括(11d)，因为 z = ? 的唯一可及的话语所指是 m。最后，既然$\vdash_{simple_f}$在等同置换下被封闭，(11d) 和 (11b) 中的第一个联言支衍推 (11e)。

这个例子表明转换关系$\vdash_{tr}$能产生语法不能产生的代词先行词的完整信息，因此，即使当语法产生了未具体化信息时，关于修辞关系的推理有时能依靠完整的信息。对于话语 (10)，这促进推出解释(π_1, π_2, π_0)，只有 him 和 Max 共指时，这种关系才合理。

第四节 推论话语关系的缺省规则

我们运用非单调逻辑和从像组合语义这样的知识来源中被转化而来的信息去推论话语关系和消解未具体化陈述的其他形式。这些推理的公理图式形成了缺省理论 T，缺省理论 T 是黏着逻辑的一部分。这些公理图式一般采用 (7) 的形式：

(7) $(?\ (\alpha, \beta, \lambda) \wedge some\ stuff) > R(\alpha, \beta, \lambda)$

一 叙述

我们首先考虑推论叙述的缺省公理图式。首先使叙述成为"基本的"缺省，它是在缺乏任何信息的情况下被推论出来的。根据格赖斯的条理性（orderliness）准则，即按事件发生的顺序来描述事件，在黏着语言中，叙述公理图式如下。

• 叙述：

$?\ (\alpha, \beta, \lambda) > Narration(\alpha, \beta, \lambda)$

假设$?\ (\pi_1, \pi_2, \pi_0)$ 有效，通过转换关系$\vdash_{tr}$，我们从信息内容语言和其他信息来源转换到黏着语言的信息和叙述(π_1, π_2, π_0)是一致的，那么可废除的分离规则和这个图式的适当的例子预测叙述(π_1, π_2, π_0)被推论。在信息内容的逻辑中，根据分离规则，产生 $e_{\pi_1} < e_{\pi_2}$。因此，缺省公理叙述和叙述的语义引起如下结论：根据缺省，事件被描述的顺序和解释中它们的时间顺序一致。

叙述公理会有过多导致对叙述(α, β, λ) 的推理。例如在 (12a) 中，叙述是连贯的，然而，直观上来看，人们总是推迟对话语关系的推理，直到了解进一步的信息，例如 (12b)。

(12) a.   Kim watched TV. She studied.

（金看电视，她学习。）

　　b.　Kim watched TV. She studied. Then she went out.

（金看电视，她学习，然后她出去了。）

　　我们可以想象（12a）是对问题"金今天做了什么？"的回答。但是在（12a）中真的存在一个叙述的连续吗？通过可废除的分离规则，叙述公理预测了（12a）中存在一个叙述的连续，因为叙述公理的前件有效，并且小句的黏着逻辑信息与叙述有效是一致的。但是推论（12a）是叙述关系似乎是错误的。如果我们再增加一个带有引起叙述的提示语的小句，例如（12b），那么在前两个小句间也建立了叙述关系。因此有时候，即使当叙述是连贯时，在解决目前小句的修辞连接关系前，解释者需要等待随后的信息。换句话来说，照此情况，叙述公理过多地导致对叙述的推论。

　　例（13）中的话语像（12a），叙述关系和它的时间结构不应该被推断，即使这样做是连贯的。

　　（13）a.　Kim studied. Sandy studied too.

（金学习，桑迪也学习。）

　　b. Kim studied but Sandy went drinking.

（金学习，但是桑迪去饮酒。）

　　直观上，我们并没有把事件解释为按文本的顺序发生，更确切地说，时间顺序是没有明确的。

　　考虑到非单调黏着逻辑，存在两种解释：（一）照此情况，叙述公理是正确的，但是更多具体的冲突的缺省规则阻挡了叙述的推理；（二）上述被引用的叙述公理不正确。在例（13）中，很难发现什么阻挡叙述的推理。解释（二）是唯一的选择，它与这种观点是一致的：保留修辞未具体化陈述，如例（5）和（12a）。推论叙述所需要的额外信息就是第一个被提及的事件 e_α 诱发（occasion）第二个被提及的事件 e_β。这就是说，有一个"自然事件顺序"，使得被 α 描述的种类的事件导致被 β 描述的种类的事件。因此被修改的推论叙述公理如下。

　　● 叙述（被修改）：

　　$(\,?\,(\alpha,\beta,\lambda) \wedge occasion(\alpha,\beta)) > Narration(\alpha,\beta,\lambda)$

　　这比原先的公理受到更多的约束：当解释例（12a）和（13）时，原先的公理证实叙述(π_1,π_2,π_0)，而修改的公理不再使叙述(π_1,π_2,π_0)有效。在例（12a）中，没有任何信息支持在看电视和学习之间存在诱因关系。

　　但是我们如何推论 occasion(α,β)？如果两个事件类型（ϕ 和 ψ）相互

关联，那么诱因（occasion）通常能够被推论。

　　● 诱因 1（Occasion I）：

　　$(?(\alpha,\beta,\lambda) \wedge \phi(\alpha) \wedge \psi(\beta)) > occasion(\alpha,\beta)$

　　例如，我们假设 x 摔跤（x's falling）和 y 扶 x 起来（y's helping x up）是相互联系的，那么前者引起后者，换句话说，Falling 和 Helping 是黏着逻辑中的一个公理图式，其中在这些条件中 e_1，x，y 和 e_2 是适当类型的话语所指上的元语言变元：

　　● Falling and Helping

　　$(?(\alpha,\beta,\lambda) \wedge [fall(e_1,x)](\alpha) \wedge [help-up(e_2,y,x)](\beta)) > occasion(\alpha,\beta)$

　　这个公理图式仅仅是为了作为例证的目的，实际上，Falling and Helping 从黏着逻辑的更一般的公理图式中逻辑地可推论出来，因此它不必在这个理论中被明确地规定。它和叙述公理一起，对例（14）的解释起作用。

　　(14)　π_1.　Max fell.

　　（马克斯摔倒。）

　　　　　π_2.　John helped him up.

　　（约翰扶他起来。）

　　这些小句组合性语义与可及性信息意味着通过 $\vdash_{tr}$ 如下被转换成黏着逻辑。

　　(14′)　$[fall(e_1,m)](\pi_1) \wedge$

　　　　　$[help-up(e_2,j,z)](\pi_2) \wedge [z=?](\pi_2) \wedge [z=m](\pi_2) \wedge [help(e_2,j,m)](\pi_2) \wedge ?(\pi_1,\pi_2,\pi_0)$

　　因此黏着逻辑检验了图式 Falling and Helping 的适当例子的前件，它的后件与前提是一致的。因此这个公理的可废除的分离规则产生了诱因(π_1，π_2)，这样叙述公理的前件被检验了，可废除的分离规则又产生了叙述(π_1，π_2，π_0)。在黏着逻辑中这个推理表示表征话语的 SDRS ＜A，F＞ 是如此：F(π_0) ＝叙述(π_1，π_2)；F(π_1) ＝ K_{π_1}（其中 K_{π_1} 是 π_1 的完全明确的组合语义），F(π_2) ＝ $K_{\pi_2}^{+}$，其中 $K_{\pi_2}^{+}$ 如同 π_2 的组合语义，只是它包括代词的先行词是 Max 的内容，即它包括条件 z＝m，而不是未具体化条件 z＝?。

　　此外，明确的提示短语 and then 单调地产生叙述，如以下的公理图式。

　　● 叙述 2（Narration II）：

　　$(?(\alpha,\beta,\lambda) \wedge and-then(\alpha,\beta)) \rightarrow Narration(\alpha,\beta,\lambda)$

　　当然将有许多像叙述 2 这样的公理，每一个从词汇上或者语法上能详细说明的提示短语的类型的公理单调地衍推叙述。我们来看例（15）。

（15）π_1.　　Kim watched TV.

（金看电视。）

　　　　π_2.　　And then she went out.

（然后她出去了。）

小句 π_2 描绘了前指提示短语 and then 的特征。它是前指的，因为语法产生了一个未具体化条件：and－then 显示出句法上它辖域覆盖的小句的内容与一些前指被确定的先行语的内容的关系。因此黏着逻辑检验 and－then $(?,\pi_2)$。实际上，既然 π_1 是唯一可及的粘贴点，话语是融贯的假设也产生？(π_1,π_2,π_0)。因此关于前指先行语的可及性限制使得 π_1 成为 and－then 的未具体化自变量的唯一可能的值。既然转换关系 $\vdash_{tr}$ 知道可及性限制，无论 π_1 和 π_2 之间是什么修辞关系，黏着逻辑检验 and－then (π_1,π_2)。因此在对例（15）的分析中，叙述 2 的前件被检验了。根据分离规则，推出叙述 (π_1,π_2,π_0)。

在（14）和（15）这两个例子中，可及性限制本身产生了前指条件的唯一的消解。不知道小句间的修辞关系，例（14）中的代词和例（15）中的句首连接词 and－then 就被消解了。实际上，转换关系 $\vdash_{tr}$ 的结果就是消解。

例（12a）和例（12b）之间的对比表明，当逻辑形式被 β 更新时，如果没有足够的信息用话语关系把 β 和 α 联系起来，但是随后的信息 γ 是以叙述关系和 β 连接起来，那么 β 和 α 之间的连接关系也通常被解释为叙述。事实上，在例（5）和例（6）之间的差异表明这种决定话语关系的方法不但对叙述有效，而且对其他的话语关系也有效。我们用以下的公理图式来表达。

● 随后关系（Subsequent Relations）：

$(?(\alpha,\beta,\lambda) \wedge R(\beta,\gamma,\lambda')) > R(\alpha,\beta,\lambda)$

注意随后关系一定是缺省的：R 的意义公设可能使得 $R(\alpha,\beta,\lambda)$ 和前提不一致，或者更多特殊的话语结构可能在关系中强加了一种变化，在这种情况下，$R(\alpha,\beta,\lambda)$ 的推理必须被拦阻。

这个规则是如何影响例（12b）的解释的呢？当我们用第二个小句 π_2 更新第一个小句 π_1 的话语语境的逻辑形式时，原稿（scriptal）信息的缺乏意味着我们不能推论诱因 (π_1,π_2)，因此叙述的前件没有被验证。推断话语关系的任何其他规则的前件也没有被验证。所以 π_1 和 π_2 之间的连接关系仍旧是未具体化的。但是当用第三个小句 π_3 去更新逻辑形式时，叙述 2 的可废除分离规则产生了叙述 (π_2,π_3)。我们忽视了标记 λ 的额外自变量位置，因为它在推理中没有关系。这就意味着公理随后关系的前件被检验，其中公理中的关系 R 被例示为叙述。这个公理的可废除分离规则产生了叙述(π_1, π_2)。因此我们推论一个叙述的序列，即使在解释话语之前我们拥有的原稿知识不支持这个推理。随后关系的作用是它能形成知道语境中诱因关系的基础。在缺乏特殊的非语言知识的情况下，我们能运用这个公理去推论叙述。推论了叙述，解释者能够知道诱因关系。

这些公理图式没有证实例（13a）中的话语是叙述（α，β）的推理，因为（一）没有金学习诱发桑迪学习的原稿信息；（二）即使我们把（13a）扩展到（16），随后关系也不适用，因为 α 和 β 之间的连接关系不是没有明确，它是平行关系。

（16）Kim studied. Sandy studied too. And then they both went out.

（金学习，桑迪也学习，然后她们一起出去了。）

相似的推理也适用于例（13b）。

二　解释、详述和因果

像叙述公理一样，推论解释、详述和因果的缺省规则遵循图式（7）。假设用一种话语关系把新信息 β 和 α 连接起来，只要有 β 引起 α 的证据，那么我们可以猜测 α 和 β 之间具有解释关系。考虑到解释的语义，猜测解释(α, β) 有效导致 β 真正地引起 α 的推理。相似地，详述（α，β）是一个好的"猜测"，只要有 β 是 α 的一个次类型的证据——这就是说，有 β 事件是 α 事件的部分的证据。通过详述的意义公设，推论语用行为使详述导致以下结论：之所以有次类型关系的证据，是因为 β 实际上是 α 的一个次类型。

考虑到在解释的语义中"引起"（cause）的作用，在缺省规则中的前件使用谓词 cause 是多余的。我们希望规定，在推论解释的缺省规则前件，在话语中仅仅有因果关系有效的证据，而不是因果关系真正有效的更强得多的条件。根据领域知识、词汇语义或一些其他的知识来源，这个证据可能被证明是正当的。但是只有在因果关系的证据的基础上推论解释，因果关系真正有效的更强得多的命题才会产生。因此，我们把被运用在推论解释的缺省规则的因果谓项和被用来表示 e 真正地引起 e′ 的命题的因果谓项 cause(e, e′) 区分开来。我们引入 $cause_D$(σ, β, α)（话语可允许的原因），它表示话语 σ 的内容（σ 辖域覆盖 α 和 β）提供了 β 引起 α 的证据。如果 σ 中唯一相关的信息是关于 α 和 β 的信息，我们有时可以把 $cause_D$(σ, β, α) 缩写为 $cause_D$(β, α)。$cause_D$(σ, β, α) 并不单调地衍推 $cause$(e_β, e_α)。对于次类型，我们也有一个相似的谓项：$subtype_D(\sigma, \beta, \alpha)$，它表示 σ，β 和 α 提供了 β 是 α 的一个次类型的证据。

推论 $cause_D(\sigma, \beta, \alpha)$ 的规则是单调的规则，因为话语或者包含或者没有包含因果关系的证据。（17）是规则的一般结构：

(17) $Info(\sigma, \alpha, \beta) \rightarrow cause_D(\sigma, \beta, \alpha)$

我们用一个例子来阐述。如果（根据词汇和组合语义）α 描述物体 x 的位置变化（例如，α 表示 x 摔倒），β 描述引起 x 位置变化的力量（例如，β 表示 y 推 x），那么 $cause_D(\sigma, \beta, \alpha)$ 单调地有效。这就是说，话语内容提供了 β 使 α 发生的证据。假定足够的信息从词汇语义转换到黏着逻辑，从（11a）人们能够推论 π_1 描述了位置的变化；相同地，"push" 是引起运动的力量，在对例（10）的分析中，黏着逻辑将产生单调的结论 $cause_D(\pi_0, \pi_2, \pi_1)$。

推论解释和详述不受时体种类的影响，尽管可能受时态变化的影响。这就是为什么在例（18a）和例（18b）中命题之间的修辞关系都是解释：

(18) a. Max broke his leg. John ran into him.

（马克斯摔断了腿，约翰撞了他。）

b. Max had a broken leg. John ran into him.

（马克斯的腿断了，约翰撞了他。）

我们引入谓项 $Aspect(\alpha, \beta)$，它是对于 α 和 β 时体种类的值的注释。组合和词汇语义通常确定小句的时体种类，动词语义、时态和时体的标记、时间副词的出现都起着至关重要的作用。

下面是推理因果、解释和详述的缺省公理图式。令 $Top(\sigma, \alpha)$ 表示 σ 辖域覆盖 α，并且没有任何事物辖域覆盖 σ。

- 因果（Result）：

$(?(\alpha, \beta, \lambda) \wedge Top(\sigma, \alpha) \wedge cause_D(\sigma, \alpha, \beta) \wedge Aspect(\alpha, \beta)) > Result(\alpha, \beta, \lambda)$

- 解释（Explanation）：

$(?(\alpha, \beta, \lambda) \wedge Top(\sigma, \alpha) \wedge cause_D(\sigma, \beta, \alpha) \wedge Aspect(\alpha, \beta)) > Explanation(\alpha, \beta, \lambda)$

- 详述（Elaboration）：

$(?(\alpha, \beta, \lambda) \wedge Top(\sigma, \alpha) \wedge subtype_D(\sigma, \beta, \alpha) \wedge Aspect(\alpha, \beta)) > Elaboration(\alpha, \beta, \lambda)$

因果关系规定如果把 β 和 α 连接起来，连接的内容被指派标记 λ，在话

语 σ 中有 α 使 β 发生的证据，那么不管 α 和 β 的时体种类（即主要的事件是被分类为事件还是状态），Restlt(α，β) 通常在 λ 中有效。

解释与此相似，只是在话语中有 β 使 α 发生的证据。在详述中，证据是 β 是 α 的次种类。在这些图式中，Aspect(α，β) 的作用是保证修辞关系推理不受影响。例如，有因果关系等值于推理 Result(α，β，λ) 有好几条规则。在每一条规则中，α 和 β 的时体种类都有一个可能的值。比如，有一条推理因果（α，β，λ）的规则，只是事件（α）∧ 状态（β）代替 Aspect（α，β），有另一条像因果关系的规则，只是状态（α）∧ 状态（β）代替 Aspect（α，β），等等。这就确保了关于基于因果和次种类关系的证据的修辞关系推理没有被影响。

这些公理图式如何与推论叙述的公理图式联系起来？显而易见，$cause_D$（σ，β，α）应该排除叙述的状况：α 中的事件通常被 β 中的事件跟随。相似地，在 α 和 β 之间有次类型关系的证据应该排除 occasion(α，β)。

• 原因（cause）和次类型（subtype）不是诱因（occasion）：

(a) $cause_D(\sigma,\beta,\alpha) \rightarrow \neg\ occasion(\alpha,\beta)$

(b) $subtype_D(\sigma,\beta,\alpha) \rightarrow \neg\ occasion(\alpha,\beta)$

这些公理图式确保如果 $cause_D$（σ，β，α）或者 $subtype_D$（σ，β，α）被单调地推论，那么既然单调的信息总是使冲突的缺省推理无效，即使诱因 1 的前件被证实，occasion(α，β) 也不能被推论。因此，叙述公理不适用。在详述和叙述之间一种相似的逻辑关系有效。

回到例（10），从（11c）可知，?（π_1，π_2，π_0）有效，另外被转换成黏着逻辑的词汇和组合语义产生了结论 $cause_D$（π_0，π_2，π_1）。因此解释公理的前件被证实，而后件解释（π_1，π_2，π_0）和前提一致，因此根据可废除的分离规则它被推论出来。

关于详述的公理是结构上的：分配性表明如果推断详述(α，β，λ)，决不可以把 γ 和 β 连接起来，除非也能推断详述(α，γ，λ)。直观上看，分配性是话语结构方面的一个连贯性要求：它要求从属成分连接就等级高的成分而言有相同的话语功能。限于详述，它表示假如把某物和详述的部分的成分连接起来，那么该物也是详述的部分。

• 分配性：

假设 K_π 是一个意指 Elaboration(α，β，λ) 的未具体化逻辑形式，那么如果 Info(π)，Info(γ) |≁ Elaboration(α，γ，λ)，那么 ¬ ?（β，γ，λ）。

三 背景

背景关系对时体种类方面的转换是相当敏感的，尤其当有一个从状态小句到非状态小句的时体转换时，或者反过来，当有一个从非状态小句到状态小句的时体转换时，背景被证实。实际上，有两种背景关系，推断这些关系的公理如下。

● 背景（Background）：

(a) $(?(\alpha,\beta,\lambda) \wedge state(\beta) \wedge \neg state(\alpha)) > Background_1(\alpha,\beta,\lambda)$

(b) $(?(\alpha,\beta,\lambda) \wedge state(\alpha) \wedge \neg state(\beta)) > Background_2(\beta,\alpha,\lambda)$

我们有两种，而不是一种背景关系，因为它们不同地影响话语更新。$Background_1$ 引入一个带有特殊主题种类的复杂结构，这把特殊的限制强加在 SDRS 更新上。如例（19a）。另一方面，$Background_2$ 似乎是一种简单的并列关系。

建构例（19a）的 SDRS 涉及包括关于背景的可废除的分离规则，因此有一个可废除的推理：进入房间与房间是黑的在时间上有叠交。但是因果和背景的特殊性将会说明为什么例（19b）是不同的，因为在例（19b）中我们推断出时间的先后次序而不是时间的叠交。

（19）a.　Kim entered the room. It was pitch black.

（金进入房间，房间漆黑的。）

　　　b. Kim turned out the light. It was pitch black.

（金关了灯，房间漆黑的。）

四　平行与对比

如果 β 包含了 but, however 或 in contrast 这些提示词，那么从?（α，β，λ）单调地推出对比(α，β，λ)。但是如果这些词没有出现，而一些结构和语义条件有效的话，那么仍旧可以非单调地推出对比。对比(α，β)的语义衍推在 DRS 结构 K_α 和 K_β 之间部分同构，反过来，部分同构产生了对比的主题。结构相似和对比语义不但是对比(α，β)的必要条件，而且通常也是充分条件。除非一个小句否定了另一个小句的缺省推断，在这种情况下需要像 but 或 although 这样的明确对比提示词。平行关系也是相似的，只是提示词是 too 和 also，而不是 but，并且主题必须是相似而不是对比。例如：

（20）a.　A：　Did you buy the apartment?

（你买了这套公寓吗？）

　　　b.　B：　Yes, but we rented it.

（是的，但是我们把它租出去了。）

在例（20b）中，由于提示词 but，在前指成分"Yes"和断言"but we

rented it"之间，对比关系一定有效。"Yes"是前指被嵌入在问题算子之中的命题"we bought the apartment"，对比关系语义表示在这两个命题之间一定有对比的主题。单词 rent 有两种可能的歧义：租出（rent-out）和租用（rent-from），例（20）并没有明确规定买和租事件之间的任何特殊的时间关系，实际上这里的主题有两种可能性。假如"rent"表示租出，那么运用领域知识，如果你买了一套公寓，通常在买了之后会住在里面，因此我们确信对比的主题。另一方面，假如"rent"表示租用，那么如果你买了一套公寓，通常你是不会作为一个承租人住在里面的，世界知识再次确保有对比的主题。

第五节　推论话语关系

前面已经介绍了推断话语关系的一些公理，现在让我们把这些公理运用到一些例子中。

（14）π_1.　　Max fell.

（马克斯摔倒了。）

　　　π_2.　　John helped him up.

（约翰扶他起来。）

（10）π_1.　　Max fell.

（马克斯摔倒了。）

　　　π_2.　　John pushed him.

（约翰推了他。）

在这些例子中，被转换成黏着逻辑的组合和词汇语义分别支持叙述和解释的可废除的分离规则。对例（21）的分析也是相似的。

（21）π_1.　　Alexis did really well in school this year.

（今年亚历克西斯学业取得很大进步。）

　　　π_2.　　She got A's in every subject.

（她每门功课都得了 A。）

根据分离原则，被转换成黏着逻辑的词汇和组合语义将导致 $\text{subtype}_D(\pi_2, \pi_1)$，因此根据详述的可废除的分离规则，也可导致详述（$\pi_1, \pi_2, \pi_0$）。

现在让我们看看例（22）。

（22）π_1.　　Max fell.

（马克斯摔倒了。）

　　　π_2.　　And then John pushed him.

（于是约翰推他。）

在例（10）中，与 fall 和 push 相联系的词汇语义确保关于 π_2 和 π_1 内容的信息验证一条单调规则，从这条规则中推断出 $cause_D(\pi_2, \pi_1)$。

在例（22）中，尽管前指提示短语"and then"在语法中产生了一个未具体化条件 $and-then(?, \pi_2)$，转换关系 $\vdash_{tr}$ 产生了完全明确的条件 $and-then(\pi_1, \pi_2)$，因为根据可及性，π_1 是唯一可能的解释。因此单调公理叙述 2 适用，根据分离规则产生叙述(π_1, π_2, π_0)。

这个结论与另一单调结论 $cause_D(\pi_2, \pi_1)$ 是一致的。不过，它确保因果关系的基于话语的证据没有被提升为因果关系真正有效的推论。查看这个如何被阻拦，首先要考虑黏着逻辑中的单调推理。在信息内容逻辑中，叙述(π_1, π_2) 的时间推断和解释(π_1, π_2) 的时间推断表示叙述(π_1, π_2) 衍推而并非解释(π_1, π_2)。我们假定充分的关于修辞关系的语义通过 $\vdash_{tr}$ 被转换成黏着逻辑，以至于在黏着逻辑中，这种衍推也被支持。因此，根据分离原则，并非解释(π_1, π_2, π_0) 在黏着逻辑中被推论。

下面考虑非单调推理。解释公理的前件被验证，因为 $cause_D(\pi_1, \pi_2)$ 是真的。然而，它的后件与前提不一致，因此解释没有被推论。因此不像例（10），例（22）被推论为叙述关系，而不是解释关系，即使支持例（10）中的这种推论的信息在例（22）中也出现了。在例（22）中，冲突的单调信息使修辞结构的缺省提示无效。黏着逻辑支持冲突的解决，因为这种逻辑确保单调推理总是使冲突的缺省推理无效。

现在让我们返回到例子（19）：

（19）a.　Kim entered the room. It was pitch black.

（金进入房间，房间漆黑的。）

　　　b. Kim turned out the light. It was pitch black.

（金关了灯，房间漆黑的。）

这些文本涉及特殊性原则：有冲突的更明确的缺省提示使修辞结构的缺省提示无效。

在例（19a）中，时体种类的转换使得背景关系公理（a）的前件是真的。此外，没有推断 occasion，$cause_D$ 或者 $subtype_D$ 的公理适用。因此背景关系公理（a）是前件被验证的唯一公理，并且它的后件和所知道的一致。因此运用可废除的分离规则，我们推断背景$_1(\pi_1, \pi_2, \pi_0)$。

把例（19a）和例（19b）进行对比，正如直觉所支配，让我们假定有一条单调的公理，它的后件是 $cause_D(\pi_1, \pi_2)$，它的前件被（19b）的词汇和组合语义所验证（以关灯引起黑暗的世界知识为理由，这条规则可能被证明是正当的）。换句话说，话语中有一个因果关系的证据。那么有两条前件被验证的缺省公理：因果（在规则的描述中，Aspect(π_1，π_2) 被事件(π_1) ∧ 状态 (π_2)所代替）和背景。但是注意因果(π_1，π_2)和背景(π_1，π_2)是不相容的，因为前者衍推因果关系，因此时间上有先后，而后者衍推时间上的叠交。从而两条冲突的缺省公理适用。然而，因果关系公理的前件比背景关系公理 (a) 的前件更加明确，因为它包含了另外的联言支 $cause_D$(π_1，π_2)。因此，通过特殊性原则，黏着逻辑证明了因果(π_1，π_2，π_0) 推理，而没有证明背景 (π_1，π_2，π_0)推理。

现在，让我们考虑话语关系的推理被延迟的一些话语。

(12) π_1.   Kim watched TV.

（金看电视。）

　　　π_2.   She studied.

（她学习。）

正如直觉所支配，假定没有形如诱因 1 的公理，或者没有前件被验证的的形如 (17) 的公理，形如 (7) 的规则没有一条使它们的前件被验证。因此没有话语关系能够被推断。这就意味那些成分的未具体化的修辞关系仍旧是更新逻辑形式的部分。假如作为一个整体的文本是完全融贯的，那么通过随后小句的信息，最终具体化的修辞关系一定会被消解为一个值。

当黏着逻辑支持关系 R 有效的推理，但是在信息内容的逻辑中，这种关系有语义的影响，这种影响与小句的组合和/或词汇语义不一致时，另一个不连贯的来源出现了。

(23) John said hello. So the sky is blue.

（约翰打招呼，因此天空是蓝的。）

前指提示词 "so" 在黏着逻辑中是一条线索，表示小句之间的修辞关系是因果。但是在信息内容逻辑中，Result(α, β) 单调地衍推 $cause(e_\alpha, e_\beta)$，对于例 (23) 来说，这种因果关系与关于因果关系的世界知识在逻辑上是不一致的。这种不一致可能在黏着逻辑中被察觉，它取决于多少信息从世界知识被转换成这种更浅显的语言。但是在信息内容的逻辑中，它肯定会被发现。例 (23) 是不连贯的，因为在信息内容层面，它是不一致的。

第六节　SDRS 更新

到目前为止，我们仅仅关注两个句子的话语，因此避免了如何判定新信息粘贴到语境中的哪一个成分的棘手问题。在黏着逻辑中推理是如何被用来建构话语逻辑形式的呢？被语法产生的未具体化语义条件何时、如何被消解的呢？

SDRS 更新会处理这些问题。它解释了话语语境的 SDRS 和新信息的（S）DRS 是如何合并成一个新的 SDRS，如何把 SDRSs 粘贴在一起的决定依靠黏着逻辑中所进行的推理。把这些碎片粘贴在一起有时会导致用更完整的信息去代替未具体化的条件。

旧信息由话语结构集 σ 组成，每一个话语结构都满足从处理话语中所推论出的解释的限制。如果从程序上考虑 SDRS 更新，那么可能试图用 K_β 中的新信息去更新上下文已知集 σ 中的每一个 SDRS $<A_\tau, F_\tau>$，这需要完成以下的任务。

更新任务：

1. 从 $<A_\tau, F_\tau> \epsilon \sigma$ 中的可及标记（因此这些标记是 A_τ 的一个子集，我们称它们为 avail – sites(τ)），选择 β 将粘贴的标记集 att – sites(β) = $\{\alpha_i : 1 \leq i \leq n\}$（因此 att – sites(β) $\subseteq$ avail – sites(τ)）。

2. 对于每一个 αεatt – sites(β)，完成下列任务：

（a）识别标记 λ，使得 $Succ_D(\lambda, \alpha)$；

（b）通过假定?（α，β，λ）和所有从 K_β 和 σ 中被转换成黏着逻辑的关于内容的信息，用黏着逻辑推论 α 和 β 之间的话语关系。

3. 根据以下原则，从集合 σ 中消除任何 SDRS $<A_\tau, F_\tau>$：

（a）如果 β $\notin A_\tau$，消除 $<A_\tau, F_\tau>$。

（b）对于每一个 α ϵ att – sites(β)，如果在以上步骤（2b）中，R(α，β，λ) 在黏着逻辑中被推论，那么排除 R(α，β)不是 F(λ)中的一个联言支的所有那些 SDRSs τ。

（c）使用修辞连接关系的真值条件推断来消解旧信息 σ 和新信息 K_β 中的一些未具体化陈述。如果 F_τ 不能反映这些消解，摒弃任何 τεσ。尤其，只有 $F_\tau(\beta) \rightarrow K_\beta$，其中 K_β 就像 β 的组合语义 K_β，但是相关的未具体化条件被消解，τ 才在 σ 中。

（d）对于每一个 α，如果 τ 不能遵守被新公式 R(α,β)引入的结构限制，那么从旧信息 σ 中消除任何 SDRS τ。例如，修辞关系是叙述或背景时，必须有相关的主题，复杂成分和分配性必须被满足。

黏着逻辑可以完成任务（2b）。如果在话语结构中有一个直接支配 α 的唯一的标记 λ，那么黏着逻辑也完成了任务（2a）和（3b）。但是仍然没有明确如何完成任务 1：尽管在前一章定义了可及的标记（即前一个小句的标记和在话语结构中支配它的任何标记），但是新信息应该粘贴到哪些可及的标记，迄今还没有系统的方法。为了完成任务（3c）和（3d），必须确切地解释未具体化条件何时被消解，主题的限制如何被满足。修辞关系语义在消解未具体化陈述方面起着至关重要的作用。

SDRT 更新是满足以下条件的话语结构集上的一个函数：（a）在小句的未具体化逻辑形式中被编码（encoded）的限制是语法建构的；（b）小句的未具体化逻辑形式在黏着逻辑中的结果是限制，反过来，限制是基于知识来源例如词汇语义、世界知识和认知状态的"粗浅"描述。至关重要的是，SDRT 更新不是产生一个唯一的更新的话语结构的函数：对于旧信息 K_τ 和新信息 K_β 的每一个值，可能不止更新信息 $K_{\tau'}$ 的一种表征。如果这样的话，话语是歧义的。SDRT 更新是一个二元函数：它接受（ⅰ）满足话语语境的未具体化逻辑形式的话语结构集 σ；（ⅱ）新信息的未具体化逻辑形式 K_B；它产生（ⅲ）更新的话语结构集 σ'。对于修辞关系，更新语境 σ' 总是输入语境 σ 的一个子集。这是因为 σ' 将满足话语语境的未具体化逻辑形式、新信息的未具体化逻辑形式 K_β 和黏着逻辑决定关于内容的一些额外的限制。

SDRT 更新的形式定义对完整的话语结构的描述起作用。如果 σ 是满足某个未具体化逻辑形式集的话语结构集，那么在 L_{ulf} 的 Σ_1 – 片段里的这个集合与 σ 的 Σ_1 – 理论一致：

$$\mathrm{Th}^{\Sigma_1}(\sigma) = \{\phi \epsilon L_{ulf}^{\Sigma_1}: \forall <A, F> \epsilon\sigma, <A, F> \models_1 \phi\}$$

从 $\mathrm{Th}^{\Sigma_1}(\sigma)$ 中去掉上标 Σ_1。从 σ 开始，用关于粘贴的假设？（α_1，β，λ_1）更新 σ，计算在黏着逻辑中的结果。得到这个结果，增加关于粘贴的假设？（α_2，β，λ_2），再一次探究在黏着逻辑中的结果，等等。这些 α_i 中的每一个都必须是可及的。

最后注意真实的话语关系和那些反映真值函项联结词的关系，例如：选言、假言和可废除的假言（Def- Consequence），我们称这些为非发散关系。只有当用非发散关系把新信息粘贴到旧信息时，这里给出的更新定义才适用。像纠正（Correction）这样的发散关系需要一个扩展的更新定义，因为更新 σ' 必须把修正纳入语境的内容 σ 内，换句话说，$\sigma' \subseteq \sigma$ 不再有效。

有了这些适当的基础，我们能够把一些限制强加于话语逻辑形式的建构。详述强加的结构限制、叙述和背景要求的主题限制很容易翻译成 L_{ulf}，只要把限制放在建构上。为了弄懂更新的意思，需要在 SDRSs 集和 SDRS 描述的层面来谈论可及粘贴地点。在未具体化逻辑形式语言中，Top(k, λ) 表示 k 辖域覆盖 λ，并且没有任何事物辖域覆盖 k。实际上，k 是整个 SDRS 描述 $\wedge$ Th （σ）的标记，因此我们能够把可及标记集和标记 k 本身联系起来。这些可及的标记实际上对应于从描述中我们能够知道的 σ 中的任何 SDRS 中的可及的粘贴点。这些标记是在 $\wedge\,Th(\sigma)$ 中。但是来自描述的消除歧义的其他可及的粘贴点在 $\wedge\,Th(\sigma)$ 中是不明确的。标记的后面的类型通常是直接辖域覆盖（即 i – outscopes）一些小句的标记的一个标记，但是它被顶部标记 k 辖域覆盖。

- 在 σ 中的可及点（Available Sites）：

$$可及点(\sigma) =_{def} 可及点(k)$$
$$=_{def}\{\alpha:\exists\tau\epsilon\sigma(\alpha\epsilon\,可及点(\tau))\wedge$$
$$(\alpha\,在\,Th(\sigma)中出现)\vee$$
$$\exists\gamma(\gamma\,在\,Th(\sigma)中出现\wedge i – outscopes(\alpha,\gamma)))\}$$

现在能够阐明关于 β 能够粘贴到什么地方的限制。

- 更新的限制

1. ?$(\alpha,\beta,\lambda)\wedge Top(k,\lambda)\rightarrow(\alpha\epsilon\,可及点(k)\wedge i – outscopes(\lambda,\alpha))$

2. $(R(\alpha,\beta,\lambda)\wedge Coord(R)\wedge outscopes(\alpha,\alpha'))\rightarrow\neg\,?(\alpha',\beta,\lambda')$

这些限制详细说明任何粘贴点必须是一个可及的粘贴点，用一种并列关系把 β 粘贴到标记 α 也排除了把 β 粘贴到一个从属于 α 的标记。显而易见，要确切地决定 β 实际上粘贴到哪一个可及的粘贴点，仅仅这些粘贴点的限制是不够的，还会涉及其他的限制。

现在能够定义简单更新运算 +，根据这些运算我们将最终定义 SDRT 更新（update$_{SDRT}$）。简单更新运算充分研究话语结构集 σ（σ 表征旧信息）和一些新信息。新信息或者是一个未具体化逻辑形式 K_β，或者是关于粘贴的一个假设?$(\alpha,\ \beta,\ \lambda)$，其中 $Th(\sigma)\models_1 K_\beta$，即未具体化逻辑形式 K_β 是逻辑形式描述的部分。简单更新的结果是话语结构集 σ′：（a）这个集合是旧信息 σ 的一个子集，因为它满足这个旧信息，也满足新信息；（b）它也满足旧信息和新信息的任何 |~-推断。所有单调的推断是非单调推断，因此确保更新的语境满足（b）也会满足（a）（因为旧信息和新信息从它本身单调地得出）。

定义 5.4：简单更新 +

令 σ 是一个（完全明确的）话语结构集，那么：

1. 其中 K_β 是一个未具体化逻辑形式，$\sigma+K_\beta$ 是被定义如下的 SDRSs 集：
$$\sigma+K_\beta=\{\tau:如果\,Th(\sigma),\ K_\beta\,|\sim\phi,\ 那么\,\tau\models_1\phi\}$$

2. 假设 β 是 $Th(\sigma)$ 中的一个标记（因此 $Th(\sigma)\models_1 K_\beta$）。此外，假设对于所有分散关系 R（例如，R 是纠正），以下的有效：

Th(σ), ? $(\alpha,\beta,\lambda)\not\hspace{-2pt}\models R(\alpha,\beta,\lambda)$

那么 $\sigma +$? $(\alpha,\ \beta,\ \lambda)$ 是被定义为如下的 SDRSs 集:

● 假如结果不是空集,那么 $\sigma +$? $(\alpha,\beta,\lambda)=\{\tau:$ 如果 Th(σ),? $(\alpha,\beta,$ $\lambda)\vdash\phi$,那么 $\tau\models_1\phi\}$;

● 否则 $\sigma +$? $(\alpha,\ \beta,\ \lambda)=\sigma$。

用一个未具体化逻辑形式更新时, + 保证每一个 τ 必须满足旧信息 Th (σ) 和新信息 K_β。因为在黏着逻辑中,这些从前提 $\{$Th(σ), $K_\beta\}$ 中单调地得出。因此对于在更新中每一个 SDRS $<A_\tau$, $F_\tau>$, $\beta\epsilon A_\tau$ 并且 $F_\tau\rightarrow K_\beta$。Th (σ) 中的所有标记都与此相似。而且,对于非发散关系, + 保证每一个 τ 必须满足旧信息 Th(σ)(包括被 Th(σ) 衍推的 K_β)。因此 SDRSs 的更新集必定是 σ 的一个子集,使得 + 是一个单调递减函数。这意味着当我们使用 + 来建构逻辑形式时,我们仅仅为逻辑形式的描述增加了新的限制,为了消解未具体化陈述,在黏着逻辑 $\mid\sim$ 中封闭这些新的限制。

在未具体化逻辑形式逻辑中 SDRSs 实际上就是模型:$\tau\models_1\phi$ 意味着 ϕ(部分地)描述 τ。从而,简单更新定义了满足话语逻辑形式部分描述的 SDRSs 集,这个部分描述是以下给出的 $\mid\sim_g$ – 推断的联言支:

Th$(\sigma +$? $(\alpha,\beta,\lambda))=\{\phi:Th(\sigma)$,? $(\alpha,\beta,\lambda)\vdash_g\phi\}$

更新产生了逻辑形式的部分描述,我们总是把新联言支加在话语现存的未具体化逻辑形式上。相同地,SDRSs 被取消了:满足更新描述的那些 SDRSs 仍旧在更新中,不满足更新描述的那些 SDRSs 不在更新中。更新中的 SDRSs τ 通常不止衍推旧信息和新信息的合取式,当用? $(\alpha,\ \beta,\ \lambda)$ 更新 σ 时,或者以下 (i) 有效并且 $\tau\models_1 R(\alpha,\beta,\lambda)$;或者 (ii) 有效并且 $\tau\models_1$? (α,β,λ):

(i) 有一种关系 R 使得:

? (α,β,λ), Th$(\sigma)\vdash R(\alpha,\beta,\lambda)$

(ii) 对于所有关系 R:

? (α,β,λ), Th$(\sigma)\not\hspace{-2pt}\vdash R(\alpha,\beta,\lambda)$

显然,当一个话语被处理时(一次一个小句),重复地运用这种更新关系意味着用各种各样的未具体化逻辑形式和形如? $(\pi_i$, π_j, $\pi_k)$ 的公式,通过 + 连续运用,旧信息 σ 被建构。因此考虑到什么粘贴到什么的假设,σ 中的 SDRSs 都满足关于修辞连接的黏着逻辑衍推。

在未具体化逻辑形式语言中,语句的任何可满足集都描述了 SDRSs 等值类的一个可数无限集,因为一个话语能够用无限多的方式继续下去。因此 + 的输出可能是一个可数的无限集。然而,这对 SDRT 更新没有负面的计算影响。进行更新仅仅是在描述语言中积累越来越多的限制，正如被 $\vdash_{tr}$ – 和 $\mid\sim_g$ – 推断所决定的。在话语处理过程中的任何时候，我们想真正地解释（到目前为止的）话语，需要建构满足描述的（到目前为止被积累的）所有语用上更可取的 SDRSs。黏着逻辑使用语用信息来计算修辞关系，确保 + 消除了一些语用上不可接受的逻辑形式，根据最小差别，在更新中把模型进行排列。在任何时候话语的内容都是在更新中从最高级排列的 SDRSs 得出那些东西。实质上，在更新中只有 SDRSs 的一个子集是最重要的。

现在让我们使用 + 来定义话语更新本身。实际上，用新信息 β 更新话语语境 σ 涉及以下的运算顺序：（ⅰ）用 K_β 更新 σ。（ⅱ）对于可及粘贴点的任何子集，在那个子集上实施 β 的连续更新。（ⅲ）如果 β 标记非预设的内容，使 LAST 靠近 β；如果 β 标记预设的内容，LAST 不被重新放置。以下的定义更形式化地阐明了更新机制。

定义 5.5：SDRT 更新

令 avail – pairs(σ) 是标记对集：

$\{<\alpha,\lambda>:\alpha\epsilon$avail – sites(σ) 和 $Succ_D(\lambda,\alpha)\}$

此外，令 S_σ 是 avail – pairs(σ) 的所有可能子集的所有可能序列的集合，并且令 $X\epsilon S_\sigma$。那么：

1. $\sum_x(\sigma,\ K_\beta)$ 是更新的序列：

$\sigma+K_\beta+?(\alpha_1,\beta,\lambda_1)+\cdots+?(\alpha_i,\beta,\lambda_i)+\cdots$

其中 $<\alpha_i,\ \lambda_i>\epsilon X$ 是 X 的第 i 个元素；

2. （a）如果 K_β 没有被预设，那么

$\text{update}_{SDRT}(\sigma,K_\beta)=(\underset{X\epsilon S_\sigma}{\cup}\sum_x(\sigma,K_\beta))+\text{LAST}=\beta$

（b）否则，K_β 被预设（即∂ (K_β)）并且

$\text{update}_{SDRT}=\underset{X\epsilon S_\sigma}{\cup}\sum_x(\sigma,K_\beta)$

因而，$\text{update}_{SDRT}(\sigma,\ K_\beta)$ 是所有更新的合并，这些更新是 β 粘贴点的所有可能的选择 X 和标示因而产生的修辞连接关系的标记的结果。因此 SDRT 更新本身不能够对 β 实际上粘贴到哪一个可及点作出选择；它也不能选择哪一个标记把 β 的粘贴点和它的修辞连接关系连接起来。

只有当前提不一致时，黏着逻辑才会产生不一致的结果，因此它本身不可能引起不一致。更新定义运用了黏着逻辑，但它本身不是黏着逻辑的一部分。一个话语语境的更新包含比先前处理过的话语和新信息所引入的更多标记的话语结构。事实上，在更新中，即使最小的 SDRSs 都可能比话语中的小

句包括更多的标记。这是因为话语关系的限制的需要。例如，一些话语关系需要语言上不言明的主题的引入。在叙述关系和背景关系中，如果没有出现主题，那么就需要增加主题，这些限制是话语结构的描述语言 L_{ulf} 的部分，因此限制包含量化。

- 叙述更新主题限制：

$$\text{Narration}(\alpha,\beta,\lambda) \rightarrow \exists\delta(\delta = \alpha\sqcap\beta) \wedge \exists\gamma(\Downarrow(\delta,\lambda,\gamma)))$$

- 背景更新主题限制：

$$\text{Background}_1(\alpha,\beta,\lambda) \rightarrow \exists\delta((\delta = \alpha\sqcup\beta) \wedge \exists\gamma(\text{FBP}(\delta,\lambda,\gamma)))$$

其中 $\sqcap$ 指的是概括（summarisation）运算，$\sqcup$ 指的是合并（merging）运算。

话语结构有着某种主题。就叙述来说，是一个"叙述"的主题；就背景来说，是一个 FBP-类型主题。考虑到对于所有话语结构，这些限制在描述语言中有效，从更新中产生的任何话语结构必须满足这些限制。

当每一个小句被处理时，如果总是把它粘贴到先前的粘贴点，SDRT 更新的定义可能会导致一个问题。因为它可能产生没有正确主题结构的结构或者从其他方式上来说是不恰当的结构。例如（24）。

(24) π_1.　　Bill loves sports.

（比尔喜欢运动。）

　　　π_2.　　But Harry doesn't.

（但是哈利不喜欢。）

　　　π_3.　　Or Sam doesn't.

（或者塞姆不喜欢。）

例（24）的 SDRS 必须满足选言(π_2, π_3, π_4) 和对比(π_1, π_4, π_0)，对比关系在语义上辖域覆盖选言关系。其他任何修辞关系都使得这些真值条件是错误的。例如，如果话语结构包含对比(π_1, π_2)，那么它的真值条件将衍推小句 π_2 是真的，但是它不应该是真的。通过 SDRT 更新，我们可以得到正确的 SDRS，只要按以下的顺序进行简单的更新 + ：

$$K_{\pi_1} + K_{\pi_2} + K_{\pi_3} + ?\ (\pi_2 + \pi_3 + \pi_4) + ?\ (\pi_1 + \pi_4 + \pi_0)$$

我们假定语用上更可取的 SDRS 是：对于该语境来说，假定 π_2 没有粘贴到 π_1 而产生的那个 SDRS（即在这个阶段正确粘贴的集合 $X\epsilon S_\sigma$ 是空集）。首先把 π_3 粘贴到 π_2，接着把 π_4 粘贴到话语语境 π_1 的策略完全和 SDRT 更新一致。

下面让我们继续分析例（10），因为这是一个粘贴点没有任何选择的例子。

(10) π_1.　　Max fell.

（马克斯摔倒了。）

$\pi_2.$　　John pushed him.

（约翰推了他。）

第一个小句 π_1 没有描绘引入语义未具体化陈述的任何成分，这个小句的未具体化逻辑形式事实上是完全明确的，在信息内容的逻辑中就是以下的 DRS，如图 5－2 所示：

K_{π_1}

m, e_1, t_1, n
$Max(m)$
$fall(e_1, m)$
$holds(e_1, t_1)$
$t_1 < n$

图 5－2

用这个话语开始的小句更新语境就是用以上所给的组合语义 K_{π_1} 更新所有的 SDRSs 集 T。根据定义 5.4，结果是一个 SDRSs 的集合 σ_1，使得 Th $(\sigma_1) = K_{\pi_1}$。因此对于每一个 $<A，F，LAST> \epsilon \sigma_1$，以下有效：（a）$\pi_1 \epsilon A$；（b）$F(\pi_1) \models_1 K_{\pi_1}$；（c）根据 SDRT 更新定义，LAST $= \pi_1$。事实上有许多满足条件（a）－（c）的 SDRSs。但是只有一个最小 SDRS 满足这些条件，如：

$min(\sigma_1):$ • $A = \{\pi_1\}$

• $F(\pi_1) = $

m, e_1, t_1, n
$Max(m), fall(e_1, m), holds(e_1, t_1), t_1 < n$

• $LAST = \pi_1$

用新信息 K_{π_2}（即第二个小句 π_2 的组合语义）更新 σ_1 引起用 K_{π_2} 更新整个集合 σ_1（而不仅仅是 min（σ_1））。根据 SDRT 更新的定义，我们首先必须用 K_{π_2} 对 σ_1 进行简单更新 +，接着对未具体化粘贴序列进行简单更新 +（即对于 $\alpha，\beta，\lambda$ 的值来说，形如?（$\alpha，\beta，\lambda$）的公式）。根据可及性定义，a-vail – sites(σ_1) = $\{\pi_1\}$。因此，S_{σ_1} = $\{<\pi_1，\pi_0>\}$。于是：

$update_{SDRT}(\sigma_1，K_{\pi_2}) = \sigma_1 + K_{\pi_2} + ?（\pi_1，\pi_2，\pi_0）+ LAST = \pi_2$

前面我们已经分析了小句"John pushed him"的未具体化逻辑形式和从这个未具体化逻辑形式转换成黏着逻辑的信息（见（11a-e））。我们也已经说明了黏着逻辑验证以下推理：

$K_{\pi_1}，K_{\pi_2}，?（\pi_1，\pi_2，\pi_0）\vdash$ 解释（$\pi_1，\pi_2，\pi_0$）

尤其注意的是，既然条件 $[z = m]（\pi_2）$（其中 z 是在 π_2 中代词引入的话语所指，m 是在 π_1 中被 Max 引入的话语所指）是被转换成黏着逻辑和关于可及性信息的黏着逻辑的通道的组合语义的结果，这个更新在 ⼁~ 下是封闭的，那么这个条件在更新中也有效，而且它影响了解释（π_1，π_2，π_0）的推理。因此：

$$\sigma_1 + K_{\pi_2} + ? \, (\pi_1, \pi_2, \pi_0) = \{\tau : \tau \models_1 \quad Th(\sigma_1) \wedge K_\beta \wedge [z = m](\pi_2) \wedge 解释 (\pi_1, \pi_2, \pi_0)\}$$

因此更新集 σ_2 必须由满足以下条件的 SDRSs $<A，F，LAST>$ 组成：（a）$\{\pi_0, \pi_1, \pi_2\} \subseteq A$；（b）$F(\pi_0) \rightarrow$ 解释(π_1, π_2)，$F(\pi_1) \rightarrow K_{\pi_1}$ 并且 $F(\pi_2) \rightarrow K_{\pi_2}$；（c）LAST = π_2。既然 K_{π_1} 和 K_{π_2} 都是完全明确的，这表明话语没有包含歧义，或者没有包含未消解的未具体化陈述。再一次，有满足这些条件（a）—（c）唯一的一个最小的 SDRS，如下所示：

（10′）　●　A = $\{\pi_0, \pi_1, \pi_2\}$

　　　　●　$F(\pi_0)$ = 解释(π_1, π_2)

$F(\pi_1)$ =

| m, e_1, t_1, n |
| Max(m), fall(e_1, m) |
| holds(e_1, t_1), $t_1 < n$ |

$F(\pi_2)$ =

| j, e_2, t_2, z |
| John(j), push(e_2, j, z) |
| z = m, holds(e_2, t_2), $t_2 < n$ |

　　　　●　LAST = π_2

我们也可用扩展的 DRS 记法来表示这个 SDRS，如图 5-3 所示：

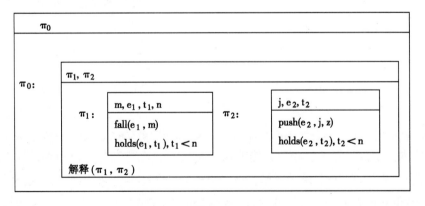

图 5-3

大致来说，例（10）的逻辑形式（10′）是真的当且仅当马克斯摔倒，约翰推马克斯，并且约翰推马克斯引起马克斯摔倒。

第七节　SDRT 更新的一个实例分析

SDRT 更新是一个单调递减函数：函数的输出总是函数输入的子集。然而，β 的粘贴点有好几种选择，消解语义未具体化陈述也有好几种方法，并且所有这些选择和方法都是融贯的。SDRT 更新的输出体现了所有融贯的 SDRSs 的内容，尤其体现了 β 粘贴点的所有可能选择的结果。但是，融贯性不是一个肯定或否定的问题，它可以在质的方面发生变化。

我们先看一个例子：

（25）π_1.　Max experienced a lovely evening last night.

（马克斯昨晚过得很愉快。）

　　　π_2.　He had a fantastic meal.

（他美餐了一顿。）

　　　π_3.　He ate salmon.

（他吃了三文鱼。）

　　　π_4.　He devoured lots of cheese.

（他吃了许多奶酪。）

　　　π_5.　He won a dancing competition.

（他赢了一场跳舞比赛。）

这个话语分析不同于例（10），因为关于"最佳"粘贴点和前指条件的消解的推理是必需的。也就是说，我们更新形如?（α，β，λ）的哪一个公式有许多种选择，这些更新是以哪一种顺序进行也有许多种选择，函数 SDRT 更新覆盖了所有这些选择。

直观上来看，说话者首先提出并详述了马克斯的进餐，接着把主题转换到舞蹈比赛。一般来说，主题的改变表明了新信息不是粘贴到先前的小句，而是粘贴到统制先前的小句的地点。这就是话语突然出现（discourse popping）。在适当的例子中，SDRT 更新必须预测话语突然出现，因此让我们看看已经给出的公理是如何被用来建构例（25）的 SDRS 的。

被处理的第一个小句是 π_1，语法产生了它的未具体化逻辑形式 K_{π_1}。K_{π_1} 没有包含被前指表达式所产生的语义未具体化陈述，我们能够利用这个未具体化逻辑形式来详细说明完整的信息。因此有一个唯一最小的 DRS K_{π_1}，它在未具体化逻辑形式逻辑中满足未具体化逻辑形式 K_{π_1}。SDRT 更新确保表示一个语句的话语 π_1 的任何 SDRS 必须是它的同构或者它的扩展。

下面谈谈更可取的话语结构。与图 5-4 同构的结构比有着更多标记和条件的这个结构的扩展更可取。因此我们把限制强加在 SDRSs 的更可取的顺序上，更可取的顺序指的是：在其他条件相同的情况下，选择更少节点的话语结构。事实上，在一些例子中，直观上正确的真值条件的 SDRS 比可选择的

图 5 - 4

SDRSs 有更多的标记，如例（24）的更可取的分析。

　　现在我们需要处理 π_2。假设它的组合语义是 K_{π_2}，因此用 K_{π_2} 去更新语境。考虑到可及性定义，这里只有一个可及的粘贴点 π_1。因此现在用? (π_1，π_2，π_0) 进行简单更新，我们必须计算出? (π_1，π_2，π_0)、K_{π_1} 和 K_{π_2} 在黏着逻辑中的结果如何（因为通过 $\vdash_{tr}$，它们被转化成了黏着逻辑）。

　　小句 π_2 包含了一个代词，这意味着在 K_{π_2} 中语法产生了一个未具体化的条件 $x = ?$。但是由于前指的可及性限制，x 的唯一可能的先行词是 K_{π_1} 中由专有名词 Max 引入的话语所指 m。无论哪一种修辞关系把 π_1 和 π_2 连接起来，$x = m$ 一定是事实。我们假定黏着逻辑能够推论可及性限制，因此推论修辞连接关系时，在黏着逻辑中 [$x = m$](π_2) 是前提的一部分。加上关于 π_2 内容的这个额外信息，我们能够推论一种特殊的修辞关系。假定黏着逻辑中的公理把人们在晚上做的事情的常识进行编码，那么，既然这些事情中的其中一件是用餐，黏着逻辑中的公理足以单调地推论 $\text{subtype}_D(\pi_2, \pi_1)$。这就是说，在话语中存在在 π_2 和 π_1 中被描述事件之间的子类型关系的证据。而且，? (π_1，π_2，π_0)、$\text{subtype}_D(\pi_1, \pi_2)$、$\pi_1$ 和 π_2 的时体种类验证了详述公理的前件，并且它的后件与前提一致。根据可废除的分离规则，详述(π_1，π_2，π_0) 在黏着逻辑中被非单调地推出。因此，根据 SDRT 更新的定义，前两个句子（即 25π_1，25π_2）的任何 SDRS 都满足图 5 - 5 中给出的条件，其中 K_{π_2} [$x = m / x = ?$] 正好像（25π_2）的组合语义，只是未具体化条件 $x = ?$ 被 $x = m$ 所代替。

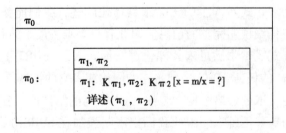

图 5 - 5

图 5-5 比小句告诉我们更多组合语义。详述的意义公设表示只有 $e_{\pi_2} \subseteq e_{\pi_1}$ 时，图 5-5 才是真的：吃了极好的一餐在时间上被包括在过了一个令人愉快的夜晚之中。这种时间关系在任何一个小句中的组合语义中都没有呈现出来。并且，he 被消解为 Max。

根据关于详述复杂的构成成分限制，在更新中存在与图 5-5 不同构的其他结构。例如，包含 π_0 的一个 SDRS：详述(π_1，π)，对于某种并列关系 R，π：R(π_2，π')，能被 π_1 详述的标记内容的标记 π'，也能被 |~$_g$-推断所描述。但是考虑到最小限制，这样一个 SDRS 在目前处理阶段并不会被优先选取。

考虑到图 5-5 的结构，对于随后的信息有三个可及的粘贴点：π_2（因为它是先前被增加的信息）、π_1（因为通过统制关系详述，它统制 π_2）和 π_0（因为它是顶部节点）。π_3 应该粘贴在哪里呢？当我们考虑各种各样选择时，一个清楚的、更可取的选择出现了，这是基于把 π_3 和各种各样的选择连接起来的各种修辞关系的效力。

要明白这一点，首先考虑把 π_3 和 π_0 连接起来。这就给出了一种特别令人不满意的情况：在 K_{π_0} 中对于代词 he 没有可及的先行词（例如，话语所指 m 在 K_{π_0} 中是不可及的）；黏着逻辑中的 π_3 和 π_0 之间也缺乏计算修辞关系的足够信息。因而根据更新限制和未具体化修辞关系不是从属关系的假设，如果首先把 π_3 粘贴到 π_0，我们就不能把 π_3 粘贴到任何从属标记，这就阻拦了把 π_3 粘贴到 π_2 和 π_1。没有去掉未具体化陈述导致了一个非常弱融贯的话语。

假设把 π_3 粘贴到 π_1。这就导致了一个更融贯的话语，因为我们能够消解代词。再一次假设黏着逻辑包含反映常识知识的公理，这里的常识知识指的是吃三文鱼和度过了一个愉快的夜晚是子类型关系的证据，它们之间的话语关系可能是详述。但是至关重要的是在 π_3 和 π_2 之间没有任何连接。这种情况非常奇怪：马克斯吃三文鱼和吃晚餐是两件完全没有关联的事情，也许他吃了两顿晚餐。

假设把 π_3 粘贴到 π_2。直观上看，一个更融贯得多的话语产生了。适当的 subtype$_D$-公理和详述公理将使吃三文鱼详述吃晚餐，反过来，吃晚餐又详述了这个愉快的夜晚。这种解释基本上把新信息（吃三文鱼）和旧信息（吃晚餐，度过了一个愉快的夜晚）之间的连接修辞关系扩大到最大限度。由于详述具有传递性，这表明吃三文鱼实际上详述了度过一个愉快的夜晚。

融贯性在质方面是能够变化的。如果 τ_1 像 τ_2，只是 τ_1 严格地描述了更多修辞连接关系的特征，那么 SDRS 描述 τ_1 比 SDRS 描述 τ_2 更融贯。相似地，如果 τ_1 像 τ_2，只是 τ_2 中的一些未具体化条件在 τ_1 中被消解，那么 τ_1 比 τ_2 更融贯。还有其他的因素影响融贯性程度，例如，叙述的共同主题的特征、平行和对比的结构同构的程度，等等。修辞联系越多，未具体化条件的数目越少，话语就越融贯。更可取的更新的 SDRS 总是使话语的融贯最大化。

正如直观所支配的，最大化话语融贯（Maximise Discourse Coherence）预测了 π_3 粘贴到 π_2，因为（一）由于传递性和分配性，这种选择使命题之间的修辞联系最大化；（二）这种选择使未消解的未具体化陈述的数目最小化，π_3 中的 he 被消解了。而且，假设 π_0 标记的粘贴使标记数目最小化，我们假定更可取的 SDRT 更新就是用？(π_2, π_3, π_0) 更新旧信息。所以黏着逻辑产生了详述(π_2, π_3, π_0)，被优先选取的更新的 SDRSs 的子集与图 5 - 6 是同构的。

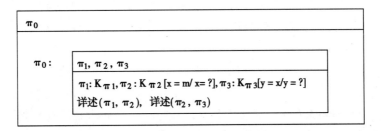

图 5 - 6

现在考虑下一个小句 π_4。在图 5 - 6 中有四个可及的粘贴点：π_3（因为 LAST = π_3），π_2（因为通过详述关系它统制 π_3），π_1（因为通过详述关系它统制 π_2）和 π_0（因为 $\mathrm{Succ}_D(\pi_0, \pi_3)$）。假如我们不把 π_4 和 π_3 联系起来，那么关于一种可能的修辞连接的重要信息就将失去：因为假如？(π_3, π_4, λ) 是真的，那么叙述(π_3, π_4) 能够被推断（关于用餐中上菜的顺序，occasion(π_3, π_4) 可从公理诱因 1 中推断出来）。然而，叙述随同主题限制而来：只有存在概括 K_{π_3} 和 K_{π_4} 的信息 K_{π_i}，使得 $\Downarrow(\pi_i, \pi', \pi'')$ 有效，叙述(π_3, π_4, π') 才能够有效。而且，关系 Succ_D 是有充分根据的假设衍推 π' 一定与 π'' 不同，如图 5 - 7 所示。

但是在更新中共同的主题 K_{π_i} 的值是什么？以下是信息内容动态逻辑的一条公理。

● 详述衍推 $\Downarrow$：

详述$(\alpha, \beta) \Rightarrow \Downarrow(\alpha, \beta)$

根据可废除的分离规则，？(π_2, π_4, π') 产生了详述(π_2, π_4, π')，根据复杂构成成分，产生详述(π_2, π', π'')，因此也产生了 $\Downarrow(\pi_2, \pi', \pi'')$。换句

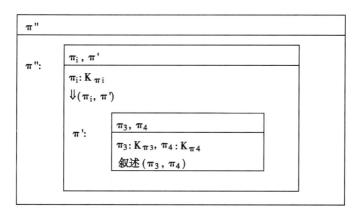

图 5 - 7　一个表示叙述的主题结构的 SDRS

话说，K_{π_2} 可能是我们寻找的主题。而且，假设 K_{π_2} 是主题比假设主题是在话语中没有提到的事情所得到的话语更为融贯。π_2 是主题使修辞连接关系的数目最大化（因为增加另一个主题意味着 π_4 与这顿饭毫无关系，即使它与这顿饭的部分形成了一个叙述），并且它包含了最少的未具体化陈述。如果 SDRT 更新遵循话语融贯性的最大化原则，那么在此处理阶段更可取的被更新的 SDRS 与图 5 - 8 同构。为了简化，我们省略了关于微观层面的未具体化条件是如何消解的信息，K_{π}^{+} 仅仅代表一个 DRS，在这个 DRS 中，在组合语义 K_{π} 中一些未具体化条件被消解了。

这表明尽管 SDRT 更新是一个单调递减函数，但是从 SDRT 更新的结果中所选择的更可取的 SDRSs 不总是融贯的。当随后的小句被处理时，现在更可取的 SDRSs 可能会变得不可取。

在试图解决 π_5 的粘贴方面，最大化话语融贯性也起着重要作用。根据 SDRT 中的可及性定义，有五种粘贴点的选择：π_0、π_1、π_2、π' 和 π_4。π_3 被封闭，因为 π_4 是用叙述关系和它联系起来。根据最大化话语融贯性原则，选择 π_5 的粘贴点应该基于哪一个可及粘贴点将提供与 π_5 最紧密的、最融贯的联系。下面让我们依次考虑每一个粘贴点。如果把 π_5 和 π_4 联系起来，没有允许我们推论出 occasion，$subtype_D$ 和 $cause_D$ 的公理，因此如果 π_4 是一个实际粘贴点，那么更新将包括未具体化条件？(π_4, π_5, π')。对于 π' 和 π_5 之间的连接，上述情况同样有效。然而，根据我们的假设，试图把 π_5 粘贴到 π_1 和 π_2 会产生更融贯的话语，因为更新将不会包括这些修辞的未具体化陈述。把 π_5 粘贴到 π_1，有我们能够利用的子类型信息，产生详述(π_1, π_5)。因此吃饭和在跳舞比赛中获胜都是夜晚过得很愉快的一部分。这个增加的信息能够检

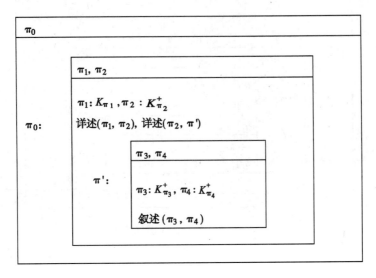

图 5 - 8

验 π_5 和 π_2 的 occasion 公理，产生叙述 (π_2, π_5)。在这种情况下，既然我们已经推论详述 (π_1, π_2) 和详述 (π_1, π_5)，根据复杂构成成分，π_1 被看作由 π_2 和 π_5 组成的叙述序列（我们标记 π''）的共同主题。

我们可以从另一种方式看这个讨论。注意话语（26）比话语（27）更融贯，这表明把 π_5 粘贴到 π_1 和 π_2 比把 π_5 粘贴到 π_4 或者 π' 更成功。

（26）Max experienced a lovely evening last night. He had a fantastic meal. He won a dancing competition.

（27）Max ate salmon. He devoured lots of cheese. He won a dancing competition.

无论如何，假设 SDRT 更新被强制选择最大化融贯性的更新的 SDRS，这个 SDRS 就是图 5 - 9。

粘贴 π_5 是话语突然出现的一个例子，它没有粘贴到先前的小句，而是粘贴到更早先的小句。这个话语突然出现是选择最大化融贯性的更新的 SDRS 的结果。由于更新的限制，一旦把 π_5 粘贴到 π_2，那么它就不能粘贴到 π_4（即使在这个粘贴前，π_4 是可及的）。这就预言了 π_5 不可能有一个由 π_4 中成分所决定的前指。而且，既然 LAST = π_5，那么 π_5 后面没有小句能够粘贴到 π_2、π'、π_3 或者 π_4，这就预测了例（25）的续述 π_6 是不恰当的，要恰当地消解前指，π_6 不得不粘贴到 π_3。限制也预言续述 π_6' 不能够粘贴到 π_4，因而蛋奶酥不可能是在跳舞比赛之前的晚餐的一部分。

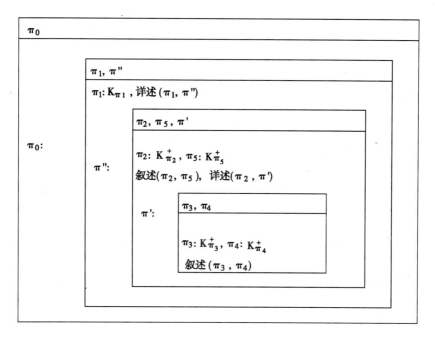

图 5－9

（25）π_6. It was a beautiful pink.

（它是一种美丽的桃红色。）

$\quad\quad$ $\pi_6{'}$. He then had a soufflé.

（然后他吃了蛋奶酥。）

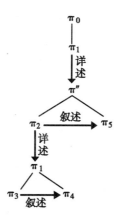

图 5－10 （25）的 SDRS 的图表表征

第八节　最大化话语融贯性

用公式表示更新限制确保产生的逻辑形式反映最大化融贯的话语是复杂的，这主要是因为应该如何表征融贯性的程度是不清楚的。这种限制不同于更新的其他限制。它对规则集中可选择的推断进行排列：定义 5.5 的 SDRT 更新总是被用来产生话语的所有可能的 SDRSs，这体现了关于粘贴的所有可能的假设；那么最大化融贯性就是把这个 SDRSs 集进行排列，这相当于排列未具体化信息的可能的值，包括关于什么粘贴到什么样的未具体化信息。

当保持最大化融贯的话语结构时，把逻辑形式限制到反映最大化融贯性的逻辑形式涉及发现已消解的未具体化陈述的最大数目的逻辑形式。在一些语境中，用一种修辞关系粘贴比用另一种修辞关系粘贴产生了更佳的融贯。为了表达这个，引入涉及语境内容的修辞关系的偏序：解释 $>_\tau$ 背景表示特定的语境 τ，把新信息理解为解释而不是背景信息更可取。两种选择可能都是融贯的，但是其中一种比另一种更佳，这部分是因为 τ 的内容。在两个标记中的一种特殊的话语关系总是比让这种关系未具体化更可取；这就是说，未具体化修辞关系？在所有的语境 τ 中是 $>_\tau$-最小的。

然而，检查粘贴新信息的关系的效力是不够的，我们需要比较被更新影响的所有的话语关系的效力。这意味着我们不得不比较各种各样的更新——即在新信息 β 中使用不同的粘贴点或未具体化成分的不同的消解的更新。

在逻辑形式的建构中，我们能够发现并且避免话语结构中的不融贯性的其他来源。话语结构中的复杂性可能更可取，因为它消除了在意义或者被两种不同的话语关系强加的结构限制之间的冲突。在例（24）中我们遇到了这种现象：

(24)　π_1.　Bill loves sports.

（比尔喜欢运动。）

　　　π_2.　But Harry does't.

（但是哈利不喜欢。）

　　　π_3.　Or Sam doesn't.

（或者塞姆不喜欢。）

如果 π_2 被粘贴到 π_1，π_1 与 π_2 之间的修辞关系是对比，π_3 又粘贴到 π_2，那么选言和对比之间的冲突将会产生。这是因为对比是真实的修辞关系，而选言不是。因此对比衍推 K_{π_2}，而选言表达了关于 K_{π_2} 真值的故意的模棱两可的话。然而，这不是一个逻辑矛盾，它是语用上的异常，融贯性顺序中排列SDRSs 的原则应该反映这一点。解决这个冲突的方法就是通过（28a）中而不是（28b）中更新的序列建构例（24）的逻辑形式：

（28）a. $\tau + K_{\pi_1} + K_{\pi_2} + K_{\pi_3} + ?\ (\pi_2, \pi_3, \pi_4) + ?\ (\pi_1, \pi_4, \pi_0)$

　　　b. $\tau + K_{\pi_1} + K_{\pi_2} + ?\ (\pi_1, \pi_2, \pi_0) + K_{\pi_3} + ?\ (\pi_2, \pi_3, \pi_0)$

序列（28a）将产生我们希望得到的：π_0：对比（π_1, π_4）和 π_4：选言（π_2, π_3），因此选言是在对比的辖域里。π_4 不是被引入描述中的标记，但是它直接地辖域覆盖被引入描述中的标记，并且在 SDRS 中，它是在 Th(σ) 中满足限制的标记。根据可及粘贴点的定义，π_4 是可及的。但是此刻在逻辑形式的更新集中，没有什么阻止（28b）产生组成成分。我们必须增加一个限制，这个限制使得（28b）产生的 SDRSs 不如（28a）产生的 SDRSs 更可取。尽管（28b）最小的 SDRS 比（28a）最小的 SDRS 有更少的节点：（28b）有4四节点，而（28a）有五个节点。

话语（29）也阐述了这一点。例（29）更可取的解释是：非真实关系辖域覆盖真实关系。

（29）π_1.　If a shepherd goes to the mountains,

（如果一个牧羊人去大山，）

　　　π_2.　he normally brings his dog.

（他通常带上狗。）

　　　π_3.　He brings a good walking stick too.

（他也带上了一根好的手杖。）

如果我们假定（30a）中更新的序列，那么输出的 SDRSs 与图 5－11 同构或是图 5－11 的扩展。从"if…normally…"我们可以推出可废除的假言关系，从"too"可以推出平行关系。

（30）a.　$\tau + K_{\pi_1} + K_{\pi_2} + ?\ (\pi_1, \pi_2, \pi_0) + K_{\pi_3} + ?\ (\pi_2, \pi_3, \pi_0)$

　　　b.　$\tau + K_{\pi_1} + K_{\pi_2} + K_{\pi_3} + ?\ (\pi_2, \pi_3, \pi_4) + ?\ (\pi_1, \pi_4, \pi_0)$

π_1, π_2, π_3
π_1: [shepherd goes to the mountains]
π_2: [he brings his dog]
π_3: [he brings a walking stick]
可废除的假言（π_1, π_2），平行（π_2, π_3）

图 5－11

　　但是假设例（29）的内容是图5－11是非常奇怪的：如果K_{π_2}和K_{π_3}的真值被真实关系所推衍，那么为什么在语境中关于K_{π_2}的真值有特意的模棱两可的话？更新图5－12比可选择的更新图5－11更融贯。这就是说，平行关系最好嵌入非真实的语境中，尽管这样会产生了一个更复杂的层级结构。通过更新序列（30b）而不是（30a），假言关系的辖域覆盖了平行关系的辖域。

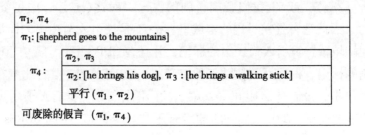

图 5 - 12

　　选取图5－12而不是图5－11不是由于世界知识，而是由于语言能力。π_3几乎可以是任何事情——例如，he brings his flask too（他也带上了水瓶），或者he brings a map too（他也带上了地图）。相似地，在例（24）中认为对比语义辖域覆盖了选言语义辖域的优先选择也是由于语言知识，而不是由于世界知识。

　　现在我们定义关于未具体化的话语结构的一个传递的、自返的序$\leqslant$：$K' \leqslant_{\sigma,\beta} K$表示尽管$K'$和$K$都描述了在$update_{SDRT}(\sigma, K_B)$中的SDRSs，但是$K$描述了一个"更可取的"或"更融贯的"话语解释。因此下面的定义5.6比较了一个确定的话语语境σ和确定新信息β的SDRT更新的各种各样的输出。根据这个定义，$K' \leqslant_{\sigma,\beta} K$有效，如果：$K$比$K'$有着更多、更融贯的修辞关系；$K$比$K'$有着更少的不一致和"语用冲突"；$K$比$K'$有着更简单的结构（除非更简单的结构将产生不一致或冲突）；K比K'有着更少的未消解的未具体化陈述。

　　定义5.6：最大化融贯性

　　令$K_{\sigma}(=_{def} \wedge Th^{\Sigma_1}(\sigma))$是语境的逻辑形式的描述，$K_{\beta}$是新信息的逻辑形式的描述。那么对于任何SDRS描述K'和K，$K' \leqslant_{\sigma,\beta} K$当且仅当：

　　1. 在$update_{SDRT}(\sigma, K_{\beta})$中，$K$和$K'$描述了SDRSs的子集；即$\{\tau: \tau \vdash_1 K\} \subseteq update_{SDRT}(\sigma, K_{\beta})$，并且对于$K'$来说，也与此类似。

　　（因此K和K'一定是用新信息K_{β}对旧信息K_{σ}的可能的更新。）

2. 以下的合取式有效：

（a）如果在 K 中 $\text{Succ}_D(\lambda, \pi)$ 有效，那么它在 K′中也有效，除非：（i）K 是可满足的并且 K′是不可满足的，（ii）在 $R(\alpha, \beta, \lambda)$ 和 $R(\gamma, \alpha, \lambda')$ 之间存在冲突，两者都能从 K′中可推论出来，但是不能从 K 中推论出来，并且每一个从 K 中推论出来的冲突也可从 K′中推论出来。

（这就确保了 K 比 K′有更少的节点，除非 K′有一个冲突并且 K 没有。）

（b）如果 K′是 $\models_1$-可满足的，那么 K 也是 $\models_1$-可满足的。

（换句话来说，一致的 SDRSs 比不一致的 SDRSs 更可取。这就确保了如果我们推论的是叙述关系，那么更可取的输出涉及叙述的语义和结构的推断，尤其涉及叙述的主题限制。）

（c）假设 K $\models_1\text{outscopes}(\pi_0, \lambda)$，那么如果 K′$\models_1 R(\alpha, \lambda, \gamma) \vee R'(\lambda, \alpha, \gamma)$ 那么 K $\models_1 R''(\alpha', \lambda, \gamma') \vee R'''(\lambda, \alpha', \gamma')$，其中 $R'' \geq_\sigma R$ 并且 $R''' \geq_\sigma R'$。

（这就是说，被 K 验证的每一种修辞连接关系至少和 K′中的修辞连接关系在内容上一样是最大化的，并且在 K 中至少有在 K′中一样多的修辞关系）。

（d）如果一个未具体化的条件从 K 中可推论出来的，那么它从 K′中也可推论出来。

（这就是说，K 至少和 K′一样消解了同样多的未具体化陈述）。

考虑到≤是关于描述的一种关系，对于最大化融贯性，我们应该选择这样一些描述：最小的标记数目、最少的语义和语用冲突、最强的修辞联系、最少的未具体化陈述的数目。显而易见，我们也能使用≤来详细说明关于话语结构本身的偏序（既然这些是描述的模型），正是这种序，我们将运用它来用公式表示最大化话语融贯性原则（Maximise Discourse Coherence Prinple，简称 MDC）。最大化话语融贯性原则限制 SDRT 更新选取这个序的最大的成分（既然≤是一个偏序，它总是有最大的成分，尽管一般来说，不止一个最大的成分）。形式上来说，这就相当于：

• 最大化话语融贯性（MDC）：

$\text{Best} - \text{update}_{\text{SDRT}}(\sigma, K_\beta) = \{\tau\epsilon\text{update}_{\text{SDRT}}(\sigma, K_\beta): \tau$ 是 $\leq_{\sigma,\beta}$-最大化的$\}$

最大化融贯性与黏着逻辑中推断话语关系的公理起着截然不同的作用。放弃黏着逻辑公理，使用最大化融贯性，在所有可能的话语结构中作选择将在更新中过多地确认解释的数目。

　　我们假定所有的更新都是最佳更新。因此用 K_β 更新 K_σ 得到的 $K_{\sigma'}$ 是 $\leq$ 最大化的。然而，用新信息 K_γ 的随后更新将使用 $update_{SDRT}(\sigma, K_B)$，而不是 $Best - update_{SDRT}(\sigma, K_B)$ 去表征旧信息将被更新。实质上，每一次新信息被增加时，从所有可能更新中计算最佳更新。这就确保我们得到了一个话语的正确的解释，即使现在的最佳更新不是在处理话语的更早阶段中最佳更新的一个扩展。

　　更新关系的每一次输出当然和黏着逻辑结果密切相关。因此要求一个更新是最大化融贯性将不会改变黏着逻辑中的计算结果。根据定义 5.6，最大化融贯性仅仅帮助我们排列出 SDRSs 的输出集。也就是说，当黏着逻辑支持好几种选择时，最大化融贯性对那些选择进行了排列。

　　最大化话语融贯性的一个非常简单的应用就是把标记减少到最低限度。例如，如果语境是空的，那么根据最大化话语融贯性，仅用 β 中的信息，对语境进行更新的结果所包含的标记不会超过被 β 所意指的标记。最大化话语融贯性也宁愿选择那些用额外的标记的增加消除话语联系之间的冲突（尤其是真实和非真实关系之间的冲突）的话语结构。适当的概括如下：如果用？(α, β, λ) 更新 σ 产生了 $R(\alpha, \beta, \lambda)$，其中 R 是真实的，但是用？$(\beta, \gamma, \lambda')$ 更新其结果产生 $R'(\beta, \gamma, \lambda')$，其中 R′ 是非真实的，那么只有 $K\epsilon$ $\sigma + ?(\alpha, \delta, \lambda) + ?(\beta, \lambda, \delta)$ 时，K 是 $\leq_{\sigma, r}$-最大化的。换句话说，人们宁愿选择不把 β 直接地连接到 α。如果 R 是非真实的，R′ 是真实的，相同的情况也会发生。

　　● 避免冲突（Avoiding Clashes）：
　　如果 $(a) Th(\sigma), K_\beta, ?(\alpha, \beta, \lambda) \vdash R(\alpha, \beta, \lambda)$
　　其中 R 是真实的（非真实的）；并且
　　　　$(b) \ Th(\sigma'), K_\gamma, ?(\beta, \gamma, \lambda') \vdash R'(\beta, \gamma, \lambda')$
　　其中 R′ 是非真实的（真实的）；并且
　　　　$(c) \ \sigma' = update_{SDRT}(\sigma, K_\alpha)$；
　　那么 (d) K 是 $\leq_{\sigma', \gamma}$- 最大化的仅当
　　$\sigma + K_\alpha + K_\beta + K_\gamma + ?(\beta, \gamma, \delta) + ?(\alpha + \delta + \lambda) \vdash_l K$
　　因此我们看见在定义 5.6 中（2a）和避免冲突对在修辞上什么和什么连接起来如何强行作出决定。

　　相似地，如果关于叙述或背景的主题限制在更新的 SDRS 中被违背，那么冲突就会出现，因此产生一个不一致的 SDRS。定义 5.6 中的（2b）确保在这种情况下，人们宁愿选择一个更为复杂结构的更新了的 SDRSs。例如，这个

限制意味着表征例（25）的小句 π_1—π_4 的内容的更可取的 SDRS 如同我们更早详细说明的：人们用？（π_2, π', π_0）和？（π_3, π_4, π'），而不是用？（π_2, π_3, π_0）和？（π_3, π_4, π'）去更新。

最大化话语融贯性也影响了语义未具体化陈述的消解。在例（20）中，最大化话语融贯性对语汇歧义是如何消解的起作用。

（20）a. A：　Did you buy the apartment?

（你买了这套公寓吗?）

　　　 b. B：　Yes, but we rented it.

（是的，但是我们租了它。）

正如我们前面所见，用租入（rent from）或租出（rent out）的任何一种消解，对比的限制都能满足。然而，租出的意思比租入的意思产生了更强的对比（像叙述一样，对比在融贯性程度方面具有层级性）。比较例（31）和例（32），人们能够直观地看到这点，融贯性程度的差异在形式上也被建构对比主题的过程所预言：

（31）a. A：　Did you buy the apartment?

（你买了这套公寓吗?）

　　　 b. B：　Yes, but we rented it out.

（是的，但是我们把它租出去了。）

（32）a.　A：　Did you buy the apartment?

（你买了这套公寓吗?）

　　　 b. B：　Yes, but we rented it from someone.

（是的，但是我们从某人那里租了它。）

如果我们把 rent 解释为租出（rent out）的意思，那么不仅有更强烈的对比关系，而且也有叙述关系；也就是说，我们的理解是首先买公寓，然后再把公寓租出去。叙述的语义和租入（rent from）的意思不一致。这是因为从某人那里租一套公寓的状态前是你并不拥有这套公寓，而买了一套公寓的状态后是你拥有它。因此，如果 rent 被解释为租入，（20b）的状态前不能和（20a）的状态后叠交。黏着逻辑本身不能消解被歧义词 rent 产生的未具体化陈述，但是关于话语解释的最大化话语融贯性限制表明表征例（20ab）的 SDRS 把歧义词 rent 解释为租出（rent out）。

在下面的例子（33）中，最大化话语融贯性对准从话语关系到代名词前指的消解的信息流。

（33）a. Jane persuaded Sue to read War and Peace.

（詹说服苏去读《战争与和平》。）

      b. But then she changed her mind.

（但是后来她改变了主意。）

如果 she 指的是 Sue，那么被提示词 but 和 then 表明的对比和叙述关系才讲得通。最大化话语融贯性优先选取可能的更强的修辞联系，因此支配前指的连接。

对于一些话语，黏着逻辑可能支持各种各样连贯的更新推理，每一个推理依赖一个不同的假设：什么粘贴到什么，或者一些其他的未具体化条件是如何消解的。毕竟，话语融贯性程度是一个偏序，而不是一个全序，并且可能不仅仅只有一个最大化融贯性的更新。在这种情况下，最大化话语融贯性不会从候选者中挑出一个唯一的更新的逻辑形式，这相当于语义歧义。

我们已经说明了 SDRT 更新是如何产生一个消解一些被语法引起的未具体化陈述的更新的逻辑形式。这至少在两个方面能够发生，并且两个方面都涉及有关修辞联系的推理。首先，消解未具体化陈述能够发生是因为：黏着逻辑证实了一种特别修辞联系 $R(\alpha, \beta)$ 的缺省推理（首先没有未具体化陈述被消解）；R 的意义公设导致了关于 α 和 β 内容的推理，而这些内容从语法来源上是未知的；内容新增的信息适合用真值代替自变量空位；最大化话语融贯性保证在话语更新中，自变量空位真正地被这些真值填补，因为最大化话语融贯性表明我们总是努力使更新逻辑形式中的未具体化陈述最小化。其次，消解某个特殊的值 v 的未具体化陈述可能发生是因为：用这个方式消解它使修辞联系 R 能够在黏着逻辑中产生；其中用 v 没有消解它意味着 R 的黏着逻辑推理没有被支持（或者更不可取的修辞联系被支持）；并且因此在这种情况下，最大化话语融贯性再一次规定未具体化陈述被消解为 v（因为定义 5.6 中的（2c）力求最大和最高的质量修辞联系）。在第一种情况下，信息从关于修辞联系的推理流向它的语义衍推，流向用真值填补自变量的空位。在第二种情况下，信息向相反的方向流动：从用真值填补空位到使修辞关系的推理能够实现。

SDRT 更新和最大化话语融贯性考虑到更新仍旧描绘一些未具体化陈述的特征，尤其是修辞关系可能没有被具体说明的可能性。从例（5）和例（12a）中我们可以看到这一点，我们不是总是要被迫对于修辞关系作出"局部的"猜测。我们来看看例子（34）：

（34） a. ?? Max walked in. Mary dyed her hair black.

（?? 马克斯走了进来。玛丽把她的头发染成了黑色。）

　　b. ?? Max smoked a cigerette. Mary had black hair.

（?? 马克斯抽了一根烟。玛丽有黑色头发。）

　　这些例子都有一个符合规范的未具体化的 SDRS，因为在黏着逻辑中没有修辞关系被计算出来。如果没有随后的话语出现，这些话语是不融贯的。在整个话语被处理完之后，如果逻辑形式包含了未具体化的修辞联系，那么这个话语也是不融贯的。如例（34），这是起源于不明确的不融贯性。不融贯性也可以从不一致性产生。例如在例（23）中与小句内容不一致的因果关系。

第九节　SDRT 对预设的解释

　　语法使小句的断言部分和预设部分区别开来，因为它们相关的语义辖域不是被语法所决定。而且，对于一个未具体化的粘贴点，语法产生了预设的未具体化修辞联系，消解未具体化修辞联系将最终决定预设的语义辖域。因此，例如，对于例（35）的断言和预设的内容，语法分别产生了以下的未具体化逻辑形式。在未具体化逻辑形式语言中，用标记 ∂ 表示预设的内容，用 DRT 方式记法来表达关于辖域覆盖的信息，翻译成标准的未具体化逻辑形式语言 L_{ulf} 从直观上来讲应该是显而易见的。

　　（35）John brought his dog.

　　（约翰买了狗。）

　　阻止修辞未具体化陈述在目前动态语义学中被认为是通常的未具体化逻辑形式。重要的一点是因为两个（S）DRSs 都是被语法产生的，我们必须用小句（35）的内容完成语境的两次更新：用 π_α 的一次更新和用 π 的另一次更新（包括 π_p）。如图 5-13 所示。

　　对于断定，关于预设的信息粘贴到哪个地点可能有不同的选择。最大化话语融贯性原则把这些选择进行排列：人们选择导致一个最大化融贯更新的 SDRS 的粘贴点。此外，考虑到最大化融贯的 SDRS 使它的未具体化条件降低到最少，最大化话语融贯性也保证如果在预设信息和语境之间的修辞联系在黏着逻辑中能够被推断，那么在预设信息中的自变量空位，即 R = ?，u = ? 和 v = ?，在黏着逻辑中被推论的真值所取代。

　　因此，和断定一样，预设差不多用同样的方式被处理。然而，两者还有一些值得注意的重要差别。首先，用一个没有包含修辞关系的 SDRS 表征只有一个小句的话语，且该小句没有包含预设。而任何包含预设的话语的 SDRS，即使是一个小句的话语的 SDRS，总是包含修辞关系。其次，预设往往会用背

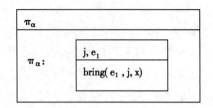

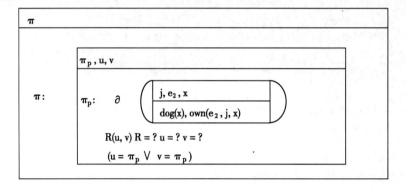

图 5 - 13

景关系粘贴，主要是因为预设通常是表状态的。最后，为了反映预设有一个
从条件句、模态词和否定中的嵌套中呈现出来的常规倾向的事实，我们假定
黏着逻辑中的一条缺省公理：预设通常粘贴到话语语境中最高的可及节点。
在最高节点粘贴预设确保它的语义辖域覆盖话语中其他构成成分的语义辖域。
这种总括粘贴的嗜好并不适用于断定。为什么总括粘贴的原则是缺省的？其
中一个原因是由于单调原则最大化话语融贯性能够使它无效：如果粘贴到一
个更低点会产生一个更融贯的逻辑形式，那么最大化话语融贯性可以使预设
粘贴到话语结构中的这个更低点。如：

(36) a. If John scuba dives, he'll bring his dog.

（如果约翰戴水肺潜水，他将带上他的狗。）

b. If John scuba dives, he'll bring his regulator.

（如果约翰戴水肺潜水，他将带上他的校准器。）

为了简单起见，我们忽略专有名词产生的预设、消解代词 he 和 his 的过
程及时态信息。使用 DRT 方式记法来表达未具体化的逻辑形式，在图 5 - 14
中，π_1 表征 "John scuba dives"，π_2 表示 "he'll bring his regulator" 和 "he'll
bring his dog" 所断定的内容，这些小句预设的内容——that John has a dog and
that he has a regulator——分别用未具体化逻辑形式 π_d 和 π_r 表征，π_d 和 π_r 的

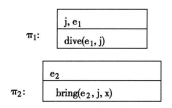

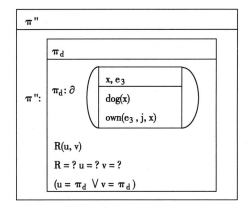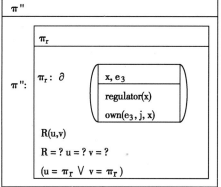

图 5 - 14　　（36a）和（36b）中小句的组合语义

差别仅仅在于谓词 dog 和 regulator 的不同。而且，提示词 if 的组合语义作用是引入了一个假言关系，它的第一个自变量辖域覆盖 π_1，第二个自变量辖域覆盖 π_2，这些自变量的实际值部分依靠预设是如何被解释的。因此在加标记的描述语言中，if 的作用如下：

（37）$\exists \pi \pi'(\text{Consequence}(\pi, \pi', \pi_0) \wedge \text{outscopes}(\pi, \pi_1) \wedge \text{outscopes}(\pi', \pi_2))$

为了获得话语（36a）和（36b）的逻辑形式，SDRT 更新必须把这些加标记的内容组合成一个单一的 SDRS。我们从第一个小句 π_1 开始，包括它的提示词 if。用这个信息更新语境 T 产生了一个 SDRSs 集，所有这些 SDRSs 都满足图 5 - 14 中的 K_{π_1} 和 if 的未具体化的内容（37）。考虑到优先最小的 SDRSs，从这个集合中更可取的 SDRS 是用 π_1 代替（37）中的变元 π 的 SDRS。

现在我们解释第二个小句。严格说来，接下来用预设的内容 π_d 或者 π_r 去更新还是用断言的内容 π_2 去更新，我们有一个选择。首先我们考虑用预设的内容去更新的情况，实际上选择的顺序产生了相同的 SDRSs。

预设内容的可及粘贴点是 π_1 和 π_0，把预设的信息粘贴到最高的节点 π_0 的缺省公理适用，但是其他的信息来源可能给出一个和这个有冲突的优先选择。事实上应该有一条捕获以下直觉的规则：内容的最大化融贯表征考虑到了话语中信息之间所有可能的逻辑从属性。逻辑从属性被修辞关系假言（对于单调逻辑推理）和可废除的假言（代表可废除的推理或非单调逻辑推理）所标记。而且，这些逻辑从属性在作为结果的解释中被预设：当我们否定（36b）或者把它嵌入在一个隐性语境中时（例如，I doubt that if John scuba dives then he'll bring his regulator），条件句"if John scuba dives then he has a regulator"可以从这些嵌套中推断出来。

下面的规则使融贯性程度、逻辑从属性和预设的内容之间的相互作用形式化：如果 $\partial(K_{\pi_p})$ 的真实性更高，如果 K_{π_1} 被假定为真的，那么这个条件的从属性本身是预设的部分。衍推 Def – Consequence(π_1, π_p) 并标记被预设的内容的 SDRS 比没有衍推这个公式或者没有标记预设的内容的 SDRS 更融贯。这个原则可能表明把预设粘贴到比 π_0 更低的地点导致了一个更融贯的 SDRS。既然最大化话语融贯性是单调的，它使总括的粘贴的缺省公理无效。

逻辑从属性、最大化话语融贯性和总括的粘贴缺省公理之间的相互作用使例（36a）与例（36b）区别开来。对于例（36a）来讲，约翰有一条狗的真实性不会随着知道他戴水肺潜水而增加。因此，这个 SDRS——π_d 粘贴到 π_0，并且背景(π_d, π_0)，背景关系在黏着逻辑中是可推断的，因为 π_d 是表状态的——恰好和粘贴点的其他选择一样融贯。而且，在这个例子中，预设是修辞关系的第一个自变量，断定是第二个自变量，最大化话语融贯性宁愿选择预设对解释所起的作用要优于断定对解释所起的作用。最大化话语融贯性优先选取关于粘贴的假定，因为它确保在断定的内容中变元 x 有了正确的约束。在没有优先选取的更新中，x 没有得到一个融贯的语义解释。因此总括粘贴的缺省公理的可废除的分离规则表明 π_d 粘贴到 π_0；最大化话语融贯性决定 π_d 必须是关系的第一个自变量，π_0 是第二个自变量（结果变元被正确地约束）；因此在黏着逻辑产生的关系是 Background$_2$；根据最大化话语融贯性，这就相应地消解了 R =？，u =？和 v =？的值，产生了更可取的逻辑形式——图 5 – 15 中的 SDRS。

总之，例（36a）说约翰有一条狗，这是随后的条件句"if he scuba dives, he'll bring it."的背景信息。而且，这个例子表明预设应该先于断定的内容被解释：当预设引入一个在断定的内容中束缚了条件的变元，最大化话语融贯性将选取预设的信息是修辞关系的左边词项的更新。考虑到修辞关系的动态语义学，这是得到需要约束的唯一方法。

例（36b）与例（36a）形成了对比。根据领域知识，约翰有一个校准器

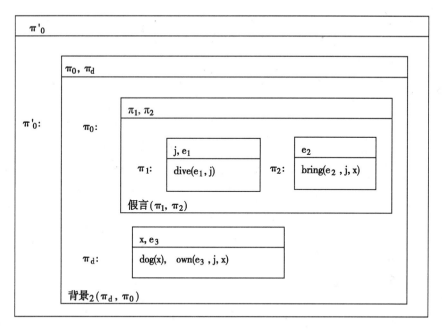

图 5 – 15　　（36a）的逻辑形式

的真实性会随着知道他戴水肺潜水而增加，因此最大化话语融贯性优先选择一个验证 Def – Consequence（π_1，π_r）的 SDRS。有好几个满足这个限制的 SDRSs，但是它们也必须满足（37）中被 if 的组合语义给出的关于逻辑形式的限制，尤其要确保 π_2 中的 x 有一个约束。这些关于解释的限制都要被用？（π_1，π_γ，π_0）和随后的？（π_1，π_2，π_3）去更新所满足。对于 π_2 来说，π_1 是可及的，因为 K_{π_r} 是被预设的，根据定义 5.5，它没有重新安置 LAST。因此 LAST = π_1，当用 K_{π_r} 更新语境时，π_1 对于 π_2 是可及的。但是现在这个预设和被断定的内容是如何相互作用呢？为了找出真相，我们必须最后考虑粘贴？（π_0，π_3，π）。

　　在这个例子中，条件预设在支持断定条件句的省略三段论中充当一个前提。预设在一个演绎推理中充当一个前提，这个前提在断定条件句的前件和后件之间被断定有效。这是 Pf – Background 语义的部分。

　　更正式地，Pf – Background（π_0，π_3）衍推 K_{π_0} 和 K_{π_3} 有效，并且任何验证 K_{π_1} 和拆开的信息 K_{π_r} 的世界指派对也验证 K_{π_2}。这种关系也让预设作为它左边的词项，在 K_{π_2} 中足够给 x 所要求的约束。没有这样一种关系的任何其他的 SDRS 都没有这么理想，因为它们对 x 没有给出正确的约束或者根本没有任何约束。因此，根据最大化话语融贯性，它们没有被优先选取。

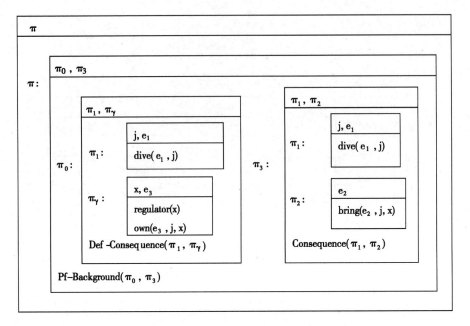

图 5-16　（36b）的逻辑形式

图 5-16 中的 SDRS 是如下粘贴顺序的结果: ? (π_1, π_γ, π_0) + ? (π_1, π_2, π_3) + ? (π_0, π_3, π)。这就是说，这个 SDRS 表示如果约翰戴水肺潜水，那么通常他拥有一个校准器（这是预设）。并且如果他戴水肺潜水，那么他将把这个校准器带来。根据预设作为断定的一种特殊的背景，我们能够利用预设后件的分离和断定的前件来解释所断定的后件。最大化话语融贯性保证这个 SDRS 更可取，因为它是一个关于解释的单调限制：它使把预设粘贴在最高标记的缺省公理无效。

在例（38）中，也需要用修辞关系来解释预设。

（38）I doubt that the knowledge that this seminal logic paper was written by a program running on a PC will confound the editors.

（我怀疑计算机程序出的飞行员资格考试的创新逻辑试卷的消息将使社论撰稿人困惑。）

仅仅是关于像世界知识这样的语用信息来源的推理是不够的，因为仅仅是世界知识将支持这种解释：预设在 doubt 的辖域范围之内。考虑到按世界知识来说，预设不可能是真的。但是从直观上来看，更显著的解释是：预设的辖域覆盖 doubt 的辖域，这种理解蕴涵预设是真的。语法产生了例（38）的 DRSs，如图 5-17 和图 5-18 所示。

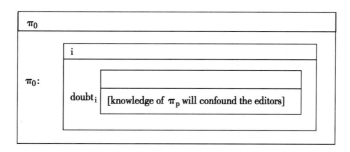

图 5 – 17

$$
\begin{array}{|l|}
\hline
\pi_p,\ u,\ v \\
\hline
\pi_p:\ [\text{seminal paper written by program}] \\
R(u,\ \pi_p),\ R = ?\ u = ?\ v = ? \\
(u = \pi_p\ \lor\ v = \pi_p) \\
\hline
\end{array}
$$

图 5 – 18

对于语境来说，束缚 π_p 的可及粘贴点是 π_0 和 doubt 的自变量的 DRS。真实性原则在这里不能应用，因为从直观上来看，被计算机程序出的创新试卷可能或不可能是真的，不管我是否怀疑它。因此对于总括的粘贴，缺省规则的可废除分离规则产生了一个解释，其中 $R(u, v)$ 被消解为背景（π_p, π_0）。然而，考虑到世界知识，这会导致相当不可能是真的解释。因为根据背景的真实性，这个 SDRS 蕴涵预设是真的。

下面再来看另外一个例子：

（39）a.　A：Every day, Mary has to assign a problem to someone in her Problem Solving Group. John is the best problem solver. But whenever he solves a problem, he boasts about it. This annoys Mary, and so if she thinks that the day's problem is unsolved, she gives it to him so as to test him. Otherwise, she gives it to someone else.

（玛丽每天都给解题小组的某个成员布置一道题。约翰是最佳解题能手，但他每解出一道题，就会吹嘘一番。这让玛丽不喜欢。所以，玛丽会把问题先给其他人，只有在认为其他人解不出时，她才会把问题给约翰。）

b.　B：John's being very quite just now.

（现在约翰很安静。）

c.　Did she give him today's problem?

（她把今天的问题给了他吗？）

d.　　A：Well, I'm not sure she did.

（我不清楚她是否这样做了。）

e　Either John didn't solve the problem or else Mary realised that the problem's been solved.

（或者约翰没有解出这个题目，或者玛丽知道这个问题已经解决了。）

关于话语结构的推理是必不可少的，因为预测在（39e）中被 "realize" 和 "John didn't solve the problem" 触发的预设——分别是问题被解决了和约翰得到了这个问题——没有从它们的析取支中推断出来。

在这个语境中，（39e）的最大化融贯解释使得被选言关系所关联的标记的内容之间的语义差异最大化，并且确保从而产生的选言关系解释了（39b）和（39d）。更可取解释的特征是定义 5.6 中（2c）的结果，我们必须使修辞连接的数目和质量最大化。使得语义差异最大化，获得（39b）和（39d）的解释仅仅是通过本地约束预设得到的，因此（39e）表示：或者约翰（从玛丽那里）得到了这个问题，因为玛丽认为它没有被解决，但是约翰没有解决它；或者约翰没有（从玛丽那儿）得到这个问题，因为问题已经解决了，并且玛丽意识到了这点。因而最大化话语融贯性产生了如下预言：在这个话语中预设是本地约束，而不是全部约束，因为单调推理总是使冲突的缺省推理无效。

第六章　对话的话语关系

在前面的章节中，SDRT 对单个作者文本和独白进行了分析，在这一章里，SDRT 将探讨对话的话语关系。

修辞关系的语义不仅涉及它们关联的小句的内容（比如详述）或文体结构（比如平行），而且涉及话语参与者的认知状态。语义涉及话语参与者的认知状态的修辞关系非常重要，因为它们表现了信仰、意志和话语内容的相互作用。本章将介绍一些把疑问和请求的标记作为论元的修辞关系，即从认识状态定义语义的修辞关系。"认知层面"的修辞关系把目的、信仰和话语内容之间的信息流编码。

第一节　对话中的可及性

DRT 的可通达性概念是消解独白中前指的必要条件，而不是充分条件。我们必须把它和基于话语结构的限制结合起来。对于对话来说，也是如此。例如：

（1）a. A：　How can I get to 6th street?

（我如何能到达第 6 街？）

　　b. B：　You can ask someone Downtown.

（你可以问中心区的人。）

　　b′. B：　There's someone Downtown that you could ask.

（有你可以问的中心区的人。）

　　c. A：　What's his name?

（他叫什么名字？）

直观上看，（1c）中代词指称 his 在语境（1ab′c）中比在语境（1abc）中更能接受。但是由于（1b）和（1b′）有着相似的语言形式，预测认知差异是很成问题的。

DRT 允许量词（如 someone）和模态词（如 can）之间的辖域差异影响代

词的内容。(1b′) 本身的组合语义产生了逻辑形式 (2b′),由于 there-结构,someone 的语义辖域覆盖了 can 的语义辖域。为了表现 someone 和 can 之间的语义辖域歧义,语法产生了 (1b) 的未具体化的逻辑形式,(2b) 和 (2b′) 是 (1b) 可能消解的逻辑形式,如图 6 - 1 和图 6 - 2 所示:

(2) b.

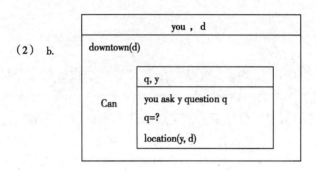

图 6 - 1

b'.

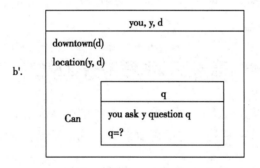

图 6 - 2

　　这些 DRS 之间的差别在于:话语所指 y 是在话语结构中什么地方被引入的。在 (2b′) 中,y 的辖域覆盖了模态词 can 的辖域,而在 (2b) 中,模态词 can 的辖域覆盖了 y 的辖域。

　　在 (1c) 中,语法将产生代词 his 的前指表达式 x = ?,x 的唯一可能的先行词是 y。但是在 (2b) 中,由于 y 是在被嵌入的 DRS 中引入的,因此 y 是不可及的,而 y 在 (2b′) 中是可及的。因此 SDRT 的可及性预测了相对于 (1b) 的更可取的理解,(1c) 中的代词是无法解释的。

　　如果我们把 (1c) 变成 (1c′) 似乎可以增加可接受性。在 (1c′) 中,but 是对比关系的一个单调提示词。

　　(1) a. A:　How do I get to 6th sheet?

　　(我如何能到达第 6 街?)

b. B：　　Yon can ask someone downtown.

（你可以问中心区的人。）

c'. A：　　But what's his name?

（但是他叫什么名字？）

我们可以用 SDRT 来解释这个想法，只有当（1b）和（1c'）的 DRS 结构之间存在部分同构时，对比关系才有效。同构映射影响了前指的可能性：如果部分同构使 D_1 映射到 D_2，那么在（1b）的子 DRS D_1 中所引入的话语所指 y 能够充当（1c'）的子 DRS D_2 中前指词的先行词。因此与 DRT 的预测相反，对比关系允许嵌入在 DRSs 中的成分成为先行词。这是如何影响（1abc'）的解释呢？（1c'）中的前指条件 x = ? 是在一个 D_2 的 DRS 中，这个 DRS 被嵌入在由 what 所产生的 λ 算子的辖域之内。

（2）　c'.

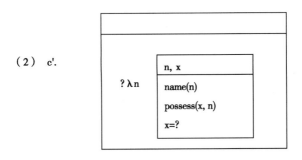

图 6-3

把（2b）中引入 y 的 DRS D_1 映射到 D_2，对比关系导致了（1b）的更可取的理解（2b）与（1c'）的表征（2c'）（见图 6-3）之间的一个完全同构，因此对比关系使得（2b）中的 y 对于（2c'）中的条件 x = ? 是可及的。根据 SDRT，甚至就（1b）的更可取的解释而言，在（1abc'）中的代词是可接受的。

为什么（1b）和（1c）之间不是对比修辞关系呢？对比关系语义必须反映这样一个事实：当一个命题否认另一个命题的缺省推断时，对比关系单调的线索（比如提示短语 but 或语调）是必需的。比如，（3c）否认了（3a）的缺省推断，除非（3c）的语调是升—降—升调，否则话语（3ac）非常奇怪。

（3）a. John hates sport.

（约翰讨厌运动。）

b. But he loves football.

（但是他爱足球。）

c. ?? He loves football.

（?? 他爱足球。）

对比关系的特征也适合于对话（即（3a）和（3c）是由不同的人说出的）。由于（1c）中没有提示短语 but，语调也不是升—降—升调，所以（1b）和（1c）不是对比修辞关系。

对话（1）表明表层形式的小小变化会影响前指，辖域的差异和修辞的差异会影响前指的可能性。

第二节　独白和对话中的修辞关系

对话（turns）特征提供了话语结构的重要线索。

（4）a. Joe： We were having an automobile discuss…

（乔：我们正在讨论汽车……）

　　b. Henry：discussing the psychological motives for

（亨利：讨论心理动机）

　　c. Mel：drag racing in the streets.

（梅尔：在街上短程加速比赛。）

在对话（4）中，亨利和梅尔所说的内容共同详述了乔所说的内容。

（5）a. A： There was this guy. He came to the sessions. He never said anything. Then one day he shows up, and he starts talking interacting.

（有一个家伙，他来到这个集会，他从不说什么。一天他非常显眼，他开始说话，开始和人交往。）

　　b. B： Why didn't he say anything before?

（为什么以前他什么都不说?）

　　c. A： Dunno. Shy maybe.

（我不知道，也许是害羞）

　　d. But anyway he's telling these jokes...

（但是不管怎样，他讲了这些笑话……）

由于（5d）中出现了"but"一词，（5c）和（5d）之间是对比关系。（5a）中的"他开始说话，开始和人交往"与（5d）之间是详述关系。

对于理解这个对话来说，确认修辞关系是至关重要的。与独白相同，它们的真值条件衍推抓住了对话意义的一些直观方面。例如，在例（4）中，详述产生了一个推理：讨论汽车包括了讨论短程加速比赛，因此我们可以知道短程加速比赛和汽车有关。在例（5）中，（5a）中最后一个小句与（5d）之间的详述关系正确地预测了讲笑话是他说话和与人交往的其中一部分。

（6）a. A：　Jones got kicked out of school.

（乔斯被学校开除了。）

　　 b. B：　He was caught buying liquor.

（他买了烈酒被发现了。）

　　　 c. C：　That was really dumb of him.

（那他真是无话可说了。）

（6a）与（6b）之间是解释关系，乔斯买了烈酒使他被学校开除了。

叙述关系在对话中也有效，但是需要一些关于文本的额外的假设：叙述关系必须是关于双方参与者目击或同意共同想象的事件，这就能保证他们在讲述相同的事情。

（7）a. A：　A well dressed gentleman came in this morning.

（今天上午一位穿着讲究的先生进来了。）

　　 b. B：　He asked to see the most expensive suit.

（他要看最贵的西服。）

　　　 c. C：　Did he buy it?

（他买了吗？）

在例（7）中，A 和 B 向 C 详细描述发生的事情，用叙述关系把 A 和 B 的言语行为连接起来，说明了事件的时间进展。

平行和对比关系也适用于对话。例如：

（8）a. A：　Paul worked really hard this semester.

（这个学期保尔学习非常努力。）

　　 b. B：But he failed his exams.

（但是他没有通过这次考试。）

通过考试是努力学习的非单调的后承，但是（8b）与这个后承相互矛盾。

第三节　独白和对话之间的差异

对话不同于独白。由于不止一个参与者介入，对话中会出现信息交换、合作、赞同和反对的可能性。话语结构必须包括问句和请求。下面我们将着重探讨对话独特的属性。

一 说话者遵守相同的解释规则

对于对话，每一个说话者有他自己的解释，因此我们必须判断从谁的观点来制作模型。说话者的解释常常一致。实际上，我们相信每一个说话者有同一个 SDRS，即同一种解释。这种缺省符合 SDRT 中的假设：所有说话者都相信 SDRT 的公理，也就是说，他们遵守相同的解释规则。尤为特别的是，他们彼此相信信息内容逻辑中关于修辞关系的意义公设，以及在黏着逻辑中推断修辞关系的缺省公理。

但是对话的参与者何时建构相同的 SDRSs，何时建构不同的 SDRSs 呢？显而易见，如果 A 误听或者误解 B 话语的组合和词汇语义内容，A 和 B 就会建构不同的 SDRSs。SDRT 更新已经预测了这一点：A 和 B 将在他们的 SDRSs 中增加不同的新信息，由于运用不同的公理，在黏着逻辑中 A 和 B 可能计算出不同的修辞关系。

说话者 A 和 B 相信相同的解释公理，但是对于偶然命题，他们可能有不同的信念。当 A 和 B 建构了新信息的相同的组合和词汇语义时（新信息是由 B 提供的），并且他们有不同（偶然）的信念，比如 B 相信新信息是真的，而 A 认为新信息是假的，那么将会发生什么呢？

SDRT 的一个重要特征是：为了计算话语内容，说话者所作的推理和说话者根据自己的信念，对（偶然的）事态（例如他是否相信内容是真的）所作的推理是不同的。这就表明：当 A 不相信 B 所说的话语时，根本没有推出 B 实际上相信或打算做什么，A 仍旧能够建构 B 想要的解释。例如，在例（9）中，A 认为（9b）是错误的。

(9) a. A： Max is in jail.
（马克斯入狱了。）

    b. B： Yeah, he was caught embezzling company funds.
（是的，他贪污了公司的资金被抓了。）

直观上看，B 的意图就是为 A 的话语提供一个解释。但是考虑到解释的真实性，这种解释与 A 的关于世界的信念是不一致的。

真实修辞关系的满足图式：

$(w,f)[R(\pi_1,\pi_2)]_M(w',g)$ 当且仅当

$(w,f)[K_{\pi_1} \wedge K_{\pi_2} \wedge \phi_{R(\pi_1,\pi_2)}]_M(w',g)$

详述、叙述、解释、平时、对比、背景、因果都属于真实修辞关系。

那么 A 建构怎样的 SDRS 呢？他必须在黏着逻辑中计算一种修辞连接。

凭着直觉，让我们假定在这个逻辑中有一个缺省公理，它的前件被（9a）和（9b）的组合、词汇语义所验证，它的后件是解释(9a, 9b)。现在假定即使对于 A 来说，黏着逻辑没有关于 A 信念的信息。在黏着逻辑中，没有任何东西阻挡 A 推断解释(9a, 9b)。尤其值得一提的是，A 的信念——（9b）是错误的——不是在黏着逻辑中，因此它没有阻止这个推理。因此就像 B 一样，A 推断解释关系。A 对话语内容的解释和 B 对话语内容的解释是相同的。关于B 的信念和目的，A 没有推理就已经建构了这种解释。

　　A 和 B 之间的差别不是对（9）的内容的不同解释，而是他们是否相信这个内容是真的。一旦 A 建构了 SDRS，他就会发现，他不相信（9）。他不是在黏着逻辑中，而是通过信息内容发现了这一点（既然这个逻辑包含了前提，至少对于 A 来说，（9b）是错误的）。

　　当 A 建构例（9）的解释时，SDRT 为 A 避免对 B 的信念和目的作出推理提供了一种方法。SDRT 区别了两种逻辑：在一种逻辑中我们建构解释，在另一种逻辑中，我们对个人或共同的信念进行推理。在 SDRT 中，通过组合和词汇语义，A 计算例（9）的修辞关系。A 能推断 B 相信（9b），在这一点上，A 可能发现他们之间的不一致。建构逻辑形式的策略运用了这个事实：说话者是有帮助的，他们的话语的组合和词汇语义能够表达交际意图。由于这种合作，一般来说，用观察到的事实进行推理时，说话者能够使他们的对话解释一致。

二　前指的认知限制

　　区别了建构话语的逻辑形式和参与者相信的逻辑形式，我们必须说明话语内容和认知状态的相互作用。前指的解释涉及认知状态的推理。例如（10），如果忽视了话语后面的目的，我们无法解释在（10a—d, e）和（10a—d, e′）之间可接受性的差异。

　　（10）a. A：　How about meeting next weekend?

（下周末会面如何？）

　　　　b. B：　That sounds good.

（好。）

　　　　c. Shall we meet on Saturday afternoon?

（星期六下午会面好吗？）

　　　　d. A：　I'm afraid I'm busy then.

（恐怕那时我很忙。）

　　　　　e. ?? How about 3pm?

（?? 下午三点如何？）

　　　　　e′. How about 11am?

（上午 11 点如何？）

　　首先我们考虑（10e）中的"3pm"是如何解释的。这个前指表达式一定和一个可及的先行词有关联。先行词的束缚限制了这个明确叙述的语言表达式的子集的可能性。因此可能的先行词至多是：（10d）中的 then，它被解释为 Saturday afternoon；（10c）中的 Saturday 和 Saturday afternoon；（10a）中的 next weekend。

　　根据搭桥推理的唯一性限制，next weekend 不可能是先行词，因为下周末有两个 3pms，这不能产生唯一的搭桥关系。另外，星期六（Saturday）使 3pm 消解为星期六的下午三点。前指的语言限制阻止了 3pm 消解为星期天的下午三点，但是目的解释了 3pm 为什么不可能是星期六下午三点，尽管语言限制排除了这种选择：如果通过（10d）A 已经暗示了他不想在那时会面，为什么他会问他们是否能够在星期六下午三点会面？因此一方面，当说出（10e）时，被建立的目的在限制它的内容方面一定起着重要的作用，否则 3pm 将会成功地解释为星期六下午三点。另一方面，如果我们仅仅使用目的来计算 3pm 的意义，那么我们可以预测（10e）中的 3pm 指的是星期天的下午三点，解释（10e）时，目的是星期六下午或者星期天会面，使得 3pm 唯一指的是星期天下午三点。

　　这就产生了两个重要的标准。第一，前指的消解依赖语言的可及性和话语结构。第二，前指消解的限制在一些话语中，特别是对话中必须考虑认知状态。到目前为止，我们阐述的 SDRT 还没有满足第二个标准，因为我们讲述的修辞关系的语义完全是在定义域的层面中被定义的，例如它们限制了被描述的事件之间的时间关系，认知状态被忽略了。下面我们将增加一些新的话语关系，它们的语义是从信念和目的的角度定义的，这就表明这样一个事实：一些言语行为揭示了关于说话者认知状态的情况，以及话语中被描述的事件和个体的情况。

　　问题详述（Question Elaboration，简称 Q-Elab）就是一种认知层面的话语关系。这种话语关系把（10c）和（10b）、（10e′）和（10d）联系起来。在会话的过程中，问题详述抓住了合作的一个直观方面：提问是达到目的的深思熟虑的战略的一部分，这个目的是先前话语的真正原因。具体地说，当一个问题 β，用问题详述关系，和先前的话语 α 联系起来，那么对问题 β 的任何回答都必须详细说明达到这个目的的计划，这个目的说出了 α 的真正原因。计划说出了 α 后面的说话者的目的，而不是 α 本身的内容。因此问题详述的语义是从目的和定义域层面的内容被定义的。

例如，问题详述(10d, 10e′)是一致的，因为对（10e′）的肯定和否定的回答都为实施达到（10d）背后的目的的计划提供了有用的信息，这就是在星期六上午或者星期天找到一个会面的时间。如果是肯定回答，时间就是星期六上午 11 点；如果是否定回答，就不把星期六上午 11 点列入考虑的范围之内。问题详述不但一致，而且合理，因为它表明 A 试图和 B 合作。

如果我们推断问题详述(α, β) 有效，通过推测对问题 β 的回答详细说明哪些计划，我们可以了解关于隐藏在 α 背后的目的。同样地，我们可以了解 β 的内容，因为为了确保它的答案详细说明达到那个目标的计划，从藏在 α 背后的一个已知的目的，我们将容纳问题 β 的另外的内容。问题详述关系的语义能够制作对话内容和认知状态之间的信息流方面的模型。

这有益于用以下的方式解释（10e）是不连贯的。3pm 的唯一可及的解释，即星期六下午 3 点和问题详述(10d, 10e) 的语义不一致，因为知道 B 能否在星期六下午 3 点遇见 A 无益于实施这样一个计划：在星期六上午或者星期天找到一个时间见面。

但是黏着逻辑公理必然包含问题详述(10d, 10e)，因为它没有关于内容和目的的信息通道，在信息内容的逻辑中，这就产生了不一致性。发现了不一致，修正黏着逻辑推理不能产生一个可供选择的粘贴。由于不能建构一个一致的解释，所以话语是不连贯的。

第四节　　SDRT 和言语行为

修辞关系和塞尔提出的言语行为的概念之间有着自然的联系。言语行为理论家通常把话语和交际意图联系起来，塞尔认为，以言行事观点大体上是促使行为的意图，是分类学中区分言语行为类型的基础。塞尔也主张话语和语力之间的关系通常是语言习俗的问题。

它们在句子语言中被编码，疑问句表示询问，如例（11）；陈述句表示断言，如例（12）；祈使句表示请求，如例（13）。

（11）Is your name Anakin?

（你叫阿纳金?）

（12）Your name is Anakin.

（你叫阿纳金。）

（13）Open the door!

（把门打开!）

SDRT 表明，在很多情况下，作为区分一种言语行为类型和另一种言语行为类型的基础，我们能够运用模型理论语义代替意图。比如，断言是一种不同于询问的言语行为，它们分别指称不同种类的语义对象：命题和命题集。请求也不同于断言和询问，它意指行为。当然还有一些与目的相关联的言语行为（speech act related goals，简称 SARGs），它们或者依照惯例和不同的言语行为相联系，或者从语境中通过解释者可以重新获得。这些与目的相关联的言语行为是言语行为的说话者的意图，但是它们不必是区分不同的行为的基础。

塞尔通常把言语行为看作个体话语的属性。而 SDRT 表明言语行为的许多类型一定相互关联，因为成功地完成言语行为逻辑上依赖先行话语的内容。从技术上来说，类型至少一定是一个两元关系。比如，如果我们使用话语来推论某事，那么这个结论一定和某个先前的假设或论点相关。回答也是有内在的关联的：回答是对某个先前问题的回答，成功地完成回答的行为逻辑上依赖问题的内容。相似地，提供与结论相关的让步信息，把话语的内容和先前的话语内容进行对比也是有关联的，例如：

（14）a. A：　let's go to the movies tonight.

（今晚让我们去看电影。）

　　　　b. B：　I have to study for an exam.

（我必须用功准备考试。）

明白（14b）表示拒绝是理解这个对话的内容以及为什么这个对话是连贯的关键。把拒绝当作话语和先行提议（即（14a））之间的一种关系要优于把它当作话语（14b）本身的一种属性，因为成功地完成这个言语行为逻辑上依靠先前的话语。

SDRT 中的修辞关系构成了语力的不同类型。解释、详述、给出背景或描述结果都是说话者用话语所做的事情。而且，在话语修辞理论中，这些以言行事的作用不仅通过个体话语，而且通过话语语境中的先行话语被定义。

（15）Max fell. John pushed him.

（马克斯摔倒，约翰推了他。）

在例（15）中，说话者不是简单地说出约翰推了马克斯，他解释了前面马克斯摔倒的断言。

提供这种解释一定是说话者有意的行为，否则我们不能理解为什么说话者把这两个句子并列起来，为什么这个话语是连贯的。这种解释是有关联的：解释阐明了先前的话语，成功地提供了解释的限制依赖先前话语的内容。

由此，我们可以得出结论：修辞关系的类型学包括了言语行为的类型学，言语行为的以言行事观点与话语中连接的信息有关。因此，SDRT 中的修辞关系是言语行为类型。比如，在例（15）中，第二个命题 β 对于第一个命题 α 来说，是一种解释关系。说出 β 相当于完成了提供上文的解释的言语行为。这具有真值条件的效果：第二个小句不仅仅表示约翰推马克斯的事件发生了，更确切地说，既然它解释了为什么马克斯摔倒，它也表明了马克斯摔倒的原因。因此，在 SDRT 中话语关系的语义抓住了语力。话语关系和参与者认知状态之间的关系——比如他们拥有的意图——把语力和意图、信念联系起来了。

SDRT 比传统的言语行为理论有更多的优势。首先，它产生了言语行为的更丰富的类型学，它能更好地把完成某个特殊的言语行为的语义和认知效果进行编码。例如，传统的言语行为理论中的断言的言语行为在 SDRT 中被分成好几个不同的言语行为的（次）类型：解释、叙述、背景、详述、纠正，等等。这些不同种类的断言有着不同的真值条件效果，除了话语所提供的信息，一个断言还包括了更多、更详细的关于语力的信息。例（10）表明与疑问句有关联的有关系的言语行为类型学也比传统言语行为观点更丰富。例如，有关系的言语行为问题详述关系，把问题和先前的话语联系起来，是提问的言语行为的一种次类型。

其次，在本体论中 SDRT 提供了区分言语行为的具体的、形式的标准。只有在真值条件语义中，SDRT 有了实证结果，它才能在本体论中区别修辞关系，即言语行为类型。在动态语义学中，修辞关系一定影响了话语语境变化潜能的某些方面，这些影响不能通过其他方式直接被解释。例如，它可能把限制强加在前指的先行词上。尽管纠正和解释都是断言的次类型，但是纠正不同于解释。纠正(α，β) 并不衍推 K_α 是真的，而解释(α，β) 蕴涵 K_α 是真的。SDRT 是言语行为如何对话语解释起着重要作用的一种理论。

最后，与塞尔的言语行为理论相比，SDRT 的黏着逻辑提供了一种更详细的、形式上更精确的言语行为和语言形式之间的组合理论。语力和语言形式之间的关系通常可以废除。比如，一个陈述的话语可能不是一个断言。在 SDRT 中，可以在非单调的黏着逻辑中计算修辞关系，可以预测缺省规则的例外。从本质上说，黏着逻辑是语言形式和言语行为之间的组合的形式理论，它与更多的传统的组合理论形成对照，因为言语行为的推理需要与当前话语有关系的先前话语的信息，比如知道当前话语是陈述语气是不够的。组合理论不仅运用了目标，而且运用了先前话语的内容。这种更丰富的组合理论是更丰富的言语行为的类型学的必然结果。

第五节　间接言语行为

从形式语义学到语用学，SDRT 提出了许多的技巧，这些技艺能够帮助解决言语行为理论的传统问题，比如间接言语行为现象。理解隐藏在话语后面的目的对于成功的交流是至关重要的。但是众所周知，话语表面的形式和它潜藏的目的之间的关系不总是明确的。

(16) Can you pass the salt?

（你能把盐递给我吗？）

句子（16）是一个疑问句，表达的是询问。通常在提问中说话者的目的就是要得到一个回答。但是例（16）有一个不同的目的：它是一个请求，说话者的目的是要听话者传递盐。这是一个间接言语行为，塞尔把它定义为：间接言语行为是一个话语，在这个话语中，通过完成另一个言语行为，间接地实行一个言语行为。在例（16）中，通过完成另一个交际行为——询问听话者传递盐的能力，间接地实行了请求听话者传递盐的言语行为。有些间接言语行为好像被指派为不相容的语义类型。例如：

(17) a. A：　Can you please pass the salt?

（请你把盐传递给我，好吗？）

b. B：　Yes［（uttered as B passed the salt）］.

（好的［（B 把盐递过去的时候说的）]）。

(17a) 比例（16）多加了一个词"please"，（17b）是对（17a）的直接回答，从语言学上来说，例（16）既是请求，又是询问。

然而，请求和询问是不相容的语义类型：前者是行动，后者是命题集。因此例（17）证明了例（16）的语义值不是模糊的或者不确定的，而是过于坚决的，它同时具有两种语力。

描述同时既是询问又是请求这样的话语的语义值的特征，我们求助于一种方法：这种方法在词汇中被用来表示一个过于坚决的语义类型的项目，即点类型（dot types）。点类型是由两个或多个彼此不能相容的构成的类型组成的。例（16）被指派一个语义对象的点类型，询问和请求是它的组成要素。例（16）的语义值是一种点类型，它可以运用询问值或者请求值。点类型主要的形式属性是：如果一个词项 v 被分类为 $t_1 \cdot t_2$，v 被谓项 P 所断定，P 选

了类型 t_1 或者 t_2 的论元，那么我们可以引入类型 t_1 或者类型 t_2 的一个新词项 w，w 和 v 有关联，并且 P 断定 w，使这个形式化的规则被称为点利用（Dot Exploitation）规则。

把间接言语行为例（16）分析为点类型解释了例（17）中关于相同的言语行为对象的两个断定如何能有相互冲突的类型要求。假定语法指派例（16）点类型询问·请求（question·request），点利用规则将引入一个类型请求的标记，这个标记是 please 的论元，并且和复杂类型的原来的言语行为的点详述（Dot Elaboration，简称 O-Elab）相关联。点利用规则的另一个应用将产生类型问题的标记，B 的口头回答（17b）和这个标记有关联，用点详述把它和原来的言语行为联系起来了，被习俗化的间接言语行为的特点是语法给它们指派不相容的组成类型的点类型，这允许我们解释它们双重的语言学上的行为。

原则上，独立类型的任何组合都能形成点类型，然而自然语言似乎不能这样运作。在组成的类型之间总是似乎有某些自然关系。关于间接言语行为，在点类型中的组成类型之间的自然关联来自于格赖斯的推理。

格赖斯的推理也能使一个问题变成另一个问题的回答，如（18b）。一个问题变成一个否定的评论或者某些先前的断定的纠正，如（19b）。

（18）a. A：　Do you want another piece of chocolate cake？

（你想再要一块巧克力蛋糕吗？）

　　　　b. B：　Is the pope Catholic？

（教父是天主教徒吗？）

（19）a. A：　Reagan was the best US president of the 20th century.

（里根是 20 世纪最好的美国总统。）

　　　　b. B（to C）：　Is he really such an idiot as to believe that？

（对 C）：难道他真的会傻到去相信那种事？

　　　　c. C：　Yes, he is.

（是的，他会。）

　　　　c′. A：　Well, maybe you're right. Maybe Reagan was mediocre.

（噢，也许你们是对的，也许里根是很普通。）

C 对 B 的话语（19b）的回答（19c）表明（19b）仍旧具有提问的功能，因为 C 能够对它提供一个直接回答。在（19abc′）中，（19b）也充当 B 对 A 的观点进行评论的作用。就这种意义来说，话语（19b）对这个对话提供了两种意义：询问和纠正，尽管这些言语行为类型是不相容的。纠正是一种断言，它是一种与询问不相容的语义类型。

　　所有的间接言语行为的特点似乎是：格赖斯推理为一种言语行为和一种不相容的言语行为之间提供了一种关系。对于像例（16）这种习俗化的间接言语行为，由不相容的言语行为类型组成的点类型是由语法指派的。对于像（19b）这样的未被习俗化的间接言语行为，语法不指派点类型。格赖斯的推理把语法指派的言语行为（例如（19b）中的询问）和内隐的不相容的言语行为类型（如（19b）中的纠正）连接起来。因为话语连贯性和说话者的理性等因素强加在内容的要求上，这与解释相符。在这方面，（14b）似乎是不同的：格赖斯的推理把断言的行为和拒绝的行为联系起来，但是在断言和拒绝之间没有任何的语义不相容，因为它们都是命题，因此（14b）没有涉及两种不相容的言语行为类型。

　　一个话语是一个被习俗化的间接言语行为，如果语法给它指派一个形如 $s_1 \cdot s_2$ 的复杂的言语行为类型，s_1 和 s_2 是语义对象的不同的（不相容的）类型；并且格赖斯式的推理和合作原则把组成的类型 s_1 和类型 s_2 连接起来。这种格莱斯连接意味着复杂类型 $s_1 \cdot s_2$ 是不对称的，从 s_1 到 s_2 的信息流描述了它的特征。例如，例（16）是一个被习俗化的间接言语行为，因为有语法指派例（16）复杂的点类型询问·请求的语言的证据，如（17），并且格赖斯式的推理把询问和请求连接起来。相似地，（18b）也是一个习俗化的间接言语行为，有点类型询问·回答。

　　一个话语是一个未习俗化的间接言语行为，如果相似的格赖斯式的推理导致内隐的言语行为的推断，那么从语义上来说，这个内隐的类型与话语本身所推断的类型是不相容的。因此（19b）是一个未习俗化的间接言语行为，由于语用学，它被指派复杂类型问题详述·纠正（Q – Elab·Correction），尽管（19b）的组合语义是简单的语义类型问题。指派问题详述是因为对（19b）的回答有助于阐明与目标相关联的言语行为不可以完成。然而，断言（14b）不是一个间接言语行为，因为在语义值层面，断言和拒绝之间不具有不相容性，它们两者都是命题。这种分析使得未习俗化的间接言语行为在解释时成为一般语用过程的一个特殊的例子。一般来说，为了保持说话者是理性的，话语在语义上是明确的假设，当符合话语的语义表征是语法所预测的不相容类型的言语行为时，未习俗化的间接言语行为就产生了。

　　在适合的语境中，格赖斯把以下的例子解释为请求。

（20）I'm out of gas.

（我用完了汽油。）

从语法上来说，例（20）不能既充当断言的功能，又充当请求的功能，因为它不可以用 please 来修饰。它的话语功能把它和一个内隐的请求联系起来：在例（20）中话语表达的命题解释了为什么说话者需要帮助以及他需要哪种帮助。为了帮助说话者获得汽油，听话者需要确认这一点。为了认清例（20）解释为请求帮助，他必须对说话者的认知状态进行推理。除了语法不对例（20）指派点对象之外，格赖斯推理把两种不相容的类型连接起来。因此例（20）是一种未习俗化的间接语言行为。

第六节　SDRT 的技术细节

我们前面已经描述了 SDRT 如何把传统的方法拓展到对话解释，例如言语行为理论。下面我们将探讨其形式的发展。

把 SDRT 拓展到对话需要对祈使句和疑问句进行分析。我们现在要研究语境如何增补组合语义。以前，我们运用了修辞关系的语义，但是现在关系把疑问句和祈使句的标记当作论元。

为了表达这些关系的语义，我们必须用几种方式拓展基础语言。首先，我们必须知道谁说了什么；对于限制对话者的信念和目的的修辞关系来说，这是必要的。其次，我们需要表达有关对话者信念和意图的信息。因此我们将把命题项引入语言，因为它们是信念的对象。

为了表示在对话中谁说了什么，我们必须重新定义话语结构。SDRS 是话语标记 A 和函项 F 的集合，函项 F 对 A 的每一个标记 π 指派 SDRS-公式。对于对话来说，除此以外，一个 SDRS 也由从标记到对话参与者的函项 S 组成。S(π) 是标记 π 指示的言语行为的说话者，是他通过 F 表达了与 π 相关联的公式。我们使用 K_π 来表示 π 标记的公式 F(π)。

为了表示说话者的信念和意图，我们需要拓展第三章所讨论的语言，这就会使话语结构的模型理论成为高阶模态逻辑的模型理论的动态版，在此，我们不作详细讨论，因为我们主要关注的是话语结构的特殊的语义效果。

为了表达信念，我们将使用二元谓词 β，β 把个体和命题项当作它的论元。通过使用 $^\wedge$，公式被转变为命题项，因此一个 （S） DRS-公式 K_α 成了命题项 $^\wedge K_\alpha$。命题项也可表达为 p，p′，p_1，p_2…；公式 $^\vee$p 表示命题项 p 的外延。如果 ϕ 是一个公式，那么 $^\wedge\phi$ 是一个命题项，$^{\vee\wedge}\phi$ 是一个公式，B_A($^\wedge\phi$) 表示 A 相信 ϕ。

下面我们要定义这些新表达式的语义。如果 ϕ 是一个公式，那么第

$[\phi]_M$ 是世界指派对之间的一种关系；或者等值于从世界—指派对到世界—指派对的一个函数，因此动态语义学中的命题项一定表示世界指派对的对集。按照释义，$[\cdot]_M^{w,f}$ 是 $[\cdot]$ 在 (w, f) 中的范围。考虑到命题项的外延，$[^\wedge\phi]_M^{w,f}$ 一定是世界—指派对的对集。

定义 6.1：$^\wedge$ 和 $^\vee$ 的真值条件

·ϕ 是一个公式，$[^\wedge\phi]_M^{w,f} = \{ <(w,g),(w',h)> : w = w', g \geq f,$ 并且 $(w,g)[\phi]_M(w',h)\}$

（即 ϕ 的内涵是它指称的命题）。

·p 是一个命题项

$(w,f)[^\vee p]_M(w',g)$ 当且仅当 $<(w,f),(w',g)> \in [p]_M^{w,f}$。

以上的定义确保 $^\vee{}^\wedge\phi$ 逻辑等值于 ϕ。

语言也包括标记上的谓项，它们告诉我们相关的公式是表达一个询问、一个命题还是一个请求：它们分别用 a：?，a：/ 和 a：！ 表示。公式类型和表达的语义实体之间的联系仅仅是组合语义的事情。通过组合式的方法，疑问公式总是表示询问，命题公式总是表示命题，祈使公式总是表示请求。

第七节　对话的简单关系

我们将从间接问答对、问题详述和涉及计划的其他关系、问句并列关系、涉及问句的其他关系和涉及请求的其他关系五个方面来讨论对话的简单关系。

一　间接问答对

根据问题的组合语义，问题的答复不必直接回答。例如，（21b）没有作出肯定或否定的回答，但是 A 可根据其组合语义得到答案。

(21) a. A： Did John fail his exams?

（约翰没有通过考试?）

b. B： He got 60%.

（他得了 60。）

假定 A 知道及格成绩，他能够运用（21b）中的信息来计算答案：如果及格成绩是 60，那么约翰通过了考试；如果及格成绩高于 60，那么约翰没有通过考试。

SDRT 用间接问答对（Indirect Question Answer Pair，简称 IQAP）来表示

这种修辞关系。从非形式上来说，只有 K_α 是一个问句，提问者 S(a) 相信对他的问题的回答 P 通常是 K_β 的必然结果时，IQAP(α，β) 才有效。尽管答复本身不是一个直接回答，但是提问者可以从答复中推断出答案，对 IQAP(α，β) 的释义引入了有关提问者信念的条件，IQAP 是一种认知层面的修辞关系。

根据这个非形式的语义，直接回答被纳入间接回答中。如果 K_β 是一个直接回答，那么提问者能够从中计算直接答案，即 K_β。我们用 QAP 标示真实的直接回答和问题之间的关系，QAP 是问答对（Question Answer Pair）的缩写。QAP 和 IQAP 的形式语义确保 QAP(α，β) $\Rightarrow$IQAP(α，β) 有效。例如：

（22）a. A： Who came to the party?

（谁来到了舞会？）

b. B： John and Mary.

（约翰和玛丽。）

从直观上来看，只有 B 的回答符合事实，QAP 的言语行为的 B 的成功的行为才能发生，否则的话，B 就不能回答这个问题。因此 QAP 的语义一定蕴涵了 B 的回答是真实的；这就是说，只有 K_β 有效时，QAP(α，β) 才有效。我们称这种关系为右真实（right-veridical）关系。

对 how-问句的直接回答是方式状语，例（23）不是 QAP。

（23）a. A： How can I get to 6th Steet?

（第六街怎么走？）

b. B： It's just a couple of stops on the LX bus, which stops right around the corner.

（坐 LX 公交车正好两站路，LX 公交车在拐角停。）

c. A： OK, thanks.

（好的，谢谢。）

A 能够从（23b）的内容计算出直接回答：到拐角的公交站上 LX 公交车，坐两站后下车，就能到达第 6 街。SDRT 的黏着逻辑允许我们推断出这个例子的 IQAP。IQAP 就像 QAP，因为显而易见它也是右真实关系。

既然 IQAP 和 QAP 都是右真实关系，以下的真值定义有效：

QAP 和 IQAP 的右真实性

QAP(α，β) $\Rightarrow K_\beta$

IQAP(α，β) $\Rightarrow K_\beta$

和 SDRT 中所有的修辞关系一样，QAP(α，β) 和 IQAP(α，β) 表示在模型论中信息状态的变化。但是既然它们的第一个论元是问句，这就不同于前指的可能性。问句的动态语义相当于动态命题集，动态命题是世界指派对的对集。因此，问句中引入的不定名词短语的唯一的语义值不能确定。例如：当一般疑问句（24a）的直接回答是"不"时，它相当于"今天早晨来了一个男人不是事实"。

（24）a. A：　Did a man come by this morning?

（今天早晨来了一个男人吗?）

　　　b. B：　No. ?? He was wearing a blue suit

（没有。?? 他穿着蓝色的西服。）

　　　c. B：　He was wearing a blue suit.

（他穿着蓝色的西服。）

在这个例子中，问句的指称是通过 DRSs 来表达的。在这些 DRSs 中，否定词的辖域覆盖了不定摩状词引入的话语所指的辖域。指称（24a）的输出世界—指派对没有确定不定摩状词的唯一的值。这就恰好阻挡了随后的话语中代词的前指约束。

另外，回答（24c）表明了一个肯定的回答：用 IQAP 把（24c）和（24a）联系起来，肯定回答的内容等值于 $[\phi] \circ [\psi]$，其中 ϕ 解释为"今天早晨来了一个男人"，即（24a）的符合事实的直接肯定回答。ψ 是（24c）的组合语义。这就使得 ϕ 中不定摩状词引入的话语所指作为代词的先行词是可及的。最大化话语融贯性原则解释了为什么（24c）被解释为是一个肯定的回答而不是一个否定的回答：其他条件相同的情况下，语义未具体化陈述越少，解释就越连贯。在例（24）中，只要把（24c）解释为是对问题（24a）的肯定回答，我们就能消解代词的未具体化的意义。

一般来说，一个问句的语义值不会把变化的约束传递给新成分。QAP(α, β) 和 IQAP(α, β) 的语义一定会使 K_β 中引入的话语所指对于将来的前指指称来说是可及的。在对话（24ac）中，K_β 的值包括了肯定回答的内容。

我们现在可以使这些关系的语义形式化。为了使定义更容易理解，我们使用谓词 Answer 把问句和符合事实的直接回答联系起来。Answer 把问句的内涵和命题项作为论元，问句的内涵是一个命题集。因此从语义上来说，只有 P 是问句 K_α 的回答时，Answer($^\wedge K_\alpha$, p) 才是真的：

$$(w,f) [\![\text{Answer}(^\wedge K_\alpha, p)]\!]_M (w', g) \text{当且仅当} (w,f) = (w', g) \text{并且} [\![p]\!]_M^{w,f} \in [\![^\wedge K_\alpha]\!]_M^{w,f}$$

以下给出的 QAP(α, β) 的语义确保这种关系有效，仅当 K_β 有效；并且

K_β 是问句 K_α 的回答。

QAP 的语义

$(w,f)[QAP(\alpha,\beta)]_M(w',g)$ 当且仅当

$w=w', (w,f)[K_\beta]_M(w',g)$ 并且 $(w,f)[Answer(^\wedge K_\alpha, {}^\wedge K_\beta)]_M(w,f)$

IQAP 的语义更复杂一点，因为它限制了提问人的信念。IQAP 的语义表明：α 和 β 关系有效，当且仅当（一）K_β 是真的；（二）有一个命题 P，且 P 是问句的回答（即（bi））。P 是真的（即（bii）），并且提问人相信 P 通常是从 K_β 中推断出来（即（biii））。

IQAP 的语义

$(w,f)[IQAP(\alpha,\beta)]_M(w',g)$ 当且仅当

(a)　$w=w', (w,f)[K_\beta]_M(w',g)$，并且

(b)　有一个 P，使得：

(i)　$(w,f)[Answer(^\wedge K_\alpha, p)](w,f)$,

(ii)　$(w,f)[^\vee p]_M(w',g)$ 并且

(iii)　$(w,f)[B_{S(a)}(K_\beta > {}^\vee p))]_M(w,f)$

IQAP 语义确保以下公理有效：

IQAP 公理

$IQAP(\alpha,\beta) \Rightarrow \exists p(Answer(^\wedge K_\alpha, p) \wedge B_{S(\alpha)}(K_\beta > {}^\vee p))$

假设在有效性下信念是封闭的，即对于所有的有效公式 ϕ，$B_x\phi$ 有效，则 $QAP(\alpha, \beta) \Rightarrow IQAP(\alpha, \beta)$ 有效。

而且，如果 $B_x(\phi > \psi)$ 蕴涵 $B_x\phi > B_x\psi$，那么 IQAP 的语义衍推它的语旨影响之一是提问人相信对他的问题的直接回答。

IQAP 的第二个论元 β 一定标记一个命题 K_β：$IQAP(\alpha, \beta)$ 的语义把 K_β 放在 >-陈述的前件，因此假如 K_β 不指称一个命题，结果就不能很好地分类。说话人能够使用祈使句来回答问句，尤其是 how – 问句。例如：

（25）a. A：　How does one make onion soup?

（如何做洋葱汤？）

　　　　b. B：　Chop onions and saute them in olive oil or butter until soft, add stock until the onions are well covered, and simmer for two hours at low heat.

（把洋葱切细丝，在橄榄油或黄油中翻炒变软，加入原汤，用小火炖两个小时。）

对于 A 来说，祈使句（25b）的内容足够推断出对他的问题的直接回答，

根据 how – 问句的组合语义，回答一定是一个方式状语：先把洋葱切细，然后在油中翻炒，等等。A 不需要执行祈使句所指称的行为，只需要解释祈使句的内容来获得答案。

我们可以使用间接言语行为的分析来表征像例（25）这样的对话，把（25b）记为复杂的类型要求·间接问答对（request·IQAP），其中复杂类型的 IQAP 部分标记行为 $\delta K'_\beta$ 的命题成分 K'_β，行为 $\delta K'_\beta$ 表示祈使句（25b）的内容。尽管（25b）是祈使的形式，但是在这个语境中，它不表示命令。如果我们使（25b）成为言语行为的一种复杂类型，其语义将使它的要求的成分被命令，那么我们就会指派（25b）不正确的真值条件。

由于这个缘故，我们不把（25b）看作一个间接言语行为，而是看作引入一种称为 $IQAP_r$ 的新的修辞关系，其语义和 IQAP 关系密切。和 IQAP 相同的是，关系 $IQAP_r$ 要求它的第一个论元标记一个问句。但是和 IQAP 不同的是，它的第二个论元一定标记一个祈使句。和 IQAP 相同的是，提问人能够从祈使句所包含的内容中计算出符合事实的直接答案。但是和 IQAP 不同的是，$IQAP_r$ 不是真实的。它反映了祈使句的修辞作用不是命令，而是其内容表达了问句的回答的事实，$IQAP_r$ 的语义如下。

$IQAP_r$ 公理

（a）$IQAP_r(\alpha,\beta) \Rightarrow \beta : !$

（b）$(IQAP_r(\alpha,\beta) \wedge \beta : \delta K'_\beta) \Rightarrow \exists p(Answer(^\wedge K_\alpha, p) \wedge B_{S(\alpha)}(K'_\beta >^\vee p))$

（a）和（b）都没有包含行为 $\delta K'_\beta$。$IQAP(\alpha,\beta)$ 所产生的从输入到输出的世界—指派对的变化并不具有命令祈使句的特征。

事实上，一个问句的祈使回答的命令状况似乎依赖问句的语义。如果问句的回答涉及提问人是道义态度的行为主体，那么祈使的回答是命令。

（26）a. A： Where should I go now?

（现在我应该怎么走？）

　　　b. B： Turn left at the next set of traffic lights.

（在下一组交通信号灯处向左拐。）

其他类型的回答也是可能的。例如，回答可能排除了一些符合事实的答案，但是它不是一个 IQAP，因为它没有充分的信息让提问人得出一个直接的答案。例如（27），在这个语境中，尽管知道玛丽没来参加舞会，A 关于舞会的看法不足以推断谁参加了舞会。

（27）a. A： Who came to the party?

（谁参加了舞会？）

b. B：　　Well，not Mary.

（哦，玛丽没来。）

我们把这种关系称为部分问答对（Partial Question Answer Pair，简称 PQAP），它也是右真实关系。另外，B 对 A 的问题的回答可能暗示 B 没有足够的信息来回答这个问题。

（28）a. A：　　Who came to the party?

（谁参加了舞会?）

b. B：　　I don't know.

（我不知道。）

b'. B：　　I would need to look in the visitor's book to find out.

（我需要查看来客登记簿。）

（28b）没有提供有助于我们消除（28a）的任何可能回答的信息，事实上，它解释了为什么没有给出这个信息。我们用 NEI(28b，28a) 标记这个事实，其中 NEI 表示没有足够的信息（Not Enough Information）。回答（28b'）暗示任何一个在来客登记簿签名的人都参加了舞会。但是它没有暗示谁在来客登记簿上签了名。因此它没有消除（28a）的任何可能的回答，它用 NEI 和（28a）联系起来。

NEI 似乎是一种奇怪的话语关系，它的语义似乎预示问答之间缺乏联系。只有当问题 K_α 的回答 K_β 是真的，并且回答 K_β 表明回答者不知道 K_α 的答案时，NEI(α，β) 才有效。

NEI 的语义

$(w,f)[NEI(\alpha,\beta)]_M(w',g)$ 当且仅当

$w = w'$

$(w,f)[K_\beta > \neg \exists p(\beta_{S(\beta)}(p) \wedge Answer(^\wedge K_a, p))]_M(w,f)$ 并且

$(w,f)[K_\beta]_M(w',g)$

因此，用 NEI 把"我不知道"这样的一个回答和问题联系起来，它表明说话者不知道问题的答案。PQAP 和 NEI 有相容的语义：用一个简单的话语，我们既能够提供从问题的回答中排除某些命题的信息，也能够表明一个符合事实的答案还是未知。

二　问题详述和涉及计划的其他关系

一些修辞关系的语义是根据与目的有关联的言语行为（speech act related goals，简称为 SARGs）定义的：与目的有关联的言语行为是一个目标，或者

从习俗上和一种特别的话语类型相关联，或者从话语语境中被解释者重新获得。这就反映了这种直觉：当人们把与语言知识相互作用的目标与一般的目标相区别时，人们是为了特殊的目的说事情。

　　SDRT 抓住了 SARGs 对内容的影响，例如，SARGs 着手处理修辞关系问题详述（Question Elaboratin，简称 Q – Elab）的语义：如果 β 是一个问句，其可能的回答详述了一个计划的基本部分，从而导致了说 α 的时候 S(α) 的与目的有关联的言语行为，那么 Q – Elab(α，β) 有效。Q – Elab 是一种从属关系，反映这样一个事实：β 随后的话语，和 β 一样，为了获得构成言语行为 α 基本的与目的有关联的言语行为，帮助详述一个计划。例如：

　　（29）a. A： Can we meet next week?

（我们下星期能见面吗?）

　　　　　b. B： How about Tuesday?

（星期二怎么样?）

　　　　　c. A： How about 3pm?

（下午 3 点如何?）

　　在说（29a）时，A 的与目的有关联的言语行为是：A 想知道 B 和 A 是否能在下星期见面，（29b）的回答提供了详述一个计划的信息。如果（29b）的回答是可接受的，那么 A 和 B 能够在星期二见面，事实上，这个是有效的，因为在这个语境中，（29b）表明 B 能够在星期二见到 A。如果这个回答不恰当，那么至少 A 和 B 限制了下星期见面的候选时间集。（29c）和（29a）之间的关系与（29b）和（29a）之间的关系相似。因为相似的原因，Q – Elab 把（29c）和（29b）连接起来，根据 Q – Elab 的语义，下午 3 点确认为星期二下午 3 点。这个例子表明对于（29c）来说，（29a）是可及的。在要求和问句之间，关系 Q – Elab 也可能有效，如例（30）。

　　（30）a.　A： Let's meet next week.

（让我们下星期见面。）

　　　　　b.　B： How about Tuesday?

（星期二如何?）

　　显而易见，Q – Elab 不是右真实关系，因为它右边的论元是一个问句，缺乏一个真值。但是和真实关系一样，Q – Elab 限制了问句的语义值。这就有助于消除前指表达式的歧义。假设例（31）是在 4 月 1 日说的，那么对于时间前指表达式 the 15th 来说有两个语言上可通达的先行词：now（the 15th 确认为 4 月 15 日）和 7 月（the 15th 确认为 7 月 15 日）。

（31）a. A： Shall we take a day off in July?

（7 月份我们休假一天好吗?）

b. B： How about the 15th?

（15 号怎么样?）

然而，用 Q - Elab 把（31b）和（31a）连接起来表明 15 号一定确认为 7月 15 日，否则的话（31b）的回答不会有助于 A 设计知道（31a）的回答的计划。相似地例（29）中把星期二确认为下星期二不仅仅是唯一可及的选择，它也是 Q - Elab 语义所要求的选择，我们必须详述 Q - Elab 的意义公设，结果对内容的影响被记录下来。

用 Q - Elab 关系和语境相连的问题是达到语境部分先前目标的对话策略的部分。如果 Q - Elab(α, β) 有效，那么任何对 K_β 的直接回答都应该产生关于计划的推理。为了获得 α 的与目的有关联的言语行为，S(a) 能够完成这些计划。这些可执行的计划应该使得问题的答案是真的。

我们将增加一个把计划和命题相关联的完成算子 Done。α 是计划，即行为项，Done(α) 表明的是：如果 α 已经完成：（w, f）[Done（α）]（w', g）是真的当且仅当 w = w'，并且有一个世界 w"，使得（w", f）[α]（w', g）。因此 Done(α) > Done(α') 指的是完成计划 α 通常也完成了行为 α'。Done(α) $\Rightarrow$ Done(α') 表示行为 α' 是计划 α 的部分或者次行为。尽管与目的相关联的言语行为是一个目标，但是它能够被认为是一个行为，我们使与目的相关联的论元为命题项。我们之所以用这种方式来表征 SARGs，是因为我们总是能够通过 δ 从命题中建构行为，通过 Done 从行为中建构命题。

Q - Elab 的语义表明，达到目标的计划是从特别的信息（回答）和相关的背景假设（包括世界知识）中获得的。下面我们将详细地阐述这种关系。

1. 构成言语行为基础的 SARG p（p 是一个命题项）被对话参与者 A说出；

2.（新）信息 p'；

3. 在那个时刻，对话参与者 A 和 B 共同的看法 $KB_{T,A,B}$ 都解释了对话语境 τ；

4. 在那个时刻，A 的个人看法 $KB_{T,A}$ 解释了对话语境 τ；

5. 计划 α。

这种关系是：假设（a）用信息 p' 增加 A 的知识基础 $KB_{T,A}$ 导致一种状况：A 能推断计划 α 无论什么时候完成，它通常导致 SARG p 也能完成；并且（b）计划 α 不能从 $KB_{T,A,B}$ 中推断出来。因此从某种意义上来说，为了使 $^\vee$P

是真的，帮助 A 产生这个计划 α，信息 p′是最重要的。那么我们说（p，$KB_{T,A}$，p′，$KB_{T,A,B}$）＞＞a 有效，以下是这种关系的形式定义。

（p，$KB_{T,A}$，p′，$KB_{T,A,B}$）＞＞a 的定义：

（p，$KB_{T,A}$，p′，$KB_{T,A,B}$）＞＞a 当且仅当

(a)　$((KB_{T,A} \wedge {}^{\vee}P') > (Done(\alpha) > {}^{\vee}P)) \wedge$

(b)　$\forall a' \neg (KB_{T,A,B} > (Done(a') > {}^{\vee}P))$.

在这个定义中，在使用 A 和 B 的看法中有一种不对称性：计划 α 必须从 A 的增加了 P′的知识基础上获得，而不必从 B 的知识基础上获得。具有这种不对称性是因为最终将是 A 说出有 SARG p 的言语行为，因此，对于 A 来说，获得他能完成 P 的认知状态是非常重要的。但是对于 B 来说，这是不必要的，他只要确信 A 获得这种状态。

这种关系有助于 $Q-Elab(\alpha, \beta)$ 的语义限制具体化。

Q-Elab 公理：

$(Q-Elab(\alpha, \beta) \wedge SARG(a, p) \wedge Answer(^{\wedge}K_\beta, p')) \Rightarrow$

(a)　$\exists a((p, KB_{T,S(a)}, p', KB_{T,S(\alpha), S(\beta)}) > > a$

(b)　$\wedge Executable(\alpha) \wedge \neg ({}^{\vee}P > Done(\alpha)))$

我们可以用自然语言来表达 Q-Elab 公理：如果 A 说的话语 α 和 B 说的问题 β 之间的 $Q-Elab(\alpha, \beta)$ 有效（其中 A 的与目的相关联的言语行为是 p），那么对 β 的任何回答 p′都应该详述以下的信息：（a）把它增加到 A 的看法中允许 A 发现计划 α，当 α 被完成时，通常会获得与目的相关联的言语行为 p，对话的行为主体以前不知道获得 p 的计划；（b）计划 α 是可执行的，它比 p 本身更详细。

这仅仅是对 Q-Elab 语义的部分描述，但是对于我们的目的来说，它已经足够了。这个公理可以帮助我们明确阐述语境中话语的意义。如：

(32) a. A：　Let's meet in two weeks.

（让我们两个星期以后见面。）

　　　 b. B：　Are yon free on the seventeenth?

（17 号你有空吗？）

　　　 c. A：　I'm afraid I'm busy then.

（恐怕那时我很忙。）

假设说（32a）时，A 的与目的相关联的言语行为是两个星期之后见面并且 Q-Elab(32a, 32b) 有效，这些和语境中与（32b）的我们的直觉解释相

一致。首先，Q – Elab(32a, 32b) 衍推 B 能够在 17 号遇到 A；因为如果他不能遇到 A，那么即使 A 对问题的回答是肯定的，A 也不知道达到他的与目的相关联的言语行为的一个可执行的计划，因此关于 Q – Elab 有效的单调限制将被违背。其次，Q – Elab(32a, 32b) 说明了接下来的两个星期包含了满足描述"17 号"的时间间隔。因为只有那时对（32b）的回答有助于具体说明达到 A 的与目的相关联的言语行为的计划：两个星期以后见面。例如，B 能够使用回答（32c）来获得两星期之后见面的计划：在两个星期之后，除了 17 号，哪些天 A 有空？而且鉴于语境（32a），B 不能从 A 和 B 相互的信念中获得这个计划。从模型论方面来看，这个计划是状态对集（即计划的开始和结束状态）。只有 17 号指的是在以后的两个星期之内所包含的一个时间，Q – Elab 公理的后件两个部分才能被满足。

推理"17 号必须在以后的两个星期之内"有助于预测不连贯性。假如例（32）是在这个月的 20 号说的，我们就能正确地预测 B 的问题的修辞功能不可能是 Q – Elab。因为说话的时间确保以后两个星期的时间不会包括 17 号所指称的时间。假设我们用（32b′）代替（32b）：

（32）b′. Is your wife's hair grey?

（你妻子的头发是灰色的吗？）

这也不能满足 Q – Elab 的限制，因为对（32b′）的回答不能帮助 A 制订见面的计划。因此如果 A 用 Q – Elab 把（32b′）和（32a）连接起来，由于 Q – Elab公理，所产生的 SDRS 将不被满足。事实上，在这个语境中，黏着逻辑公理使 Q – Elab成为唯一候选关系。因此，在黏着逻辑中把信息¬ Q – Elab（32a, 32b′）增加到前提中不会产生一个可供选择的关系。在信息内容逻辑中对于 A 来说，被黏着逻辑所预测的唯一的 SDRS 是不能满足的事实是：为什么在 20 号说出（32ab），并且（32ab′）是奇怪的。这不是说用 Q – Elab（32b′）不能被连接起来，对于（32a）来说，A 和 B 可能有允许他们使用回答（32b′）来完成 A 的与目的相关联的言语行为的特殊信念。

话语关系 Q – Elab 也有助于对话语（10）的分析：

（10）a.　A：　How about meeting next weekend?

（下星期见面如何？）

　　　　b.　B：　That sounds good.

（听上去好极了。）

　　　　c. Shall we meet on Saturday afternoon?

（我们星期六下午见面好吗？）

　　　　d.　A：　I'm afraid I'm busy then.

（恐怕那时我很忙。）

　　　　e. ?? How about 3pm?

（?? 下午 3 点如何？）

　　把（10e）和（10d）连接起来会引起怎样的推理呢？假定 Q‑Elab（10e, 10d）有效。根据 Q‑Elab 公理，对（10e）的回答一定会详尽阐述达到（10d）的目标的计划。

　　假如（10e）中的 3pm 指的是星期六的 3pm，那么 Q‑Elab 关系将衍推 A 能够在星期六下午 3 点和 B 相见，这与（10d）中的回答相互矛盾。3pm 的这种解释也不能有助于 A 或者 B 制定在星期六上午或者星期天见面的计划，这是（10d）的与目的相关联的言语行为。但是对于 3pm 来说，由于关于前件的 SDRT 限制，除了指星期六下午三点，没有其他可能的解释。因此假如用 Q‑Elab 把（10d）和（10e）连接起来，那么 3pm 与（10d）不连贯。因此在（10e）和这个语境之间 Q‑Elab 无效。用 Q‑Elab 关系也不能把（10e）和（10a）连接起来，因此对于 3pm 来说，产生唯一搭桥关系的可及的先行词仍旧是星期六。在（10a）和（10e）之间的 Q‑Elab 关系仍旧暗示了 A 能够在星期六下午 3 点遇见 B，同理，当把（10e）和（10d）连接起来时，也会出现这种情况。由于（10d）的组合语义内容，用 Q‑Elab 把（10e）和（10a）连接起来也会产生一个不一致的 SDRS。既然不能建构一个连贯的解释，SDRT 正确地预测了这个对话听上去非常古怪。

　　计划—详述（Plan-Elaboration，简称 Plan-Elab）是一种像 Q‑Elab 一样的修辞关系，但是 Plan‑Elab 的第二个论元标记一个命题，而不是一个问句。如果 K_β 允许 $S(\alpha)$ 估算获得与目的相关联的言语行为的计划，那么 Plan‑Elab(α, β) 有效。对话（33）的修辞关系是 Plan‑Elab。

（33）a. I need to get to London by 1pm tomorrow.

（明天下午 1 点我必须到达伦敦。）

　　　　b. British Airways has a flight which leaves at 10am.

（英国航空公司有一个上午 10 点起飞的航班。）

　　和 Q‑Elab 相似，Plan‑Elab 是从属关系；但是又不像 Q‑Elab，它是右真实关系。Plan‑Elab$(\alpha, \beta) \Rightarrow K_\beta$ 有效。除了右真实性外，Plan‑Elab 公理增加了额外的内容。

Plan‑Elab 公理：

$(plan‑Elab(\alpha,\beta) \wedge SARG(a,p)) \Rightarrow$

（a）　$\exists a((p,KB_{T,S(\alpha)},{}^{\wedge}K_{\beta},KB_{T,S(\alpha),S(\beta)}))>>a$

（b）　$\wedge Executable(a)\wedge\neg({}^{\vee}p>Done(a)))$

与 Q – Elab 不同的是，${}^{\wedge}K_{\beta}$ 本身必须提供详述计划 α 的信息，而不是问句 β 的回答。

关系要求—详述（Request-Elaboration，简称 R – Elab）和 Q – Elab 相似，只是关系的第二个论元是一个要求。

（34）　a. I want to catch the 10：20 train to London.

（我想赶上 10：20 去伦敦的火车。）

　　b. Go to platform 1.

（到 1 号站台去。）

只有当 β 是一个要求时（因此 K_{β} 是一个行为项），并且这个行为是获得 α 的与目的相关联的言语行为 p（即 $Done(\alpha)>{}^{\vee}p$）的计划 α 的一部分（即 $Done(\alpha)\Rightarrow Done(K_{\beta})$），其中 α 是可执行的，在说出和解释 β 之前，彼此都不知道获得 p 的计划 a′，R – Elab(α，β)才有效。

在 R – Elab 关系中，最后的小句确保提供 β 的信息。

R – Elab 公理：

$(R – Elab(\alpha,\beta)\wedge SARG(\alpha,p))\Rightarrow$

（a）　$(\exists a((Done(a)\Rightarrow Done(K_{\beta}))\wedge executable(a)\wedge(Done(a)>{}^{\vee}p))$

（b）　$\wedge\neg\exists a'(KB_{T,S(\alpha),S(\beta)}>(Done(a')>{}^{\vee}p)))$

R – Elab 的真实性依赖它的论元的语义类型。例如，假如 α 和 β 都标记要求，那么 R – Elab(α，β) 是真实的；但是如果 α 是一个问句，β 是一个要求，如（28ab″），那么 R – Elab(α，β) 不是真实的。

（28）　a. A：　Who came to the party?

（谁参加了舞会?）

　　b″. B：　Look in the visitor's book to find out.

（查看来客登记簿。）

R – Elab 把（28b″）和（28a）连接起来反映了这个事实：它描述了一个行为，这个行为详述一个获得问句的与目的相关联的言语行为的计划。在要求和问句的内容之间的关系不同于例（25）中的关系。在例（25）中，不要执行要求所描述的行为，（25b）的内容足以推断出（25a）的直接回答。

而对于 A 来说，（28b″）的内容不足以推断一个符合事实的直接回答。而且，为了知道这个答案，A 不得不去做 B 所描述的行为。通过言语行为类型

IQAP$_r$ 和 R – Elab 的不同的真值条件，在话语语义中反映出来。

一个行为主体可以拒绝与另外一个行为主体的言语行为相联系的与目的相关联的言语行为。

（14）a. A： Let's go to the movies tonight.

（今晚让我们去看电影。）

　　　　b. B： I have to study for an exam.

（我必须用功准备考试。）

这种修辞关系是计划—纠正（Plan-Correction）。Plan – Correction（α，β）意味着 K$_β$ 非单调地衍推 S(β) 的意图或目的与 S(α) 的与目的相关联的言语行为不相容。在例（14）中，计划今晚用功准备考试和去看电影不相容。B 的修辞变化 Plan – Correction 依赖他打算今晚学习的推理。修辞关系有语义效果，Plan – Correction 是一种从属关系，因为 S(α) 能够告诉 S(β) 为什么他最初的话语 α 有一个不应该被拒绝的与目的相关联的言语行为。Plan – Correction 似乎是右真实关系，这意味着在语义上它像 IQAP 一样起作用。在例（35）中，A、B 两个成分之间有前指连接。

（35）a. A： Let's take a train to India.

（让我们乘火车去印度。）

　　　　b. B： That's too dangerous.

（那太危险了。）

代词"that"前指乘火车去印度的事件类型。

下面让我们来看看间接言语行为的例子。

（36）a. A： Let's meet on Saturday.

（让我们星期六见面。）

　　　　b. B： Can we meet on Sunday instead?

（我们可以星期天见面吗？）

假设（36ab）被分别标记为 α 和 β，β 标记一个语义与 Q – Elab(α，β) 不一致的问句，因为对它的回答不能给 A 提供一些有助于 A 产生在星期六见 B 的计划的信息。实际上，通过提问，B 似乎表达了 Plan – Correction 的修辞关系。但是这与提问的言语行为类型不相容，因为 Plan – Correction 的第二个论元是一个命题或者一个要求。根据间接言语行为的定义，（36b）是一种问题·计划—纠正（Question·Plan – Correction）间接言语行为类型。这就表示（36b）实际上产生了两个被标记的内容：β$_1$ 和 β$_2$。β$_1$ 标记问句的组合语义，β$_2$ 标记用 Plan – Correction 和 α 相连的命题。因此 β$_2$ 标记像"星期六对我不适合"这样的命题。这种言语行为类型指的是 β_1 是用 Q – Elab 和 β_2 连接起来的问句，即（36b）的计划—纠正部分。因此实际上（36b）的言语行为类型是问题—详述·计划—纠正（Q – Elab · Plan – Correction），Q – Elab 是言语行为类型 question 的子类型。

让我们来看例（10）：

（10）a. A： How about meeting next weekend?
（下周末会面如何?）

      b. B： That sounds good.
（好。）

      c. Shall we meet on Saturday afternoon?
（星期六下午会面好吗?）

      d. A： I'm afraid I'm busy then.
（恐怕那时我很忙。）

      e. ?? How about 3pm?
（?? 下午三点如何?）

（10e）是不连贯的，因为它不能被连贯地解释为 Q – Elab。但是什么阻止我们把它解释为间接言语行为，尤其是 Plan – Correction? 显而易见，这样的解释也不连贯，因为 A 本身是 Plan – Correcting。但是假如 A 和 B 是同一个人，例（14）和例（35）也是不连贯的。

更有趣的是，即使我们把（10e）中说话者 A 改为 B，（10）仍旧是不连贯的，如：

（10）e″. B： ?? How about 3pm?

为什么（10e″）不能解释为 Plan – Correction? 因为间接言语行为的问句部分仍旧不能从修辞上和语境联系起来。尤其，用 Q – Elab 把它和表达Plan – Correction（即我只能在星期六下午见面）的命题连接起来也不连贯，因为由于（10d），B 已经知道这个问题的答案，因此对于 B 来说，这个回答不能产生帮助他获得与目的相关联的言语行为的新信息。这就表明间接言语行为的解释是表达对（10d）的纠正。B 表达了一个命题，这个命题传达了他不相信（10d）是真的信息。

三 问句并列关系

（37）a. A： Where were you?
（你在哪里?）

　　　　b. B：　　Let me see. I'm in a village, uh.

（让我想想。嗯，我在一个村庄里。）

　　　　c. A：　　What road did you take leaving Toulouse?

（离开 Toulouse，你走的哪条路？）

　　　　d. B：　　I'm in Couiza.

（我在 Couiza。）

　　一旦（37d）被解释为（37a）的回答，随后的话语就不能理解为（37c）的回答。SDRT 中的右边界限制可以预测：Q – Elab（37a, 37b）和 IQAP（37a, 37d）确保（37c）不再是在右边界上，对于随后的连接来说，它是不可及的。因此（37d）之后的话语不能回答（37c）。这种预测抓住了人的直觉，回答一个更早的问题能够使最近的问题悬而未决。然而这种预测也是有问题的。

（38）a. A：　　Where were you on the 15th?

（15 号你在哪里？）

　　　　b. B：　　Uh, let me think.

（嗯，让我想想。）

　　　　c. A：　　Do you remember talking to anyone right after the incident?

（你记得暴力事件后和什么人说过话吗？）

　　　　d. B：　　I was at home.

（我在家。）

　　　　e. I didn't talk to anyone after the incident.

（暴力事件后我没有和任何人说过话。）

　　（38d）回答了（38a），（38e）回答了（38c），这违背了 SDRT 中可及性定义。然而例（38）是可接受的。这个问题在例（37）的以下的继续中也会出现，（37d′）的第二个小句回答了（37c），第一个小句回答了问题（37a）：

（37）d′. B：　　I'm in Couiza. I left Toulouse by route A61.

（我在 Couiza。我是走路线 A61 离开 Toulouse 的。）

　　　　d″. B：　　Couiza. Route A61.

（Couiza。路线 A61。）

　　为了反映这些可能性我们必须对 SDRT 中的可及性稍作调整，例（37a—d′）和例（38）表明，像平行和对比关系一样，涉及问题的结构使严格的右边界限制难以实行。在简单的会话次序中，完整的回答重述了问句中的足够多的内容，用 IQAP，它们能够和任何问题节点连接起来，这个节点在次序的

开始时是可及的。（37d″）是省略回答，它不能用这种方式解释。事实上，当
涉及并列结构时，只要是以简单次序回答，并且不使用不完整的回答，我们
就可以用任何顺序回答所有没有回答的问题。因此在（37abcd′）中，当 B 完
成了他的回答（37d′）时，问句（37a）和（37c）被封闭了。

但这并非表明可及性没有限制，一旦 B 完成了他的会话次序（39d），问
题（39c）被封闭，（39f）中 B 的话语被正确预测是古怪的。

（39）a. A：　　Where are you?

（你在哪里?）

　　　　b. B：　　Let me see. I'm in a village, uh.

（让我想想。嗯，我在一个村庄里。）

　　　　c. A：　　What road did you take leaving Toulouse?

（离开 Toulouse，你走的哪条路?）

　　　　d. B：　　I'm in Couiza.

（我在 Couiza。）

　　　　e. A：　　OK I see. I'll come get you.

（好，我知道了，我马上到你这儿来。）

　　　　f. B：　　?? I left Toulouse by route A61.

（我是走路线 A61 离开 Toulouse 的。）

可及性限制允许我们使用简单次序回答任何顺序的问题。然而，如果问
句的语义要求同一种回答（例如，它们都是一般疑问句），那么最大化话语融
贯性原则进一步限制了回答的次序。

（40）a. A：　　Do you want to come on the picnic, do you have a swimsuit and
do you want to go swimming afterward?

（你想去野餐吗? 你有游泳衣吗? 之后你想去游泳吗?）

　　　　b. B：　　Yes, yes and maybe.

（是的，是的，可能。）

假定（40b）是按顺序回答（40a）的问题，那么每一个问题及其回答都
具有 QAP 关系，除此以外，在问题—回答对之间我们还能推断平行关系。假
如问题不是按顺序回答的，我们就不能支持平行关系有效的推理。最大化话
语融贯性原则规定我们更喜欢使关系的数目最大化的解释，因此最大化话语
融贯性原则和可及性一起抓住了例（40）的直觉解释：问题是按它们被问的
顺序来回答的。

四　涉及问句的其他关系

Q‐Elab 语义使用了认知状态。但是问句的内容——或者它的回答——能够通过话语中所描述的个体和事件与语境相关联。例如：

(41) a. A： John arrived at the party at 8pm last night.

（昨晚 8 点约翰到达了舞会。）

　　　　b. B：And then what happened ?

（接着发生了什么事情呢？）

直观上看，对 B 的问题（41b）的连贯回答应该和（41a）形成一种叙述关系。问句与语境的修辞关系使得问句的内容比从语言上来看更加清晰：（41b）不仅是对 8 点以后发生的任何事件的问句，而且是关于约翰的到达所引发的事情的问句。这就解释了为什么（41c）是一个比（41c′）更好的对话的继续，它也解释了为什么人们推断在对话的继续（41c″）中玛丽参加了舞会。

(41) c. A：He danced with Mary.

（他和玛丽跳舞。）

　　　c′.　A：　?? The sun set.

（?? 太阳下山了）。

　　　c″.　A：　Mary made a fool of herself.

（玛丽出丑了。）

在（41ab）中命题和问句之间的关系与叙述截然不同。首先，叙述是真实的，说（41b）是真的不合乎情理。其次，叙述是并列关系，但是（41c）和（41c″）表明，随后的话语能够和（41a）相连接，因此为了表示（41a）的可及性，我们应该用从属关系把（41b）和（41a）连接起来。

（41a）和（41b）之间不是叙述关系，但是（41a）和对（41b）的任何回答之间是叙述关系。因此我们把命题（41a）和问句（41b）之间的关系标记为 $Narration_q$。只有 α 是一个命题，β 是一个问句，并且对 $K_β$ 的任何可能的回答 K 是这样：$K_α$ 和 K 满足叙述的必要的限制。因此 $Narration_q$ 是左真实关系，即 $Narration_q(α, β)$ 衍推 $K_α$，因为只有它为真时，$K_α$ 满足叙述的限制。既然 $K_β$ 是一个问句，$Narration_q$ 不是右真实关系。

假如（41）是 $Narration_q$（41a, 41b）——实际上，线索词 then 帮助我们预测这种关系——那么必然产生问句（41b）的正确的空间—时间的含义。$Narration_q$（41a, 41b）有效，Q‐Elab（41a, 41b）也可能有效。假如说

(41a) 时 A 的与目的相关联的言语行为是 B 相信 (41a)，假设 (41a) 本身内容不足以达到这个目的，那么对 B 问句 (41b) 的回答对昨晚的事件提供更多的信息，这些信息详述了达到这个目标（即 B 相信 (41a)）的计划。在这个设想中，(41b) 是一个澄清问题。澄清问题是一种特殊的 Q‑Elab，在这种 Q‑Elab 中，与目的相关联的言语行为是信念转移，由于话语间定义域方面关系 Narration$_q$，Q‑Elab 的限制在例 (41) 中被满足。因此在这个例子中，认知方面 Q‑Elab 关系有效依赖于定义域方面的关系有效。

(41a) 和 (41b) 之间 Q‑Elab 关系无效，识别语境中 (41a) 和 (41b) 之间的定义域方面的关系是非常重要的。在例 (41) 这个语境中，即使 A、B 都知道 A 的与目的相关联的言语行为已经获得，Q‑Elab(41a, 41b) 不能满足，(41b) 仍旧是连贯的。例如，B 能够清楚地表明信念转移是成功的，并且紧跟问题 (41b)。

(42) a. A： John arrived at the party at 8pm last night.

（昨晚 8 点约翰到了舞会。）

b. B： Yes, I know. And then what happened?

（是的，我知道，接着发生了什么?）

假如在本体论中没有包括像 Narration$_q$ 这样的定义域方面的关系，我们就不能解释这种连贯性。我们再来看以下的例子。

(43) a. A： A Well-known book publisher is searchig for manuscripts.

（一个著名的出版公司正需要手稿。）

b. B： What kind of manuscripts?

（哪种手稿?）

c. A： Fiction will be considered.

（小说。）

d. B： How do you know?

（你怎么知道?）

(44) a. A： John failed his degree.

（约翰没有拿到学位。）

b. B： What effects did that have on his career?

（那对他的事业有什么影响?）

(45) a. A： John failed his degree.

（约翰没有拿到学位。）

b. B： Was he livig in student dorms at the time?

（当时他正住在学生宿舍吗?）

（43ab）、（43cd）、（44ab）和（45ab）之间的关系分别是 Elaboration$_q$、Explanation$_q$、Result$_q$ 和 Background$_q$。它们和 Narration$_q$ 有着相似的语义。在 Q - Elab 中，定义域方面和认知方面的关系都可能有效。例如在（43）中，问句的作用可能是有助于达到 B 相信（43a）和（43c）的目的的。

五　涉及请求的其他关系

请求（requests）能够回答问句（例如（26）），能够表示一个人没有足够的信息来回答问句，即请求可以是 NEI 的论元（例如（28ab'）），能够详述获得先前的与目的相关联的言语行为的计划（例如（34））。

对于请求，也有许多可能的回答：我们可以认可它，如（46ab）；可以拒绝它，如（46ac）；或者我们可以在它之后紧接 Q - Elab，如（46ad），对（46d）的回答提供了有助于 B 完成行动的信息；或者我们可以用另一个请求回答一个请求，两者之间的修辞关系是 R - Elab，如（46ae）。

(46) a. A：　Please go get some bread.

（去买些面包。）

　　　 b. B：　OK.

（好的。）

　　　 c. B：　NO.

（不。）

　　　 d. B：　Do you have any money?

（你有钱吗?）

　　　 e. B：　Please get me some money to pay for it.

（给我一些钱去买面包。）

然而，同一个说话者说出一系列的祈使句，通常和陈述语气一样，在内容方面产生相同的效果。例如（47）和（48）。

(47) John entered Bill's office. He got a red file folder.

（约翰进了比尔的办公室，他拿了一个红色的文件夹。）

(48) Enter Bill's office. Get a red file folder.

（进入比尔的办公室，拿一个红色的文件夹。）

在这两个例子中，人们推断红色的文件夹是在比尔的办公室。实际上，拿到一个不在比尔办公室的红色文件夹不会构成满足例（48）中所提出的请求的行为。我们用叙述关系语义抓住例（47）的空间—时间含义。因此例

（48）的直观解释在其逻辑形式（48′）中被抓住了。其中 K'_{π_1} 表示约翰在比尔办公室的命题，K'_{π_2} 表示约翰拿了一个红色的文件夹的命题（见图 6-4）。

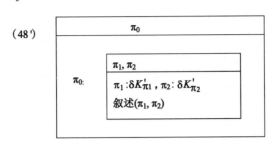

图 6-4

首先，叙述关系的真实性产生了期望的效果：两个祈使句依次被命令，即一个去办公室的命令，一个去拿红色文件夹的命令，并且前一个命令先被完成。其次，叙述的空间—时间推论衍推在 K'_{π_2} 中引入的红色文件夹是在比尔的办公室，去比尔办公室的事件一定发生在拿到一个红色文件夹之前，叙述的所有这些语义推论都和例（48）的直观解释一致。

解释例（47）时，根据缺省规则，其前件被构成成分的词汇语义所证实，我们推断其为叙述关系。考虑到非常相似的词汇语义，这个缺省公理也能应用于祈使实例（48）中。实际上，唯一不同的就是句子语气，但是关于句子语气，推论叙述关系的公理是中立的。因此通过以下两点解释例（47）和例（48）之间的相似性：（一）在黏着逻辑中使用相同的缺省公理来建构 SDRSs。（二）在它们的逻辑形成中运用相同的修辞关系来预测相同的空间—时间含义。

（49）John took the train from Paris to Madrid. He changed in Toulouse.

（约翰从巴黎乘火车去马德里，他在 Toulouse 换的车。）

（50）Take the train from Paris to Madrid. Changed in Toulouse.

（从巴黎乘火车去马德里，在 Toulouse 换车。）

对于例（49）和例（50）来说，产生详述关系的推论恰好相同：例如关于巴黎位置的知识、马德里和 Toulouse 所起的作用。在例（50）中，说话者的意图不是详述关系是有效的证明的部分。然而，详述的衍推揭示了说话者的目的：事件之间的部分—整体关系限制了他想完成的行为。

我们再来看下面两个例子。

（51）a. Turn left,

（向左拐，）

　　　b. and you'll see the roundabout.

（你将看见道路交叉处的环形路。）

（52）a. Smoke a packet of cigarettes a day,

（一天抽一包烟,）

　　　　b. and you will die before you're 50.

（不到 50 你就会死去。）

在这两个例子中，祈使句后面都跟着一个命题，命题描绘了完成祈使句所描绘的行为的可废除的结果。祈使句（51a）是典型的命令，而（52a）却不是如此。我们能够在内容上表征这种差异，尽管在黏着逻辑中预测这种差异需要关于目的的推理。我们先关注例（52）的内容的表征。当连词 and 把一个祈使句和一个陈述句连接起来时，除了通常的真值函数解释，它似乎还有一种意义：例（51）和例（52）中的 and 不是连接关系，而是条件关系。反映这种条件关系的话语关系 Def – Consequence$_r$ 类似 Def – Consequence，只是 K$_\alpha$ 是一个行为项：

$(w,f)\,[\![\text{Def} - \text{Consequence}_r(\alpha,\beta)]\!]_M(w',g)$当且仅当$(w,f)\,[\![\,[K_\alpha]T>K_\beta\,]\!](w',g)$

这就是说，行为 K$_\alpha$ 导致一种状态，在这种状态中 K$_\beta$ 通常是真的。Def – Consequence$_r$ 不是真实关系，因此 Def – Consequence$_r$（52a，52b）并不衍推（52a）是命令，也不衍推（52b）是真的。因此 SDRS（52′）抓住了它的直观解释，如图 6 – 5 所示：

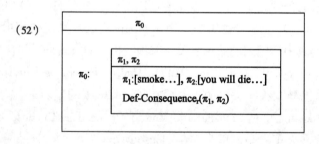

图 6 – 5

然而，对于例（51）来说，情况有一点点不同。不像例（52），陈述句（51b）所描述的事态并不是听话者和说话者希望避免的事情。而且，祈使句表示命令。但是在例（51）的逻辑形成中我们如何抓住这一点？黏着逻辑如何预测例（51）和例（52）之间的差异？我们假定黏着逻辑支持以下原则：当一个行为的陈述结果不是先验可取的，也不是先验不可取的，即 SDRS 描述了 π$_0$：Def – Consequence$_r$（π$_1$，π$_2$）的特征，参与者的认知状态描述了¬ wants$_{s(\pi_2)}$¬ K$_{\pi_2}$和¬ wants$_{s(\pi_2)}$ K$_{\pi_2}$的特征，那么 π$_1$ 和 π$_2$ 之间的修辞关系是 Resul-

t_r，这种修辞关系比 Def – Consequence$_r$ 有更具体的语义，因为它是左真实关系，其中 K_α 是一个行为项。

$(w,f)[Result_r(\alpha,\beta)]_M(w',g)$ 当且仅当 $(w,f)[K_\alpha \wedge ([K_\alpha]T > K_\beta)]_M(w',g)$

我们假设在例（51）的语境中，行为的结果既不是先验可取的，也不是先验不可取的，那么 and 的组合语义将产生 Def – Consequence$_r$ 关系，在黏着逻辑中以上原则将产生例（51）的逻辑形式（51′），如图 6 – 6 所示：

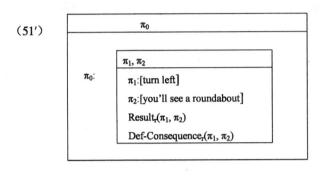

图 6 – 6

根据 Result$_r$ 的左真实性，祈使句 "turn left" 被解释为命令，假设与例（51）、（52）恰恰相反，行为的可废除的结果是先验可取的，例如（53）。

（53）Work hard for the next month and you will get an A in the course.

（下个月努力学习，这门课程你将会得 A。）

完成行动和命题为真之间的逻辑依赖（即 Def – Consequence$_r$(π_1，π_2)）也解释了为什么 α 是被命令的，因此例（53）的逻辑形式是（53′），如图 6 – 7 所示：

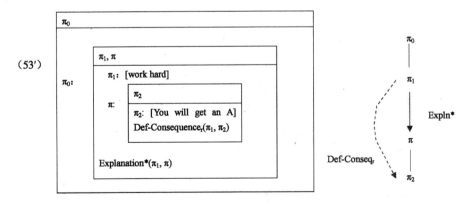

图 6 – 7

(53′) 表明：努力学习是被命令，完成这个行为通常导致得 A 的事实解释了为什么它是被命令。努力学习是命令，Explanation* 是真实的，可废除的结果关系实际上有效。祈使句起着一个"双重"的修辞作用：在内容方面，它是条件关系的部分；在认识方面，它被条件关系激发。这就是为什么在结构中 π_1 在不同的层面和标记 π、π_2 连接起来的原因。

总的来说，例（51）、例（52）和例（53）有着非常相似的表面形式，哪些情形是否可取的知识必定影响我们关于修辞连接的决定。（53′）的相似的话语结构也表达了例（54）的直观内容。

（54）π_1.　Come home by 5pm.

（下午 5 点到家里来。）

　　　π_2.　Then we can go to the hardware store before it closes.

（那么在它关门之前我们能够去五金店。）

　　　π_3.　That way, we can finish the shelves tonight.

（那样，我们今晚能够完成这些架子。）

大致地说，Def – Consequence 关系在 π_1 和 π_2 之间、π_2 和 π_3 之间有效，这些定义域方面的联系解释了为什么 π_1 是被命令的。在请求 π_1 和标记 π 之间是 Explanation* 关系。π 表示在祈使句和可取的命题之间有可废除的推断关系。因此（54）的 SDRS 是（54′），如图 6 – 8 所示：

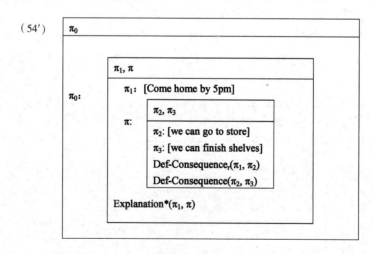

图 6 – 8

这个 SDRS 抓住了这样一个事实：祈使句 π_1 在这个话语中起着两种不同的作用。它是 π 描述了完成这个行为的典型的结果的 SDRS π 的部分，反过来，它又是表示为什么祈使句是被命令的 Explanation* 关系的论元。它也抓住了祈使句 π_1 是被命令的事实，但是它没有衍推命题 π_2 或者 π_3 是真的，它表达了这个事实：由于定义域方面的 Def – Consequence 关系，认知方面的 Explanation* 关系有效。

例（53）和例（54）中的 Explanation* 很可能是由于可取情形的知识被推断的。我们需要这样的一个黏着逻辑公理：假如 γ 标记 Eef – Consequence$_r$（α，β），其中 K_β 是可取的，那么这个 SDRS 也包括关系 Explanation*（α，γ）。

假如行为的结果既不是可取的，也不是不可取的，而是中立的，那么黏着逻辑应该产生不同的关系 Result$_r$。这种修辞关系抓住了例（55）的感观解释。

（55）Turn left. Then you will see a roundabout.

（向左拐，那么你将看见道路交叉处的环形路。）

祈使句是命令，行为的结果是陈述，但是为了解释为什么要求被命令，结果被提及是不清楚的。为了提供听话人能够使用的信息，它仅仅只能陈述他已经正确地完成了向左拐的行为。关系 Result$_r$ 有这些语义效果。

第七章　SDRT 对汉语话语语义的处理

　　动态语义学研究已成为当代意义研究的主流，但动态语义学在中国的介绍为时较晚，结合汉语实际的动态语义学研究更是凤毛麟角。近年来，我国已有一些文献对 DRT 进行介绍和引进，并开始了一定的研究。例如论文《篇章表述理论概说》（潘海华，1996）、《话语表现理论述评》（邹崇理，1998）、《话语表达理论介绍》（刘强，2007）、博士论文《话语表现理论与一阶谓词逻辑——自然语言逻辑研究》（夏年喜，2005）。把这一理论作为单独一章进行介绍的专著有蒋严、潘海华的《形式语言学》（1998）、邹崇理的《自然语言逻辑研究》（2000）和张韧弦的《形式语用学导论》（2008）。而对 SDRT 的介绍、引进，特别是关于汉语的 SDRT 的研究，在 2005 年以前完全是空白。2005 年 5 月美国逻辑学家阿歇尔（Asher）到北京大学逻辑语言与认知研究中心访问，分别以 SDRT 的基本内容、应用以及逻辑学架构和哲学基础为主题作了多次演讲。他的弟子毛翊和周北海教授以此为基础，撰写了《分段式语篇表示理论——基于语篇结构的自然语言语义学》一文，对 SDRT 进行了介绍。论文《从 DRT 到 SDRT——动态语义理论的新发展》（夏年喜，2006）从分析DRT 的不足到修辞结构的引入、话语融贯性最大化原则，论述了 SDRT 这一新的动态语义学理论。《切分语篇表征理论对搭桥推理的解释》（王勇，2007）使用 SDRT 提出的最大化语篇连贯原则，并结合右边界限制条件，对搭桥推理作出了新的解释。《面向信息处理的汉语指代分析——SDRT 视角》（金立、肖家燕，2007）以语篇结构、右边界限制及搭桥等相关理论为依托，对汉语指代消解作初步尝试，展现出 SDRT 在汉语指代研究上的崭新视角和在汉语语义表现上的实际应用价值。熊学亮的专著《语言中的推理》（2007）在最后一章中对 SDRT 修辞推理进行了介绍。

　　SDRT 是针对英语而设计的，汉语和英语之间虽然有不小的差异，但终归都是自然语言，在表义方面有许多相同或相似之处，因而借用它来分析汉语话语是有可行性基础的。尤为重要的是，语言学理论的验证，特别需要研究不同类型的语言。汉语作为一种与英语不同类型的语言对语言理论研究具有重要价值。

第一节　英汉语言的个性和共性

　　思维指的是基于人脑机能之上的认识世界的能力和过程。它既包括人脑对信息的加工、输送、存储和使用而产生的各种思维过程、思维环节和内部结构，也包括这些环节在实际思维中的组合模型和演化过程。① 这种思维方式是人类的共性。思维的个性是在民族的文化行为中，那些长久地稳定而普遍起作用的思维方法、思维习惯及对待事物的审视趋向和众所公认的观点。②

　　思维决定语言。既然思维有共性，那么语言也有共性。各个民族思维方式的差异导致不同民族语言上的差异。

一　英汉语言的个性

　　英语和汉语这两种语言是很不一样的。英语属于印欧语系，汉语属于汉藏语系，它们在语音、词汇、语义、语法、修辞、语篇等方面都存在着差异。"它们的语音不一样，书写系统不一样，词汇不一样，句子结构也不一样。就连这两种语言的最基本自然单位都是不一样的。英语是 word，汉字却是'字'，而不是通常的翻译对应单位——'词'。"③

　　连淑能从综合语与分析语、刚性与柔性、形合和意合、繁复与简短等方面比较了英汉两种语言的差异。认为汉语是典型的分析语，分析语的特征是不用形态变化而用语序及虚词来表达语法关系。古英语属于综合语，综合语的特征是运用形态变化来表达语法关系。现代英语是从古英语发展出来的，既保留着综合语的某些特征，又具有分析语的特点。现代英语运用形态变化形式、相对固定的语序及丰富的虚词来表达语法关系，因此属于综合—分析语。英语采用拼音文字，是语调语言；汉语采用方块文字，是声调语言。

　　连淑能认为，"英语重形合，词有形态变化，造句注重形式接应，要求结

---

　　①　李宏亮：《英汉语言、思维的共性和个性考辨》，《电子科技大学学报》2009 年第 5 期。

　　②　同上。

　　③　姜望琪：《中西语言研究传统比较》，载潘文国《英汉语比较与翻译》，上海外语教育出版社 2010 年版，第 94 页。

构完整，句子以形寓意，以法摄神，语法呈现显性、刚性，因而严密规范，采用的是焦点句法，具有严谨的客体意识；汉语重意合，字词缺乏形态变化，造句注重意念连贯，不求结构齐整，句子以意役形，以神统治，语法呈现隐性、柔性，因而流泻铺排，采用的是散点句法，具有灵活的主体意识"。① 英语重形合，词语或分句之间用语言形式手段（如关联词）连接起来，表达语法意义和逻辑关系。汉语重意合，词语或分句之间不用语言形式手段连接，其中的语法意义和逻辑关系通过词语或分句的含义表达。正如王力指出，"西洋语的结构好像连环，虽则环与环都联络起来，毕竟有联络的痕迹；中国语的结构好像无缝天衣，只是一块一块地硬凑，凑起来还不让它有痕迹。西洋语法是硬的，没有弹性的；中国语法是软的，富于弹性的。惟其是硬的，所以西洋语法有许多呆板的要求，如每一个 clause 里必须有一个主语；惟其是软的，所以中国语法只以达意为主，如初系的目的位可兼次系的主语，又如相关的两件事可以硬凑在一起，不用任何的 connective word"。②

从属结构是现代英语最重要的特点之一。英语注重形合，句子结构可以借助各种连接手段加以扩展和组合，形成纷繁复杂的长句。汉语常用散句、松句、紧缩句、省略句、流水句、并列句或并列形式的复句，以中短句居多。汉语注意意合，少用甚至不用连接词语，因而语段结构流散，但语意层次分明。王力指出，"中国人作文虽讲究炼句，然其所谓炼句只是着重在造成一个典雅的句子，并非要扩充句子的组织。恰恰相反，中国人喜欢用四个字的短句子，以为这样可以使文章遒劲。由此看来，西洋人做文章把语言化零为整。中国人做文章几乎可以说是化整为零"。③

二　英汉语言的共性

然而，通过对大量语言的研究，人们发现在差异的背后有很多相近或相同的特性存在于所有的语言之中。这就是说，语言是有共性的。关于语言共性问题，有两条代表性的研究思路。一条是以乔姆斯基（Chomsky）为代表的生成语法。乔姆斯基在 1965 年出版的《语法理论要略》（*Aspects of The Theory of Syntax*）一书中指出，自然语言的共性表现在两个方面：内容上的普遍性和形式上的普遍性。内容上的普遍性是指每种语言都有名词、动词、形容词、

---

① 连淑能：《英汉对比研究》增订本，高等教育出版社 2010 年版，第 69 页。
② 王力：《中国语法理论》，山东教育出版社 1984 年版，第 141 页。
③ 同上书，第 457 页。

数词等种类。形式上的普遍性是指某些形式上的规则对每种语言都适应。乔姆斯基把语法知识分为两个部分：普遍语法和个别语法。普遍语法是全人类共有的，而个别语法是各民族语言所特有的。他认为，前者是通过生物进化和遗传先天获得的。人在出生时，大脑构造已经决定了人有一定的语言能力，这部分能力是每一个人都具有的。普遍语法"以一系列基本原则为基础，这些原则明确划定语法的可能的范围，并严格地限制其形式，但也应该含有一些参数，这些参数只能由经验决定"。① 普通语法原则有两个特点：一是必须适用于所有的个别语言；二是必须有高度的抽象性，属于原始概念，数量极少。也就是说，普遍语法原则必须有跨语言性和跨结构性的特点。参数的作用是把抽象的原则转化成具体的规则，个别语法就是参数的值得到设立后形成的一套系统。参数是因语言而异的。

另一条是以格林伯格（Greenbery）为代表的语言类型学的研究思路。语言类型学是通过跨语言比较，通过大量的语言考察、统计和对比，观察存在于这些语言背后的起限制作用的普遍性因素，主要采用归纳的方法来发现语言的共性。尽管生成语言学和语言类型学研究思路不同，但在"语言具有共性"这一点上，二者是一致的。

1898 年，我国第一部系统的语法著作《马氏文通》出版了。《马氏文通》的作者马建忠是一位有着浓厚的爱国热情和乐于吸收其他民族文化精华的人，一位有丰富的西方语法理论知识和扎实的古汉语功底的人。《马氏文通》的出现，应该归功于他的语言共性论思想和西方语言理论的影响。

汉语与其他语言是相通的。在汉语研究中，中国的语言学者大量地借鉴了国外语言学的理论和方法，使得汉语的研究得以不断地取得进步。

程工认为"第一部现代汉语语法著作《新著国语文法》就是一部借鉴与独创相结合的力作。它的作者黎锦熙从英语语法著作中得到启示，赋予句子以语法中心的地位，引入了中心词分析法。同时，他还采用美国里特（A. Reed）等人的图解法来体现句子分析的结果"。②

朱德熙认为，王力的《中国现代语法》和吕叔湘的《中国文法要略》"反映了前半个世纪汉语语法研究所达到的水平"。③《中国现代语法》受了叶

---

①　Noam Chomsky, *Lectures on Government and Binding*, the Pisa Lectures, Holland: Foris Publications, 1982, pp. 3—4.

②　程工：《语言共性论》，上海外语教育出版社 1999 年版，第 124 页。

③　朱德熙：《语法答问》，商务印书馆 1985 年版，第 4 页。

斯丕森（Jespersen）的"三品说"和布龙菲尔德（Bloomfield）的"向心结构"的观点的影响。《中国文法要略》参考叶斯丕森和法国语言学家勃吕诺（Ferdinand Brunot）关于语法格局的设想，采用了"三品说"。

　　20世纪50年代以来，结构主义语法开始取代传统语法成为影响中国语言学的主要理论。周法高称丁声树等（1961）编著的《现代汉语语法讲话》为"参考了美国结构语言学派和该派以外的语法理论"，是国内出版的"最好的一本语法书"。① 朱德熙是新中国成立以来成就最高的中国语言学家，借鉴国外的先进理论是他成功的原因之一。如《论句法结构》借鉴了布龙菲尔德的层次分析法；《语法答问》运用结构主义理论为汉语词类和主、宾语的鉴定提出了一个纯形式的标准。宋商推测，朱德熙"1961年以后的文章都是在大洋彼岸的影响、启发下完成的"。②

　　1999年，程工出版了专著《语言共性论》，从心理学、生理学、儿童语言心得、生成语法、现代语言类型学、汉语研究等角度论述了语言的共性。他希望说明：

> 　　汉语是人类语言集合中的一个普通的成员。它同样受普遍语法原则的制约，它与其他语言的差异是有限度的。汉语不是语言共性论的反例，而恰恰相反，从汉语语法体系建立的第一天起，它就为强式语言共性观提供了大量的证据。现在看来，马建忠之所以可以借鉴西方的语法理论建立起汉语语法体系，黎锦熙、王力、吕叔湘、丁声树、朱德熙等这些在汉语语法研究中取得了辉煌成就的学者之所以可以得益于西方的语法理论，而且西方的语法理论之所以在汉语语法研究发展的每一个阶段都能够产生影响，其根本的原因还是在于汉语和其他语言在基本性质上是完全相同的。③

　　综上所述，英汉两种语言之间存在着共性。语言共性存在于语言的语音、语法、语义和语用等各个维度中。因此把动态语义学理论SDRT和其分析技术运用到对汉语话语语义的处理是可行的。

---

① 参见程工《语言共性论》，上海外语教育出版社1999年版，第125页。

② 宋商：《议歧义和"歧义"》，《语文建设通讯》（香港中国语文学会）1991年第34期。

③ 程工：《语言共性论》，上海外语教育出版社1999年版，第269页。

第二节　汉语复句、句群研究与 SDRT

汉语具有表述性的语法单位有三种：小句、复句和句群。表述性是指"能够表明说话的一个意旨，体现一个特定的意图。具体点说，就是：或者表明一个陈述，或者表明一个感慨，或者提出一个要求，或者提出一个疑问"。[①]与复句和句群相比较，小句是最小的具有表述性的语法单位。要对复句、句群进行研究，必须先研究小句。

除了是最小的具有表述性的语法单位，小句还是最小的具有独立性的语法单位。独立性是指一个小句不被包含在另一个小句之中。小句是指单句或是结构上相当于或大体上相当于单句的分句。如：

（1）你很认真。

（2）天气真好！

（3）快出城吧！

（4）小刚出事了？

从小句与更大的语法单位的联系看，小句是复句和句群的构成基础。

一　汉语复句研究

什么是复句？

王力给复句所下的定义是："句中有两个以上的句子形式而且他们的联结是比较松弛的，所以咱们可以在每一个句子形式的终点作语音的停顿，这叫做复合句。"[②]

黎锦熙、刘世儒对复句的定义是："凡句子和句子，以一定的逻辑关系，用（或者可能用）和逻辑关系相适应的连词或关联词语联接起来，因而具有巨大的（或可能是巨大的）意义容量的语言单位叫复句。"[③]

周祖谟认为"如果一个句子是由两个以上的意义相关的句子组成的，彼此分立，互不作为句子成分，这样的句子我们称之为'复句'"。[④]

刘兴策认为：

---

① 刑福义：《汉语语法学》，东北师范大学出版社 1996 年版，第 13 页。

② 王力：《中国语法理论》，商务印书馆 1944 年版，第 106 页。

③ 黎锦熙、刘世儒：《汉语复句新体系的理论》，《中国语文》1957 年第 8 期。

④ 周祖谟：《现代汉语讲座》，知识出版社 1983 年版，第 154 页。

　　复句是由两个以上相对独立的分句组成的句子。首先，复句是句子。一个复句是一个句子。一个复句只能有一个统一全句的语调，整个复句末尾才有比较大的停顿，书面上用句号或问号、感叹号表示。其次，复句由两个以上的分句组成。分句之间的停顿书面上用逗号、分号等表示。组成复句的分句可以是主谓句，也可以是无主句或独词句。……第三，复句里的分句是相对独立的。所谓"独立"，是指：甲分句不作乙分句的成分，乙分句不作甲分句的成分，它们彼此间没有谁包含谁，谁被谁包含的关系。①

　　从以上诸定义可知，从构成成分上看，复句由两个或两个以上的分句构成；从组合手段上看，构成复句的分句之间往往由特定的关系词语来联结；从构成成分之间的联系看，复句中各分句之间都存在一定的关系；从语音上看，分句与分句之间有停顿。一个复句一旦成立，它的构成单位便不再是独立的、各自成为单句的一个一个小句，而是既相对独立又相互依存的一个一个分句。

　　复句可以从不同角度进行分类。复句的关系分类，是形成复句系统的框架；复句的非关系分类，是对复句系统做多侧面的了解和反映。刑福义把复句关系分类原则概括为"从关系出发，用标志控制。'关系'指分句与分句之间的相互关系；'标志'指联结分句标示相互关系的关系词语"。② 根据从关系出发用标志控制的原则，复句可以归纳为三大类：并列类复句、因果类复句和转折类复句。各大类下面又可再分为若干小类。并列类复句又可分为并列复句、连贯复句、递进复句和选择复句；因果类复句又分为因果复句、目的复句、假设复句和条件复句；转折类复句又分为转折复句、让步复句和假转复句。并列复句包括平列式、对照式和解注式三种关系。

　　从复句的非关系分类的角度来看，"根据组织层次的不同，复句可以划分为单重复句和多重复句；根据关系标志的有无，复句可以划分为有标复句和无标复句；根据分句与分句间隔情况的不同，复句可以划分为有间复句和异变形式紧缩句"。③

　　多重复句是复句的扩展形式。多重复句的第一个关系层次是整个复句的基本层次，复句的类属是根据第一个关系层次来判定的。分析多重复句的层

　　① 刘兴策等编：《语文知识4问》，湖南人民出版社1983年版，第148页。
　　② 刑福义：《现代汉语》，高等教育出版社1991年版，第357—358页。
　　③ 刑福义：《现代汉语语法修辞专题》，高等教育出版社2002年版，第98页。

次和关系,可以采取"划线法"和"图解法"两种表示法。例如:

(5) 小松收入微薄,而且有父母子女,家庭负担很重,但是,为人慷慨大方,宁可不添置衣服,也要经常帮助比他更困难的朋友。

"划线法"是在句中直接标明分析的结果。首先,在每个分句的末尾用数字标明其顺序。然后,用竖线划层次,并在竖线的下面注明关系:第一层次用单竖线"丨"标明。第二层次用双竖线"‖"标明,其他依次类推。用"划线法"对例(5)进行分析,可得到如下结果。

(6) 小松收入微薄,①‖ 而且有父母子女,②‖ 家庭负担很重,③丨 但

递进　　　　　　　　　因果　　　　　　　　转折

是,为人慷慨大方,④‖ 宁可不添置衣服,⑤‖ 也要经常帮助比他更困难的

解注　　　　　　　　忍让

朋友。⑥

"图解法"是在句外表示分析的结果。首先,用顺序号代表组成多重复句的各个分句。然后,用层次切分法逐层切出层次,并注明关系。用"图解法"对例(5)进行分析,可得图 7 - 1:

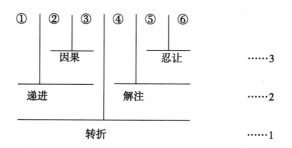

图 7 - 1 　 (5) 的图解法

例(5)有六个分句,它们分层联结,形成一个三重复句。根据第一层次的关系,它是一个转折句。

二　汉语句群研究

对句群的研究最早可以追溯到东汉王充的巨作《论衡·正说篇》,"句有数以连章,章有体以成篇"。[①] 后来不断有人谈论到句章的关系。20 世纪 20 年代黎锦熙先生就说过:"文学上段落篇章的研究,也不外乎引导学者去发现

---

① 参见陈莉萍《修辞结构理论与句群研究》,《苏州大学学报》2008 年第 4 期。

'怎样'并'为什么',把许多句子结合成群,各群之间,又是怎样的关系;因而发现对于模范的读物,要怎样效法才算有价值;这也是研究上很自然的趋势。"① 1962 年,黎锦熙和刘世儒先生在《汉语语法教材》中明确指出,"句群是介于复式句和段落之间的一种语言单位"。② 张寿康认为"句群是由句子组成的,它不仅要表达一个完整的意思,而且要表达一个意义中心,句子与句子之间有相对的独立性,也有联系性和层次性"。③ 吴为章和田小琳认为"句群是在语义上有逻辑关系,在语法上有结构关系,在语流中衔接连贯的一群句子的组合,是介于句子和段落之间的,或者说是大于句子、小于段落的语言表达单位。在连贯话语中,句群是相对独立的语义——句法单位,它以一定的方式为组合标志,可以从语流中切分出来"。④ 刑福义、汪国胜在《现代汉语》中指出,"句群是指由两个或几个在结构上有密切联系的句子组合而成的表述一层意思的语法单位"。⑤

句群有三个基本特点:第一,一个句群由两个或几个句子构成;第二,构成句群的句子在结构上有密切联系,且语义上是相互关联的;第三,句群要表述一层意思,在语义上都有一个明晰的中心。此外,句群还具有层级性。句群可大可小,较大的句群可以包括若干较小的句群,较小的句群可以和别的句子或句群构成较大的句群。这样,一个较大的句群里面就包含着若干不同层级的较小句群。例如:

(7) 四个现代性,关键是科学技术现代化。没有现代科学技术,就不可能建设现代农业、现代工业、现代国防。没有科学技术的高速发展,也就不可能有国民经济的高速发展。(邓小平:《在全国科学大会开幕式上的讲话》)

这个句群由三个句子组成,第一个是单句,第二个、第三个是复句。第一个句子提出一个判断,第二、三个句子分别从密切相关的两个角度进行论证,说明根据,它们处在 "A——因为 B——也因为 C" 的逻辑联系之中,表述中心意思 "四个现代化,关键是科学技术现代化"。第二句和第三句可构成一个最小的句群,这个最小的句群又可与第一句一起构成较大的句群。

句群由小句和小句直接地或者间接地联结而成。小句直接联结,是小句

---

① 参见梅汉成《现代汉语句群研究概述》,《盐城师专学报》1996 年第 3 期。
② 黎锦熙、刘世儒:《汉语语法教材》,商务印书馆 1962 年版,第 259 页。
③ 参见陈莉萍《修辞结构理论与句群研究》,《苏州大学学报》2008 年第 4 期。
④ 黎锦熙、刘世儒:《汉语语法教材》,商务印书馆 1962 年版,第 259 页。
⑤ 刑福义、汪国胜:《现代汉语》,华中师范大学出版社 2006 年版,第 386 页。

和小句直接集结成为句群。小句间接联结，是小句和小句先联结成为复句，然后再联结成为句群。句群是比复句更大的语法单位，但构成句群的最基本的单位还是小句。

句群的关系类别，跟复句的关系类别大体相同。就基本关系而言，也可以分为三大类：因果类、并列类和转折类。每一类句群都可能包含小句群，因而都可能成为多重句群。因果类句群包括四小类：因果句群、目的句群、假设句群和条件句群。并列类句群包括四小类：并列句群、连贯句群、递进句群和选择句群。转折类句群包括三小类：转折句群、让步句群和假转句群。并列句群包括平列式、对照式和解注式三种。

句群有的只包含一个结构层次，这是单纯句群；有的包含两个或几个结构层次，这是多重句群。单纯句群一般由两个句子组成，如：

（8）无论准确也好，鲜明、生动也好，就语言方面讲，字眼总要用得恰如其分。这样，表现的概念才会准确，也才能使人感到鲜明。

这是一个条件句群，两个句子之间具有条件和结果关系。但有些单纯句群，也可以不止由两个句子组成，例如：

（9）是风太师叔么？是不戒大师么？是田伯光么？是绿竹翁么？

尽管例（9）由四个问句组成，但只有一个层次，是一个表示选择关系的单纯句群。

多重句群至少包含三个句子、两个层次。根据包含结构层次的多少，多重句群又可以分为二重句群、三重句群等。多重句群的类属也是根据第一个层次的关系来判定的。多重句群的分析和多重复句的分析一样，要善于抓住标记，化繁为简，逐层进行剖析。具体来说，首先要看句群里包含了多少个句子，再确定这些句子之间的结构层次，然后判断各个层次中前后句子之间的结构关系。与分析复句的层次和关系一样，也可以采用"划线法"和"图解法"两种方法表示。例如：

（10）说句实在话，一开始徐则甘并没有意识到荣永霖和马一青有什么不同。① | 他甚至认为马一青和他更接近一些。② || 因为马在私下里经常对他
　　　递进　　　　　　　　　　　　　　因果
说如何建议荣永霖放权、再放权的。③ ||| 并且也曾说过自己的"施政纲
　　　　　　　　　　　　　递进
领"。④

这是一个用"划线法"表示的三重句群。根据第一层次的关系，它是一个递进句群。我们还可以用"图解法"表示，如图 7－2 所示：

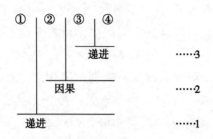

图 7 – 2　　（10）的图解法

三　SDRT

SDRT 是一种将话语（discourse）的线性信息和非线性信息组合分析的形式语义语用学理论。从语形上看，一个话语就是一个句子群；从过程上看，一个话语的呈现与接受，总是一句一句进行的，因此，一个话语就是一个语句串。一个语句串可长可短，长起来可以没有限度，短到可能只有一个句子。话语是语言表达的最小意义单位，只有话语才有完整的意义，不能脱离话语谈论句子和语词的意义。

从语形的角度看，话语是线性的语句串。人们总是一步一步循序渐进地处理句子系列中的每一个句子。后续句子的处理依赖前面已处理过的上文，其中增添的信息内容又成为理解更后续句子的依据。[①] 语句的意义或内容就成了改变语境的动态因素，新旧语境之间存在某种变换关系。DRT 将话语看作语句串，新句子的增加只能按线性的顺序接在最后一个语句后面。

但从语义的角度看，语句之间的联系一般是非线性的。话语中语句的"亲疏远近"是不同的。话语中的各个句子之间具有不同的修辞关系，如叙述、解释、详述、对比、平行、纠正、续述、背景、因果、假言、选言等，这些复杂的亲疏远近关系形成了话语中的语段（discourse segment）。这种亲疏远近关系由语句间的修辞关系决定。语段和修辞关系是 SDRT 的核心概念，两者一起组成了话语结构。一个语段就是围绕某个意思的语言表达，若干语段经由一定修辞关系的组合，最终形成对话语中心意思的表达。由语段和修辞关系组成的话语结构更为自然地体现了话语的语义结构。

话语结构由表达语段的 DRS 框图和表示修辞关系的连线构成。由此得到的图称为话语结构图或 SDRT 框图。修辞关系有两种基本类型：并列关系和从

---

① 邹崇理：《话语表现理论述评》，《当代语言学》1998 年第 4 期。

属关系。并列关系把不同的语段用横线连接起来，并列地置于同一主题之下。从属关系把不同的语段用垂线连接起来，位于上面的是主导者，位于下方的是从属者，主导者是从属者的主题。这两种类型的修辞关系形成了 SDRT 框图多层次的二维结构。例如：

（11）Two men approach each other on a street.（π_1）They quickly realize they are on a collision course.（π_2）The first man, reading the body language of the second, steps to the right,（π_3）then sees that the second man, attempting the same maneuver but responding a split second too late, has made the same move.（π_4）The first man tacks the other way,（π_5）but the second man has beaten him to it.（π_6）In an exquisite choreography of misinterpretation, the two men run right into each other on an empty sidewalk.（π_7）

（两个人在街上彼此靠近了，他们很快意识到会碰撞在一起。第一个人，理解了第二个人的身体语言，走向右边，然而看见第二个人试图完成同样的动作，但是瞬间反应太迟，也已经走向右边。第一个人突然向其他方向改变路线，但是第二个人已经撞到他了。在这个精妙的误解动作中，这两个人在空旷的人行道上恰好撞在一起。）

图 7-3 是例（11）的话语结构图。

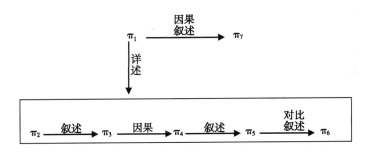

图 7-3　（11）的话语结构图

话语结构是动态的。一个话语是一个线形的语句串，但话语中句子之间的语义联系并非仅是线形的，如后句对前句可起解释作用，可形成一个在该话语中相对独立的语义片段，此间有句子对句子的关系，句子对语段的关系，也有语段对语段的关系，所以话语有自己多种类、多层次的语义结构。此外，每一个句子的增加，都会使话语结构得到更新。新添的语句，可以通过叙述、解释、详述、概括、例证、并列、对照、后果等修辞关系，与前面的某一语段或某一语句相联系，并通过某种修辞关系与其他语句形成新的语段。①

话语结构是判定话语融贯性的依据。在两个语段之间可以有不止一种的修辞关系，语段间的修辞关系越多，话语的结构就越紧凑，话语的融贯性就越好。话语结构的建立，要依赖语段之间的修辞关系。而修辞关系的明确，要运用推理。新语句的增加，会使语境发生变化，也会产生话语结构的更新，因此语段之间的关系是可修正的，不是一成不变的。这使得推断语段之间的修辞关系的推理也是非单调的。

正如毛翊、周北海指出，"从总体上看，SDRT 首先以语篇为语义分析的整体，从语句线性添加的动态观点出发，使语篇成为体现语用因素的语境，特别是通过修辞关系确定语段和语篇结构，在非单调推理逻辑的基础上，形成动态语篇结构。通过这样的结构，SDRT 以形式化方法来逐步呈现语篇的语义，最终得到准确刻画自然语言语篇语义的形式化表达式"。②

四　复句、句群研究与 SDRT 之比较

综上所述，汉语的复句、句群研究与 SDRT 有很多相同或相似之处。主要表现在如下五个方面。

（一）最基本的构成单位都是小句

小句是汉语复句和句群的构成基础。从产生过程看，复句是由小句和小句联结而成的句子，句群由小句和小句直接地或者间接地联结而成。以小句联结为基础，可以联结成复句，又可以进一步联结成句群，还可以更进一步联结成更大的句群。句群是比复句更大的语法单位，但句群不一定都由复句联结而成。归根到底，构成复句、句群的最基本的单位还是小句。

在 SDRT 中，话语就是一个句子群，话语是通过一个个句子的陈述得来的，表现为句子添加的过程。在英语中，句子按其结构可分为简单句、并列句和复合句。两个或两个以上的简单句并列在一起构成并列句，一个主句和一个或一个以上的从句构成复合句。说到底，构成话语的最基本的单位也是小句。

（二）句子与句子之间有语义上的相互联系，表现为一定的逻辑或修辞关系

汉语复句中各分句之间都存在着语义上的相互关系。从关系分类的角度

---

① 熊学亮：《语言使用中的推理》，上海外语教育出版社 2007 年版，第 205 页。

② 毛翊、周北海：《分段式语篇表示理论 —— 基于语篇结构的自然语言语义学》（http://ccl. pku. edu. cn/doubtfire/Course/Computational % 20Linguistics/contents/Intr2SDRT. pdf）。

看，可以分为并列、因果、转折三大类。并列类复句又可分为并列、连贯、递进和选择四小类；因果类复句又可分为因果、目的、假设和条件四小类；转折类复句又可分为转折、让步和假转三小类。构成汉语句群的句子在结构上有密切联系、在语义上有逻辑关系。句群的关系类别与复句的关系类别相同。

在 SDRT 中，话语的各个句子不是杂乱无章地堆在一起，小句与小句之间也存在着语义上的关联，具有不同的修辞关系，主要表现为叙述、解释、详述、平行、对比、续述、背景、因果、假言、选言、纠正等。不同的修辞关系表现出不同的逻辑特性，阿歇尔已提出英语中有 20 多种语段间的修辞关系，这种关系集是开放性的，发现新的修辞关系是 SDRT 的一项研究内容。

（三）具有层次性。

只包含一个关系层次的复句叫单纯复句，包含两个或几个关系层次的复句叫多重复句。分析多重复句，就是确定其层次和关系。要从大到小地划清层次，根据关系词语来审定层次关系。只包含一个结构层次的句群叫单纯句群，包含两个或几个结构层次的句群叫多重句群。分析多重句群，就是划分结构层次，判明结构关系。具体来说，首先要看句群里包含多少个句子，再确定这些句子之间的结构层次，然后判明各个层次中前后句子之间的结构关系。

在 SDRT 中，话语中句子之间的语义联系不总是线性的。在例（11）中，π_7 是 π_1 的叙述和结果，π_2、π_3、π_4、π_5 和 π_6 是对 π_1 的详述。π_1 和 π_7、π_1 和 π_2、π_3、π_4、π_5、π_6 各自形成一个相对独立的语段。在一个话语中，有句子对句子的关系，句子对语段的关系，也有语段对语段的关系。这使得话语的语义结构是多种类、多层次的复杂结构。一个话语除了有线性的关联，还有非线性的关联，所以一个话语是带有多种类、多层次语义结构的语句串。

（四）具有语义中心。

一个复句是由两个以上的意义相关的分句组成，具有一个语义中心。一个句群也有一个语义中心，各个句子都是围绕这个语义中心组织起来的。如果没有一个语义中心，就不能构成一个句群。

SDRT 认为，一个话语总要表达一定的意思，一般分为局部意思和中心意思，通过局部意思的聚合来表达中心意思。一个语段就是围绕某个意思的语言表达，若干语段经过一定修辞关系的组合，最后形成对话语中心意思的表达。所以一个话语具有一个语义中心。

（五）用图式表示层次关系

复句、句群研究和SDRT都用一定的图式来表示其层次关系。分析多重复句、多重句群的层次和关系，采取在句中标明的画线法和句外标记的图解法表示。SDRT框图不在句中标示，另用图式表示。SDRT框图是由并列关系和从属关系形成的多层次的二维结构。

我国在复句、句群方面的研究尽管取得了一些成果，但是我们的研究成果并没有在国际语言学界产生应有的影响。由于缺乏一套系统的理论与方法，复句和句群研究无法以一种系统理论的形式走向世界。在话语分析、人工智能等语言应用研究领域中，复句、句群理论偶尔被提及，但很少有研究者完全以复句、句群理论为支撑进行话语分析或自然语篇处理。而SDRT经过十多年的发展、改进，从思想到理论都形成了比较完整的体系，并在全世界语言学界产生了非常大的影响，已成为研究处理自然语言的新方向和前沿领域。SDRT尽管是针对英语而设计的，但由于修辞关系数目是一个开放集，为人们用该理论来研究英语以外的其他语言提供了便利。目前运用该理论对法语、德语、日语等进行了一定的研究，并取得了一些进展。笔者拟借SDRT来分析汉语话语，旨在解决汉语中的许多语义问题。

第三节　SDRT 对汉语话语的实例分析

（12）我们之所以输掉这场球，①不是因为我们技不如人，②而是因为我们临场过于紧张。③

这是一个包含两个关系层次的复句。第一个关系层次表示因果，第二个关系层次表示并列。可用图解法表示，如图7－4所示：

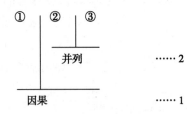

图7－4　（12）的图解法

用SDRT对例（12）进行分析，其话语结构图如图7－5所示。

②与③形成对比关系，解释我们输球的原因。

（13）我们所以要隆重纪念阿耳伯特·爱因斯坦，①不仅是因为他一生的

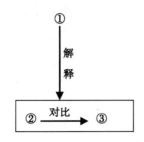

图 7-5　（12）的话语结构图

科学贡献对现代科学的发展有着深远的影响，②而且还因为他善于探索、勇于创新、为真理和社会而献身的精神是值得我们学习的，③是鼓舞我们为加速实现四个现代化而奋斗的力量。④

　　这是一个因果关系的三重复句。第一个关系层次表示因果，第二个关系层次表示递进，第三个关系层次表示并列，可用图解法表示，如图 7-6 所示：

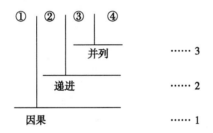

图 7-6　（13）的图解法

　　例（13）的话语结构图可以表示为图 7-7：

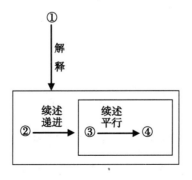

图 7-7　（13）的话语结构图

　　③与④之间是续述、平行关系，③、④与②之间不仅有续述关系，还有递进关系，②、③、④共同解释①，说明我们为什么要隆重纪念爱因斯坦的

原因。递进关系是笔者在对汉语语义研究中所增加的一种新的修辞关系。

（14）如果作出了抉择，①却由于种种原因达不到你的目的，②从而使你的抉择半途而废，③甚至于让别人利用了你的抉择，④以致失败，⑤那你的抉择不仅会害了自己，⑥也同样会害了别人！⑦

这是一个五重复句。第一个关系层次表示假设，第二个关系层次表示转折和递进，第三个关系层次表示因果，第四个关系层次表示递进，第五个关系层次表示因果，其图解法如图7-8所示：

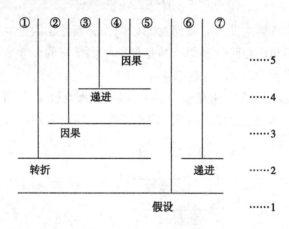

图7-8　（14）的图解法

例（14）的话语结构图如图7-9所示：

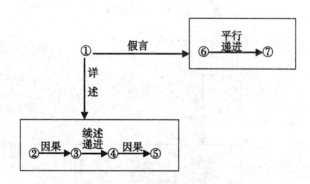

图7-9　（14）的话语结构图

①与⑥、⑦是假言关系，⑥、⑦之间是平行和递进关系，②、③、④、⑤是对①的详尽叙述。

（15）一瞬间，他很反感。①但立即想到，我是校长，出了事当然难辞其咎。②又想，刚才自己说话不当，何永昌已经退了，他现在是书记，他来找我商量工作，我却让他去同何永昌商量。③

例（15）由三个句子组成，包括两个结构层次：前一句与后两句之间是第一个层次，表示转折关系；后两句之间是第二个层次，表示并列关系。这是一个二重转折句群。可用"图解法"分析，如图 7 - 10 所示：

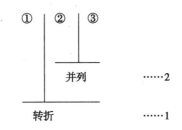

图 7 - 10 （15）的图解法

用 SDRT 对例（15）进行分析，其话语结构图如图 7 - 11 所示：

图 7 - 11 （15）的话语结构图

②与③之间是续述关系，①与②、③之间不仅有背景关系，还有对比关系。

（16）目前，最大的机器人是美国制造的。①1974 年曾用它来打捞一艘重 4000 吨的潜水艇，它的机械手可以把 90 米长的潜水艇从海底拦腰抱起。②最小的机器人用在日本精工手表装配线上。③这种微型机器人，如同百货商店玩具柜里最小的洋娃娃一般大。④它纤细的手臂和灵巧的小手指，十分精确地把一个个机芯装在流水般送来的一只只小手表壳里。⑤我国也生产了机器人，在我国西南原子反应堆上，机器人用那灵活的手，在人们无法接近的核辐射环境中，不知疲倦地处理着核燃料和核废物，工作得十分出色。⑥例（16）由六个句子组成，包括三个结构层次：第一个关系层次表示并列，第二个关系层次表示解注，第三个关系层次也表示解注。这是一个三重并列句群，其图解法是图 7 - 12。

例（16）的结构图为图 7 - 13。

①、③、⑥之间是续述和对比关系，②是对①的详述，④、⑤是对③的详述，④与⑤之间是续述关系。

（17）儿子数学考了 98 分，名列班级第一。①语文考了 90 分，位居班级

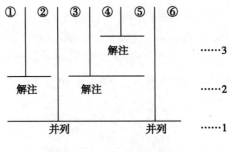

图 7－12　　（16）的图解法

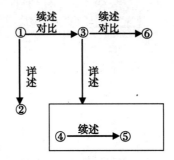

图 7－13　　（16）的话语结构图

第三。②英语 97 分，在五六名左右。③李教授对此比较满意。④

　　例（17）是一个因果关系的二重句群。第一个关系层次表示因果，第二个关系层次表示并列。可用图解法分析，如图 7－14 所示：

图 7－14　　（17）的图解法

用 SDRT 对例（17）进行分析，其话语结构图是图 7－15：

图 7－15　　（17）的话语结构图

①、②、③之间是续述与平行关系，①、②、③与④是因果关系。

（18）小张度过了一个愉快的周末。①上午他爬了山 a，下午看了电影 b，晚上他到阿姨家吃了丰盛的晚餐 c。②他吃了很多昌扁鱼 d，还吃了很多哈密瓜 e，味道香甜可口 f。③之后，他还打了会儿游戏 g。④

例（18）是一个由四个句子组成的句群。第一、四句子是简单句，第二、三句子是复合句。可用图解法分析，如图 7－16 所示：

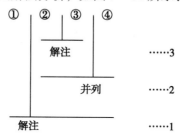

图 7－16　（18）的图解法

对第二个复句进行分析，如图 7－17 所示：

图 7－17　（18）第二句的图解法

再对第三个复句进行分析，如图 7－18 所示：

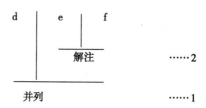

图 7－18　（18）第三句的图解法

例（18）的话语结构图为图 7－19。

a、b、c、g 之间是续述关系，详述小张度过了一个愉快的周末。d 和 e 是续述关系，详尽叙述小张在阿姨家吃的丰盛晚餐。f 是对 e 的详述，说明哈密瓜的香甜可口。

综上所述，"修辞关系是作者和读者意图的体现，不管以何种词汇语法的形式表现，其根本性质是不会改变的"。① 从 SDRT 和复句、句群理论的基本

①　陈莉萍：《汉语语篇结构标注面临的挑战与对策》，《南通大学学报》2008 年第 5 期。

属性来看，两者没有本质的区别，所以我们可以借用 SDRT 所提出的修辞关系来分析和处理汉语话语语义。我们相信 SDRT 将逐步走向更多的汉语语言学的研究领域，相信在 SDRT 这种理论的指导下，更多的汉语语义问题将会得到更妥善的解决。

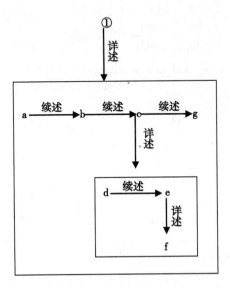

图 7-19　（18）的话语结构图

参 考 文 献

1. Alfred Tarski, *Logic*, *Semantics*, *Metamathematics*, Oxford: Clarendon Press, 1956.

2. Barbara Abbott, "A Formal Approach to Meaning: Formal Semantics and Its Recent Developments", *Journal of Foreign Languages* (Shanghai), Vol. 119, No. 1, January 1999, pp. 2—20.

3. Charles William Morris, *Foundations of the Theory of Signs*, Chicago: University of Chicago Press, 1938.

4. Charles William Morris, *Signs*, *Language and Behavior*, Englewood Cliffs, NJ: Prentice Hall, 1946.

5. David R. Dowty, Robert E. W. & Stanley Peters, *Introduction to Montagul Semantics*, Dordrecht: D. Reidel, 1981.

6. Doug Arnold, "Non-restrictive Relatives Are Not Orphans", *Journal of Linguistics*, Vol. 43, No. 2, July 2007, pp. 271—309.

7. Dov M. Gabbay & Franz Guenthner (eds.), *Handbook of Philosphical Logic*, Vol. 16, Cambridge MA: MIT Press, 2012, 2nd ed..

8. Geoffrey N. Leech, *Semantics: The Study of Meaning*, London: Penguin Books, 1981.

9. Geoffrey N. Leech, *Principles of Pragmatics*, London: Longman, 1983.

10. George Lakoff, "Linguistics and Natural Logic", *Semantics of Natural Language*, Dordrecht: Reidel Publishing Company, 1989.

11. Gérald Gazdar, *Pragmatics: Implicature*, *Presupposition and Logical Form*, London: Academics Press, 1979.

12. Hans Kamp, "A Theory of Truth and Semantic Representation", *Truth*, *Interpretation and Information*, Dordrecht: Foris, 1981, pp. 1—41.

13. Hans Kamp & Uwe Reyle, *From Discourse to Logic*, Dordrecht / Boston / London: Kluwer Academic Publishers, 1993.

14. Johan van Benthem & Alice ter Meulen （eds.）, *Handbook of Logic and Language*, Burlington: Elsevier Science, 2010, 2nd ed..

15. Laurent Prévot & Laure Vieu, "The Moving Right Frontier", *Constraints in Discourses*, Amsterdam / Philadelphia: John Benjamins Publishing Company, 2008, pp. 53—66.

16. Lenny Clapp, "The Rhetorical Relations Approach to Indirect Speech Acts: Problems and Prospects", *Pragmatics and Cognition*, Vol. 17, No. 1, January 2009, pp. 43—76.

17. Markus Egg & Gisela Redeker, "Underspecified Discourse Representation", *Constraints in Discourse*, Amsterdam / Philadelphia: John Benjamins Publishing Company, 2008, pp. 117—138.

18. Nicholas Asher, *Reference to Abstract Objects in Discourse*, Dordrecht / Boston / London: Kluwer Academic Publishers, 1993.

19. Nicholas Asher, Daniel Hardt & Joan Busquets, "Discourse Parallelism, Ellipsis and Ambiguity", *Journal of Semantics*, Vol. 18, No. 1, Februry 2001, pp. 1—25.

20. Nicholas Asher & Alex Lascarides, *Logics of Conversation*, Cambridge: Cambridge University Press, 2003.

21. Nicholas Asher & Laure Vieu, "Subordinating and Coordinating Discourse Relations", *Lingua*, Vol. 115, No. 4, April 2005, pp. 591—610.

22. Nicholas Asher, "Troubles on the Right Frontier", *Constraints in Discourse*, Amsterdam / Philadelphia: John Benjamins Publishing Company, 2008, pp. 29—52.

23. Nirit Kadmon, *Formal Pragmatics*, Oxford: Blackwell Publishers, 2001.

24. Noam Chomsky, *Lectures on Government and Binding*, Dordrecht: Foris Publications, 1981.

25. Richard Montague, "Universal Grammar", *Formal Philosophy*, New Haven: Yale University Press, 1974.

26. Robyn Carston, "Linguistic Communication and the Semantics / Pragmatics Distinction", *Synthese*, Vol. 165, No. 3, June 2008, pp. 321—345.

27. Rudolf Carnap, *Introduction to Semantics*, Cambridge MA: MIT Press, 1942.

28. William G. Lycan, *Consciousness and Experience*, Cambridge MA: MIT Press, 1995.

29. 蔡曙山：《论符号学三分法对语言哲学和语言逻辑的影响》，《北京大学学报》2006 年第 3 期。

30. 陈波：《逻辑哲学》，北京大学出版社 2005 年版。

31. 陈道德：《20 世纪语言逻辑的发展：世界与中国》，《哲学研究》2005 年第 11 期。

32. 陈莉萍：《修辞结构理论与句群研究》，《苏州大学学报》2008 年第 4 期。

33. 陈莉萍：《英语语篇结构标注研究综述》，《外语与外语教学》2007 年第 7 期。

34. 陈莉萍：《汉语语篇结构标注面临的挑战与对策》，《南通大学学报》2008 年第 5 期。

35. 陈莉萍：《汉语篇章结构标注的理论支撑》，《南京航空航天大学学报》2008 年第 9 期。

36. 陈忠华、邱国旺：《修辞结构理论与修辞结构分析评介》，《外语研究》1997 年第 3 期。

37. 程工：《语言共性论》，上海外语教育出版社 1999 年版。

38. 戴炜华、薛雁：《修辞体裁分析和修辞结构论》，《外语教学》2004 年第 5 期。

39. 方立：《动态意义理论：逻辑语义学的继续发展》，《语文学刊（高教·外文版）》2006 年第 12 期。

40. 方立：《逻辑语义学》，北京语言大学出版社 2000 年版。

41. 高芸、何向东：《从代词照应关系的角度看 DRT》，《哲学动态》2011 年第 1 期。

42. 高芸、何向东：《从量化和时间表达的角度看 DRT》，《重庆理工大学学报》2011 年第 8 期。

43. 高芸：《DRS 建构及其语义解释》，《宜春学院学报》2012 年第 11 期。

44. 郭贵春：《当代语义学的走向及其本质特征》，《自然辩证法通讯》2001 年第 6 期。

45. 郭贵春：《语义学研究的方法论意义》，《中国社会科学》2007 年第 3 期。

46. 姜望琪：《中西语言研究传统比较》，载潘文国《英汉语比较与翻译 8》，上海外语教育出版社 2010 年版。

47. 蒋严、潘海华：《形式语义学引论》，中国社会科学出版社 2005 年修订版。

48. ［英］杰斯泽佐尔特：《语义学与语用学：语言与话语中的意义》，北京大学出版社 2004 年英文影印版。

49. 金立、肖家燕:《面向信息处理的汉语指代分析——SDRT 视角》,《哲学研究》2007 年增刊。

50. 乐明:《汉语篇章修辞结构的标注研究》,《中文信息学报》2008 年第 7 期。

51. [美] 理查德·蒙太古:《形式哲学——理查德·蒙太古论文选》,朱水林等译,上海译文出版社 2012 年版。

52. 李宏亮:《英汉语言、思维的共性和个性考辨》,《电子科技大学学报》2009 年第 5 期。

53. 黎锦熙、刘世儒:《汉语复句新体系的理论》,《中国语文》1957 年第 8 期。

54. 黎锦熙、刘世儒:《汉语语法教材》,商务出版社 1962 年版。

55. 李美霞:《论话语类型分析和小句关系分析的互补性》,《外语教学》2001 年第 7 期。

56. [英] 利奇:《语义学》,李瑞华等译,上海外语教育出版社 1987 年版。

57. 连淑能:《英汉对比研究》,高等教育出版社 2010 年版。

58. 刘东虹:《抽象实体回指中所指歧义的处理策略》,《外语教学理论与实践》2008 年第 4 期。

59. 刘强:《话语表达理论介绍》,《语文学刊》2007 年第 2 期。

60. 刘新文:《系统 Z 的量化扩张及其对话语表现理论的处理》,博士学位论文,中国社会科学院研究生院,2002 年。

61. 刘兴策等编:《语文知识 4 问》,湖南人民出版社 1983 年版。

62. 吕公礼:《形式语用学浅论》,《外国语》2003 年第 4 期。

63. 毛翊、周北海:《分段式语篇表示理论 —— 基于语篇结构的自然语言语义学》(http//ccl. pku. edu. cn / doubtfire / Course / Computational % 20 Linguistics / contents / Intr 2SDRT. Pdf)。

64. 潘海华:《篇章表述理论概说》,《国外语言学》1996 年第 3 期。

65. 彭家法:《当代形式语义研究新进展——意义研究从静态向动态的转向》,《安徽大学学报》2007 年第 7 期。

66. 彭家法:《当代形式语义学的争鸣与进展》,《外语学刊》2005 年第 3 期。

67. 彭家法:《形式语义学的历史渊源和理论框架》,《安徽大学学报》2004 年第 7 期。

68. 沈家煊:《语用学和语义学的分界》,《外语教学与研究》1990 年第 2 期。

69. ［奥地利］施太格缪勒：《当代哲学主流》下卷，王炳文、王路、燕宏远、李理等译，商务印书馆 2000 年版。

70. 宋商：《议歧义和"歧义"》，《语文建设通讯》（香港中国语文学会）1991 年第 34 期。

71. ［美］苏珊·哈克：《逻辑哲学》，罗毅译，商务印书馆 2003 年版。

72. ［波兰］塔斯基：《语义性质真理概念和语义学的基础》，载 A. P. 马蒂尼奇《语言哲学》，牟博等译，商务印书馆 1998 年版。

73. 王力：《中国语法理论》，商务印书馆 1944 年版。

74. 王力：《中国语法理论》，山东教育出版社 1984 年版。

75. 王水莲：《修辞结构理论与 AND 结构的语篇功能》，《外语与外语教学》2001 年第 3 期。

76. 王伟、董冀平：《修辞结构理论与系统功能语言学》，《山东外语教学》1995 年第 2 期。

77. 王伟：《"修辞结构理论"评介》（下），《国外语言学》1995 年第 2 期。

78. 王勇：《切分语篇表征理论对搭桥推理的解释》，《西安外国语大学学报》2007 年第 3 期。

79. 翁依琴、熊学亮：《回指的形式语用学初探》，《外语研究》2005 年第 2 期。

80. 夏国军：《语言逻辑与形式化》，《南开学报》2004 年第 3 期。

81. 夏年喜：《从 DRT 到 SDRT——动态语义理论的新发展》，《哲学动态》2006 年第 6 期。

82. 夏年喜：《从知识表示的角度看 DRT 与一阶谓词逻辑》，《哲学研究》2006 年第 2 期。

83. 夏年喜：《DRS 与一阶谓词逻辑公式》，《哲学动态》2005 年第 11 期。

84. 夏年喜：《从蒙太格语法的局限性看 DRT 的理论价值》，《哲学研究》2005 年第 12 期。

85. 夏年喜：《自然语言逻辑研究的现状与趋势》，《哲学动态》2004 年第 6 期。

86. 夏年喜：《话语表现理论与一阶谓词逻辑——自然语言逻辑研究》，博士学位论文，中国人民大学，2005 年。

87. 夏蓉：《从修辞结构理论看前指在篇章中的分布》，《外语与外语教学》2003 年第 10 期。

88. 辛斌：《塔斯基的真理定义和语句真值的推导》，《解放军外国语学院学报》1999 年第 7 期。

89. 刑福义：《汉语语法学》，东北师范大学出版社 1996 年版。

90. 刑福义：《现代汉语》，高等教育出版社 1991 年版。

91. 刑福义：《现代汉语语法修辞专题》，高等教育出版社 2002 年版。

92. 刑福义、汪国胜：《现代汉语》，华中师范大学出版社 2006 年版。

93. 刑福义、吴振国：《语言学概论》，华中师范大学出版社 2002 年版。

94. 刑福义：《汉语复句研究》，商务印书馆 2002 年版。

95. 熊学亮：《语言使用中的推理》，上海外语教育出版社 2007 年版。

96. 熊学亮：《探析话语的认知修辞格式》，《天津外国语学院学报》2008 年第
　　11 期。

97. 徐赳赳：《复句研究与修辞结构理论》，《外语教学与研究》1999 年第
　　4 期。

98. 严世清、陈腾澜：《语义学与语用学的互补性》，《山东外语教学》1998 年
　　第 1 期。

99. 殷杰、郭贵春：《论语义学和语用学的界面》，《自然辩证法通讯》2002 年
　　第 4 期。

100. 于宇、唐晓嘉：《蒙太格 PTQ 系统的内涵逻辑》，《西南大学学报》2009
　　　年第 1 期。

101. 张韧弦：《形式语用学导论》，复旦大学出版社 2008 年版。

102. 张伟：《"修辞结构理论"评介》（上），《国外语言学》1994 年第 4 期。

103. 钟守满：《谈语言意义的整合性》，《南昌航空工业学院学报》2003 年第
　　　12 期。

104. 周建设：《语义学的研究对象与学科体系》，《首都师范大学学报》2000
　　　年第 2 期。

105. 周祖谟：《现代汉语讲座》，知识出版社 1983 年版。

106. 朱德熙：《语法答问》，商务印书馆 1985 年版。

107. 朱建平：《蒙太格语法与认知科学》，《中山大学学报》2003 年增刊。

108. 朱建平：《蒙太格语法的历史命运》，《贵州社会科学》2009 年第 8 期。

109. 邹崇理：《话语表现理论述评》，《当代语言学》1998 年第 4 期。

110. 邹崇理、雷建国：《论形式语义学》，《重庆工学院学报》2007 年第 11 期。

111. 邹崇理、李可胜：《逻辑和语言研究的交叉互动》，《西南大学学报》
　　　2009 年第 2 期。

112. 邹崇理：《逻辑、语言和蒙太格语法》，社会科学文献出版社 1995 年版。

后　记

从选题到书稿的完成花费了三年的光阴。回顾三年的写作历程，我对指导和帮助过我的各位老师心存感激，在此向他们致以衷心的谢意。

感谢我的恩师何向东教授。能在先生的门下求学，真乃三生有幸！恩师把我引入逻辑的大门，给我提供一个展示自我的平台，令我变得更加自信。在三年读博的求学生涯中，恩师高尚的人格、大家的气度、广阔的视野、深邃的思维、渊博的知识、严谨的治学、宽容、仁爱的品质给我留下了深刻的印象，并将影响我终生！我也要感谢西南大学这片学术沃土，它见证了我在思想上和学术上最有收获的三年。

感谢北京大学周北海教授。会议期间，当我向周老师请教问题时，他总是不厌其烦地一一作答。在写作的过程中，也有幸得到周老师的指导与鼓励。

感谢中国社会科学院邹崇理研究员。邹老师在百忙之中为我开出形式语义学、形式语用学方面的书目，并通过电子邮件发给我，这令我非常感动。

感谢中国社会科学院刘新文副研究员。刘老师对我的书稿提出了很多宝贵的修改意见，使我受益匪浅。

感谢丈夫和儿子。他们的支持是我能全力追求学问的最大动力。

感谢我的父母和公婆。没有他（她）们的帮助，很难想象我能顺利完成学业。

我谨以此书献给所有关怀我、关心我、关爱我的人。本书存在的任何问题和谬误由作者本人承担全部责任。

高　芸

2013 年 3 月